實用寶石學

林書弘 著

最新且完整的寶石學專書

邱惟鐘 / 珠寶世界雜誌社 社長

有位老朋友曾用著佩服的語氣對我說：「台灣又多了一位很專業的寶石研究學家」當時我不以為意。因為近十年，台灣每年畢業於 GIA、FGA、HRD、NGTC、GIC 等寶石教學機構的學生，少說也有上百來人。後來，朋友再次跟我提到「林書弘」則是為了得到研究上的確切數據，請林書弘協助拉曼光譜儀的檢測，我開始對「林書弘」這個名字有了好印象。

2015 年 8 月，林書弘給珠寶世界雜誌投來一篇有關「天然鉻綠玉髓」的稿件，這種寶石在台灣是首次發表，專業度很高。我求助了幾位寶石學家協助審稿，甚至請教大陸地質大學的老師，都說沒見過實物，不便下評語。後來將寶石寄到香港寶石學院進行鑑定，才得到歐陽秋眉老師親自證實，光譜數據和報告都正確無誤，我對「林書弘」更加敬佩了。

記得 30 年前台灣人看的第一本寶石學的書是徐氏基金會於 1981 年出版的《最新寶石學》由張志純先生翻譯，後來台大教授譚立平也出版了一本《寶石學》，但是受用最深的是由張新洽先生所著作的《珠寶世界》。由於當時的寶石知識才起步，很多內容現今都已不合時宜。

而當我看了林書弘的《實用寶石學》樣稿，頗有感觸，每一種寶石除了基本知識，還包括文化、傳說、賞析、市場和投資等主題，對於初學者和業內人士都很有幫助。林書弘說，他的書名就是要夠簡潔明瞭，《實用寶石學》就是真的很實用。作者自身豐富而扎實的專業素養，透過有條不紊的圖文呈現，無論你是否具備寶石學科知識，都能輕鬆地開卷入門，稱它是一本現代完整版的中文寶石學課本，應不為過。

學習珠寶的尙方寶劍

湯惠民 / 珠寶暢銷書作家

認識書弘所長是我還在台大地質系當系助教的時候，珠寶鑑定是他從小的興趣與志向，考上台大地質系與研究所，並成為國際專業珠寶鑑定大師，則是他人生鎖定的目標。書弘所長在台大地質研究所畢業後，自修美國寶石學院 GIA 函授課程，僅用了兩個月就以最快速度取得寶石學家 G.G. 資格，由此可見書弘所長的學理基礎與實務經驗可比國際水準。書弘所長長期以來致力於珠寶鑑定教學，有系統的教學脈絡和幽默有趣的實務經驗，讓學生們更易了解。

「實用寶石學」一書是我看過最深入淺出又同時兼顧專業的珠寶鑑賞及投資收藏書籍。書中涵蓋了礦物寶石的成因、結晶型態、物理特性、光學效應、致色原理、儀器鑑定與時下最多消費者想知道的如何鑑定與賞購。多數的相關書籍對於高科技儀器如何應用在珠寶鑑定上少有著墨，本書中書弘所長以他多年來的地質專業背景與珠寶鑑定實務案例加以介紹說明，是本書與眾不同的精隨所在。絕對是業者、收藏家或即將踏入珠寶業的您必定收藏的一本寶石學教科書。

一顆石頭引領我走上寶石之路

筆者幼年時，撿到一個美麗的台灣玫瑰石，從此對礦物、岩石以及寶石產生濃厚興趣。家母並為當時的筆者買了由張志純先生翻譯之最新寶石學，該書譯自寶石學泰斗 Robert Webster 所著的寶石聖經。當時市面上寶石相關讀物不多，收到這本書的筆者如獲至寶，一年內便將之讀完。接觸的寶石越多，越是對大地之母所醞育之寶石不禁感到讚嘆。由於台灣的教育體系沒有寶石相關的求學管道，筆者遂進入台灣大學地質科學系與研究所學習礦物與寶石相關知識。畢業後也取得美國寶石學院的鑑定師資格，並一直從事寶石教學與鑑定工作。

有鑑於國內的珠寶專業書籍雖多，但較少有系統的寶石學專書，因此筆者匯集珠寶鑑定、賞析、收藏與估價等各方面的專業知識，以更淺顯易懂的方式表達，不僅降低學習寶石知識的入門難度，也兼具珠寶鑑

台灣玫瑰石

定實務，期許初學者經由此書能獲得豐富的寶石知識，更希望已有珠寶背景的進階讀者能再有所收穫。

筆者致力於推廣寶石教育且撰寫本書，是希望降低消費大眾學習寶石專業知識的門檻，不需要數十萬的學費，就可以將這本實用的寶石工具書與所有同好結緣。

● 如何使用本書做為寶石鑑賞工具書

作為學習寶石知識的工具書，本書兼顧初學者與進階讀者的需求，在內容上由淺入深，包含四個部分：

一、寶石的基礎概念與認知

對於珠寶新鮮人，此章節可提供概念性的基礎，在開始學習寶石前釐清本書讀者的觀念，有助於更快進入狀況。

二、寶石鑑定、賞析與估價實務

市面上常見的幾種彩色寶石，有藍晶石、綠柱石、尖晶石、磷灰石、蛋白石

寶石知識範圍甚為廣泛，辨識寶石種類屬「鑑定」（Identification）的範疇，但對珠寶消費者而言，「如何瞭解等級好壞」是更重要的課題，也就是「賞析」（Appreciation），在上述兩個前提下，「估價」（Evaluation）才有意義。本書以寶石之鑑定、賞析與估價為主題，分享許多實務性的訣竅或方法，是本書的精髓，也是筆者希望傳達給讀者的概念。

寶石鑑定知識包括初階鑑定辨識方法、進階鑑定辨識方法與高階儀器介紹等。初階辨識是無須昂貴鑑定儀器的簡易方法介紹；進階鑑定方法則是以主流的鑑定儀器與方法介紹為主；高階儀器介紹則是讓讀者一探世界上所有先進的寶石鑑定單位是使用哪些昂貴而精準的儀器為客戶鑑定寶石。

寶石賞析知識則是分為貴重寶石、玉石、有色寶石、印石等幾個部分。不同的寶石具有不同的特性與賞析標準，除非讀者能夠掌握這些標準，否則要對為數眾多的幾百種寶石做優劣評鑑實屬不易。

寶石估價知識則以寶石估價的準則和方法論作為基礎，在寶石各論中將補充市面上的寶石價格分佈以及近年來各種寶石的價格趨勢。

消費者通常會直接丟一個問題：「XX 寶石多少錢？」，其實寶石市場瞬息萬變，寶石本身的「品種為何？」、「是否經過處理？」、「等級優劣？」乃至於「產地何處？」都會影響其價格。如此複雜的因素也導致鑑定師大多不願對鑑定物件進行估價，即使坊間有寶石書籍對寶石品種進行估價描述，但在不知物件的優劣等級，也沒有隨市場動態調整所做的估價通常也不足採信。若讀者在閱讀本書時能配合這個先鑑定，後賞析，再談估價的邏輯（GIAE, Gem Identification, Appreciation and Evaluation），一定能更實際的認識與瞭解每一種寶石。

三、寶石各論

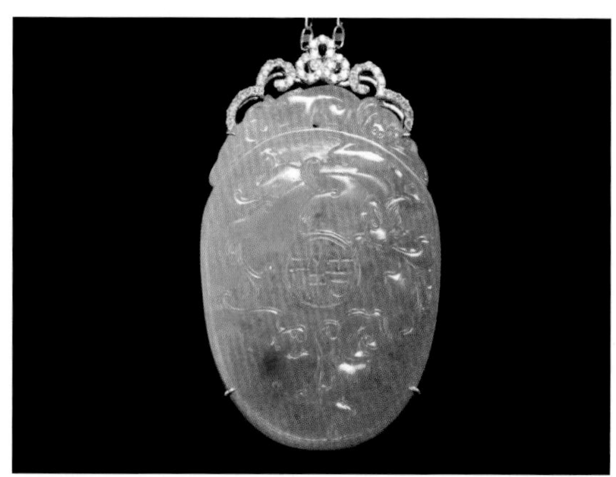

冰種陽綠飄花翡翠掛件

寶石各論是關於各種寶石的介紹，本書有別於坊間其他書籍的分類方式，而是依照寶石的投資、增值或保值性分類為下列兩類：投資性寶石品種與消費性寶石品種，前者主要包含軟玉、翡翠、四大貴重寶石與常見的幾種彩色寶石，後者則是較少見於珠寶市場的多種彩色寶石甚至印材石等。該分類只是參考其價值的穩定性，實際上消費性寶石也有漲幅高達數十倍的寶石品種。

四、附錄資料

做為寶石工具書籍，並提供讀者有用的附錄資料，例如寶石的鑑定特徵表格、誕生石表格、珠寶用貴金屬介紹，以便讀者進一步瞭解或學習。

讀者若能熟稔本書，相信必能從中獲得所需的寶石鑑賞知識，並獲得筆者多年來在寶石實務上的經驗傳承，探索寶山且滿載而歸。

實用寶石學

CONTENTS

CHAPTER 1
寶石的基礎概念與認知

CHAPTER 2
寶石的來源、性質與鑑定賞析

CHAPTER 3

珠寶投資與市場觀察

CHAPTER 4

投資型寶石品種

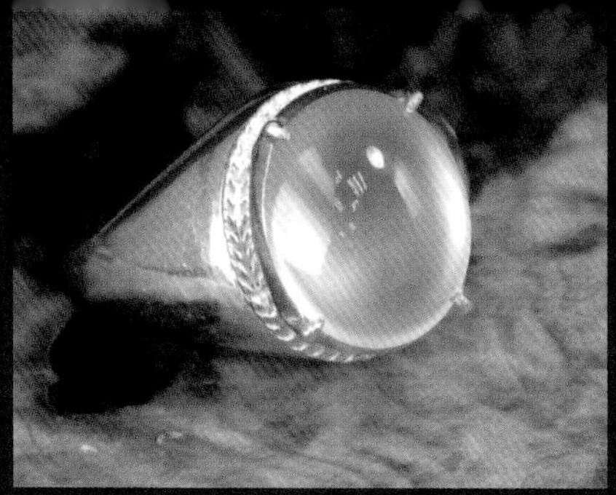

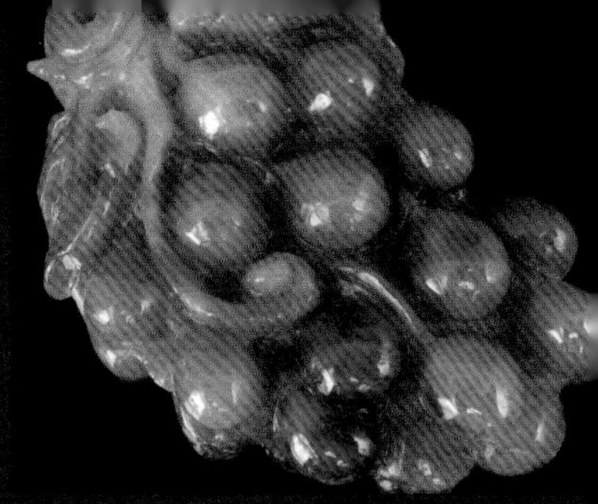

CHAPTER 5

消費型寶石品種

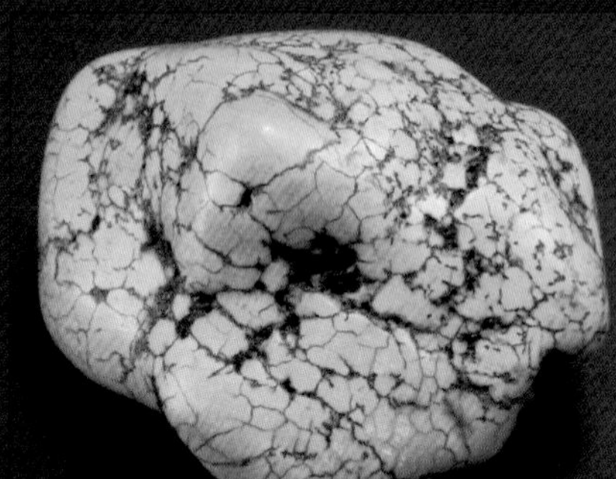

CHAPTER 6

附　錄

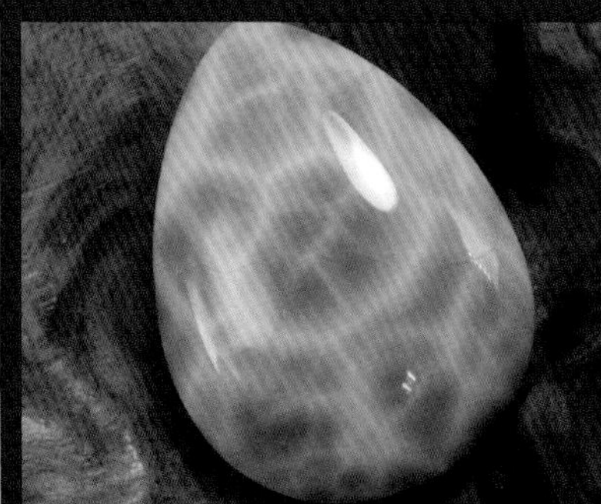

CHAPTER

1

寶石的基礎概念與認知

第一節
寶石的文化、傳說與功能論

對於想瞭解寶石的人，寶石學的每一種角度都有參考的價值。部分非主流的寶石知識在一般珠寶書籍中較少提及，比如寶石的傳說、功效等，除了科學鑑定的一面之外，本書也特別收錄寶石學的其他面向，作為讀者參考。

寶石（Precious Stones）英文原指珍貴的石頭，東漢許慎說文解字註解：「玉，石質美者」，古今中外，寶石、玉石帶給人們物質上的滿足與視覺上的享受，稀少性、高價值、耐久性與美觀性都使其成為投資首選甚至傳家珍稀。

中華文化中，遠古黃帝時期就有以玉製成兵器，或作為祭祀用的器皿，有上通天意、下治黎民之意，演變到後來作為君權的象徵。隨著玉文化的普及，玉也成為財富、智慧、道德等價值的表徵，如孔子所言「君子比德於玉」正是形容君子德行如玉一般溫潤而有光彩。瞭解寶玉石的文化和傳說，也是學習寶石過程中的重要樂趣。

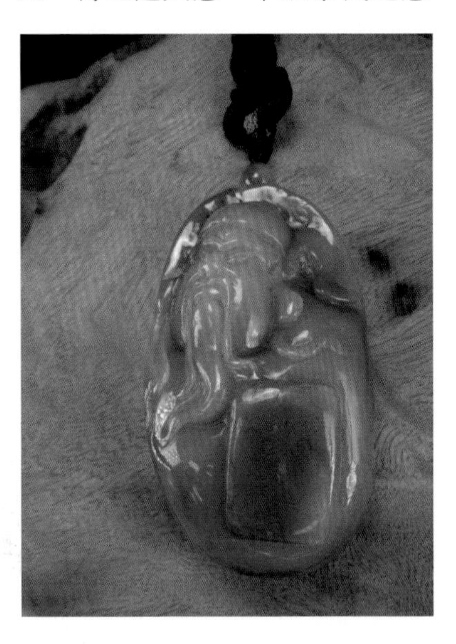

和闐青玉籽料把件

流芳百世之中國名玉—和氏璧傳說

和氏璧目前最早的記載是在東週末年，楚國人卞和在山中發現一塊包裹於石中的美玉，他將此寶玉獻給楚厲王，但玉匠卻認為這只是一塊普通礦石。由於事涉欺君，楚厲王下令砍去卞和左腳。厲王死後武王即位，卞和二度獻玉，武王也詢問玉匠意見，但工匠仍認為這只是普通礦石，結果卞和右腳也遭砍去。之後，卞和帶著玉石回到楚山，痛哭三天三夜。文王即位以後，派人詳查此事，卞和說：「我並非為被砍去雙腳而落淚，而是因寶玉被認定為一般礦石，忠臣所為卻被認為欺君啊。」於是文王派工匠拋除包裹在外的石皮，才發現這塊寶玉，並將該玉璧命名為「和氏璧」。到了楚威王時，和氏璧被賞賜給昭陽令尹，某次宴會時昭陽將和氏璧取出供賓客觀賞，自此下落不明。

據史書記載，和氏璧後歸戰國時期的趙國所有，秦國得知和氏璧在趙國後，遣使者到趙國，表明希望用 15 座城池換和氏璧（「價值連城」成語的由來）。趙國派藺相如為使，攜和氏璧前往秦國。幾經試探，藺相如認定秦國並無意割讓城池，遂派手下走小路將和氏璧帶回趙國，不但和氏璧完好，連藺相如本人也平安回國，這也是成語「完璧歸趙」的由來。

由古代的玉璧演化而來的現代玉墜

和氏璧，一直以來都是寶石學家和歷史學家探究的千古謎題。由於當時對玉石並沒有科學性的檢驗方法與描述，後人只能從史料、產地和產狀推估可能的寶石品種。就產地而論，和氏璧不太可能是和闐玉（軟玉），較有可能是長石類、綠松石或藍田玉等，大陸學者王春雲甚至認為和氏璧是一顆巨鑽。但可以肯定的是，由於缺乏科學檢驗證據，沒有一個專家學者敢百分之百說自己的推論是對的。這也更凸顯了現代寶石學中科學鑑定的重要性。不怕好玉難尋，就怕近在眼前而不識好玉，學習寶石要以不識貨的楚國玉匠為戒。

名聞遐邇的故宮國寶—翠玉白菜傳說

翠玉白菜（國立故宮博物院藏品）

翠玉白菜原陳設於清朝永和宮，永和宮為瑾妃的寢宮，相傳故宮古玉專家那志良推測，翠玉白菜應為瑾妃的嫁妝。做為嫁妝的寓意，白菜象徵瑾妃清清白白、純潔無瑕；螽斯則象徵多子多孫。翠玉白菜的種地在翡翠中不算頂級，但是由於巧色巧雕、歷史意義與傳說故事，遂成就出一件不可多得的珍品。將翠玉白菜的白色和綠色運用得宜，雕刻出白菜的主體和螽斯就是所謂的巧色；陳設於永和宮是歷史事實；那志良推測翠玉白菜為嫁妝以及其寓意則是後人傳頌的故事。玉文化是中華文化的一部分，即使到了現代，人們對於玉石的傳說與寓意仍充滿了無限想像，這是現代寶石學所欠缺的人文知識，值得玩味。

美麗與罪惡的化身—希望鑽石（Hope Diamond）傳說

現今陳列在華盛頓史密森尼博物館的希望鑽石

希望鑽石之所以知名不是因為它的美麗、稀少，而是因為傳說中該鑽石所帶來的種種災難。希望鑽石原產於印度，重 122.5 克拉，擁有天然鑽石中少有的深藍色。據說原本供奉於一座印度教神廟的神像額頭上，後來被一個法國傳教士盜取，可他換來的不是財富，而是在某天夜裡被人割斷喉嚨，該鑽石也不知去向。

之後法王路易十四從某個珠寶商手中買下這顆名鑽，請工匠加工琢磨成 67.5 克拉，取名「皇冠上的藍寶」。到 1793 年初，路易十六斷頭時，傳聞有個名叫凱洛蒂的宮廷侍衛趁亂偷走了皇冠上的藍寶。從此，終日惶恐不安，最後因精神錯亂而自殺，希望鑽石也再度消聲匿跡。

1830 年，這顆傳奇鑽石在倫敦的一次拍賣中露面。銀行家霍普（Hope）以 9 萬英鎊的高價買下了這顆鑽石。霍普（Hope）恰為「希望」之意，從此這顆皇冠上的藍寶，便以「希望鑽石」之名流傳於世，成為霍普的傳家之寶。不料傳到其後代時，銀行倒閉，鑽石又再度被拍賣。

此後希望鑽石落到土耳其蘇丹哈米德二世手中。但他也只擁有九個月，便在 1909 年的軍事政變中被趕下台。後來，希望鑽石來到美國，先是百萬富翁麥克利買下它，不幸麥克利禍事連連，兒子車禍喪生，企業破產，自己也得了精神病，死於瘋人院。

最後，希望鑽石為珠寶商溫斯頓所購。溫斯頓對這顆名鑽的歷史相當清楚，經過再三考慮，他將希望鑽石捐贈給華盛頓的史密森尼博物館。他說：「希望鑽石給人類帶來的，並不是希望，而是無窮無盡的罪惡。今天，我將它贈給博物館，更希望由此而把人類的罪惡也都在博物館陳列起來，成為一項輝煌的歷史。」希望鑽石的傳說或許只是人類貪婪與罪惡的影射。

永恆之火—紅寶石傳說

濃豔而火紅的紅寶石戒指

在梵語中，紅寶石有許多名稱，例如：ratnaraj 為「寶石之王」、ratnanayaka 為「寶石之冠」、padamaraga 為「紅蓮」之意，可見印度人重視紅寶石的程度。印度人甚至認為紅寶石閃耀的紅色是寶石內燃燒且永不熄滅的火焰。在聖經中紅寶也被視為是上帝創造萬物時所造的 12 種寶石中最為珍貴者。

關於紅寶的傳說，比如配戴可使人健康長壽、發財致富甚至化敵為友。更有說法認為紅寶的顏色象徵鮮血，可以用來醫治大量出血，因此以前的人也相信佩戴紅寶能夠避開刀劍槍砲或血光之災。

天地柱石—藍寶石傳說

色澤濃艷的皇家藍梨型藍寶石鑽戒

藍寶石 Sapphire 一詞可能是從梵語 Sanipriga 來的，字面意思為「對土星的珍視」。古時曾有一傳說認為海跟天的盡頭是由四個巨大石柱所支撐，天與海都是藍色，因此認為這個支撐天地的石柱就是藍寶石。也因為這種天地間棟梁的說法，藍寶被賦予靈魂與精靈的神秘力量，而具有星彩效應的星光藍寶更被古人視為具有抵抗妖術之能力。據傳能夠保護君主免於受到傷害和嫉妒，且相傳摩西的十戒就是刻於藍寶石的石板上，只是現今推論，該「藍寶石」係指青金石，而古代所謂的藍寶指的應該是青金石和其他藍色礦物。多數藍色寶石都有悠久的歷史，如青金石和綠松石在埃及的文明遺跡中經常可見，因為藍色是天空的顏色，自然與神或是王者產生連結。

維納斯的寶石—祖母綠傳說

祖母綠鑽石戒

祖母綠是綠柱石家族中最珍貴的一種，價格之高，幾乎可媲美鑽石。古時，祖母綠是用來奉獻給維納斯女神的，甚至認為祖母綠具有檢驗戀人忠貞與否的魔力。傳說在賽浦路斯島上有一個巨大的大理石獅子，眼鑲祖母綠注視著大海，使岸邊的金槍魚畏懼而不敢靠近，於是島上漁民才將牠的眼睛換成別種寶石。羅馬學者普林尼曾說過，再沒有比祖母綠更令人百看不厭的綠色，普林尼甚至說，注視祖母綠一陣可使疲勞和模糊的眼睛復原。

寶石的功能論

天然紫水晶晶簇

坊間有許多關於寶石功效說法，通常是改善人的身體、心理或是物質生活條件等。寶石的功效常是各說各話且沒有科學依據，也是商家行銷寶石的方式之一，但換個角度，這就是一種信仰，面對信仰讀者能夠選擇信或不信，相信了可能就會在精神上獲得某種回饋或穩定，就好像考試之前拜拜或禱告的道理一樣。

談到寶石功能論，最廣為人知的就是不同顏色的水晶類寶石和玉的說法。大部分讀者應該都聽過，玉可以避邪擋煞趨吉避凶、黃水晶招財、紫水晶提升智慧、粉晶改善愛情與人際關係等等。玉在古時是天、神、君王的表徵，也是祭祀用的禮器，因此避邪擋煞的傳說行之久遠。而各種水晶與有色寶石的功能又是怎麼來的呢？據筆者觀察考究，主要可以追溯到兩個不同的源頭，一個是中國的八字五行概念，另一個則是源自印度的輪脈學說。

寶石與中國五行學說

五行指的是木、火、土、金、水五要素，是中國古代的一種物質觀，不論在哲學、中醫學或占卜學上應用都很廣泛。中國最有名的命理學方法四柱（八字）論命，就是把人的生辰年月日時，換算成天干地支共八個字，這八個字又個別由木、火、土、金、水等五行所構成，從這八個字的五行生剋關係推論人的六親、個性與命運，因此有部分說法認為每個人的八字中可能缺乏某些五行要素，需要外力來彌補幫襯，從而產生藉由姓名、風水或貼身配戴的寶石來改善自身的健康與命運之說。

若將五行的概念套用到寶石色彩學上，就可理解為何黃水晶招財，因為黃代表土，根據五行中的相生關係：木生火 - 火生土 - 土生金 - 金生水，土能生金，黃水晶招財之說也就不脛而走。雖然有人認為寶石功能論不過是穿鑿附會之說，但若以顏色對應五行，確實也跟寶石品種相互對應。

表 1.1.1 寶石的顏色與五行

顏色	五行	代表性的寶石品種
紅	火	紅彩鑽、紅寶石、紅翡翠、紅尖晶石、紅榴石、鐵鋁榴石、紅電氣石、紅色綠柱石、珊瑚
橙	土	橙彩鑽、黃寶石、黃翡翠、錳鋁榴石、馬來亞榴石、黃色電氣石
黃	土	黃彩鑽、黃寶石、黃翡翠、錳鋁榴石、黃電氣石、琥珀
綠	木	綠彩鑽、祖母綠、翠榴石、沙弗石、綠電氣石、透輝石、橄欖石、葡萄石、翡翠、軟玉、綠玉髓、蛇紋石
藍	水	藍彩鑽、藍寶石、藍尖晶石、電氣石、丹泉石、藍晶石、青金石、堇青石
靛	水、火	紫彩鑽、藍寶石、紫羅蘭翡翠、紫尖晶石、電氣石、紫水晶、丹泉石、堇青石、杉石、紫矽鹼鈣石
紫	水、火	紫彩鑽、藍寶石、紫羅蘭翡翠、紫尖晶石、電氣石、紫水晶、丹泉石、堇青石、杉石、紫矽鹼鈣石
白	金	白色或無色的所有寶石品種
黑	水	黑鑽石、墨翠、黑色藍寶石、黑尖晶石、墨玉、黑玉髓、黑曜石、蛇紋石

寶石與印度脈輪學說

脈輪 (chakras) 學說起源於東印度，古印度人認為人體有七個脈輪（類似中醫的經絡氣穴），指全身氣場的能量匯集點。負面情緒如壓力、憂鬱、悲傷及憤怒等都會導致脈輪關閉，若七脈輪產生阻塞、不足或過剩等狀況，長期累積將導致身體疾病及精神失調。七脈輪又名爲七重輪，分別是：海底輪、臍輪、太陽輪（胃輪）、心輪、喉輪、眉心輪、頂輪，每一個脈輪都有其對應的顏色，一般認為配戴不同顏色的寶石可以對應到個別脈輪而對身心靈有幫助。例如：粉紅色系的寶石或水晶就是因為對應到心輪，而被認為改善人際關係與招桃花；紫水晶提升智慧與思考的說法則是來自頂輪與眉輪的概念。脈輪說與寶石的結合正是寶石與歷史、文化的結合。信者恆信，相信與否端看各位讀者。

七脈輪對照圖

表 1.1.2 印度七脈輪表

脈輪	對應顏色	脈輪之主掌與功能
頂輪	白、紫	掌管決斷與自覺能力。
眉輪	紫	掌管腦部與意識。
喉輪	藍	掌管溝通與創造能力。
心輪	綠、粉紅	掌管免疫系統與愛的能力。
太陽輪	黃	掌管人類對自我力量與勇氣的實踐。
臍輪	橙	掌管性與情緒的控制。
海底輪	紅、黑	掌管求生本能與基本慾望。

金銀有價玉無價、平安玉

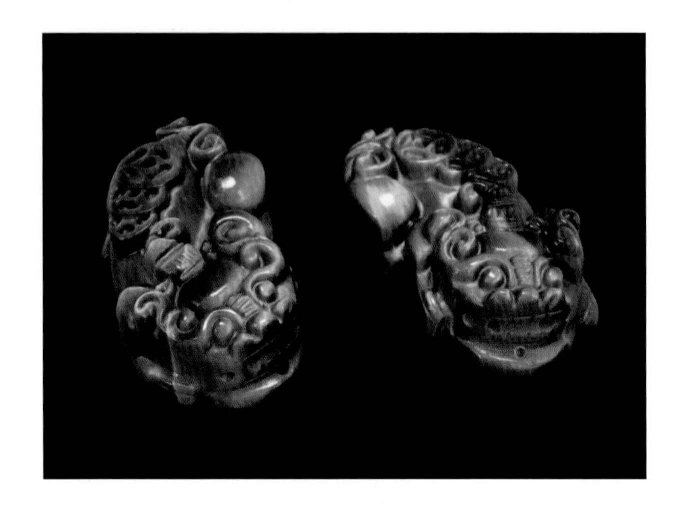

虎眼石英神獸貔貅

相傳古代神獸貔貅分獨角與雙角，獨角名天祿，雙角名辟邪，漢朝有以玉雕成辟邪，龍頭、馬身、麟腳，似獅且會飛，當時視為去邪保身之神獸，流傳至今日演變為玉能避邪之說。

俗話說「人養玉三年，玉養人一生」。玉分為兩種，古玉和新玉。古玉指家傳或墓中陪葬品，新玉則指尚未佩帶過，新開採的玉石。一般相信佩戴者會改變玉的氣場，因此有人養玉一說。另一說則是君子佩玉，君子為有德之人，佩玉提醒自身行止合乎禮之外，亦是用自身正能量養玉。坊間因此有從配戴之玉佩觀察佩戴者健康狀況之說：「從玉清濁可辨之，身體康健則玉清，身體有病則玉濁」而為了避免不必要的困擾，通常也不建議佩帶來路不明之古玉。

在中醫醫書《神農本草》和《本草綱目》中也記載：玉味甘性平無毒，有除胃熱、止渴、潤心肺、助聲喉、滋毛髮、止煩躁等療效。玉石含有多種微量元素，如鋅、鎂、鐵、銅、硒、鉻、錳、鈷等，但佩戴玉石是否真能讓人經由皮膚吸收微量元素或是如本草綱目記載的功效，仍需更精確的科學驗證。

以翡翠來說，主要化學成分是鈉鋁矽酸鹽，從成礦之後就成為穩定的礦物聚晶，除非透過加熱或是其他人為的各種處理加工，否則晶體不會改變，亦不會在透明度、光澤或是顏色上有差別。

糯冰種飄花翡翠鐲，上面分佈著鮮豔的綠色色根，理論上翡翠生成後顏色就不會有所改變

翡翠的銷售商家多以告訴消費者：「這鐲子要常戴，你戴越久綠色部分會越多越均勻」作為話術。但行家都知道，好的翡翠鐲子一公分綠若價值十萬，滿綠可能要千萬元，倘若買只鐲子回家，它就會慢慢增值（越來越綠），滿綠的頂級翡翠又怎會如鳳毛麟角般稀有？所以除非是人為處理或是經過陪葬、掩埋產生次生變化，否則翡翠玉石一般是不會變色或是產生清濁變化。

行文至此，讀者一定覺得：「但我的手鐲真的顏色有加深、透明度也更佳」，其實是因為佩戴時人體溫度和皮膚上的油脂因摩擦而將原本的玉石孔隙填滿，讓手鐲看起來光澤度更佳，顏色更明顯。這也是為何玉石或盤珠玩家必備麂皮巾，利用麂皮巾上的油脂將玉石木珠盤到發亮。

第二節
學習寶石的管道

寶石學面面觀

「寶石學是什麼？」寶石學就像瞎子摸象，摸耳為扇；摸鼻為管；摸腿為柱。舉例而言：對寶石鑑定師來說，寶石學就是鑑識寶石的科學，鑑定師則如同 CSI 的鑑識人員一般，要對寶石上的所有跡証做出判斷；對珠寶設計師，寶石學則是寶石的美學認知，什麼樣的寶石適合什麼樣的雕琢與設計，設計師好比畫家，五顏六色的寶石就是他的顏料和畫布；對珠寶商而言，寶石學就是價格評估與經營管理，成本與獲利的實現。

對於一般讀者與珠寶消費者而言，筆者認為與其專注於一個點上學習寶石鑑定，不如學習實用性高但較為初淺的學術鑑定、珠寶貿易與珠寶設計概念，基礎概念清楚之後也便於進一步深入學習設計、鑑定或買賣等單一專業領域。

寶石專業何處學

目前主流的教學中心或機構主要有英美兩大系統：美國寶石學院（Gemological Institute of America，簡稱 GIA）以及英國寶石協會（Gem-A）。隨著大陸崛起，中國的珠寶教學系統中國地質大學(武漢)珠寶學院（Gemmological Insitute China University of Geosciences (Wuhan)，簡稱 GIC）也漸漸打開知名度。除此之外，以鑽石為主如比利時的鑽石高階聯盟（Hoge Raad Voor Diamant，簡稱 HRD）、國際寶石學院（International Gemological Institute，簡稱 IGI），還有以彩色寶石為主如泰國亞洲寶石學院（Asian Institute of Gemological Sciences，

台灣聯合珠寶玉石鑑定中心官方網頁

簡稱 AIGS）等。兩岸三地也有許多區域型的寶石鑑定教學中心提供各種長、短期的寶石教學課程如台灣聯合寶石鑑定中心（TULAB）。總的來說，大型的國外教學機構較受歡迎，但是英美歐體系在翡翠玉石與珊瑚、琥珀這一區塊，相對較為薄弱，所以也未必佔有絕對優勢。

GIA 台灣分校官方網站

以 GIA 美國寶石學院為例，主要的專業課程包含兩套，一套為鑽石課程，一套為有色寶石課程，兩套課程各有一張證照，分別為鑽石鑑定師（Graduate Diamond）以及有色寶石鑑定師（Graduate Colored Stone）。取得兩張證照，GIA 會發給第三張證照稱為研究寶石學家（Graduate Gemologist，簡稱 G.G.），是 GIA 關於寶石與鑽石的完整證照。課程又分為駐讀班和函授班，駐讀班需打卡上下課持續學習半年並通過考試，函授則是以自修方式將作業以信件往返，逐章完成後才能參加考試，經過一系列筆試後再通過著名的 20 石測試，全部答對 20 顆寶石的種屬和類別即可取得鑑定師資格。其他還有很多主題或短期課程，諸如珍珠班、蠟雕班、珠寶設計班等等。雖然筆者舉 GIA 為例，實際上文中所述的各教學單位都提供類似的課程。

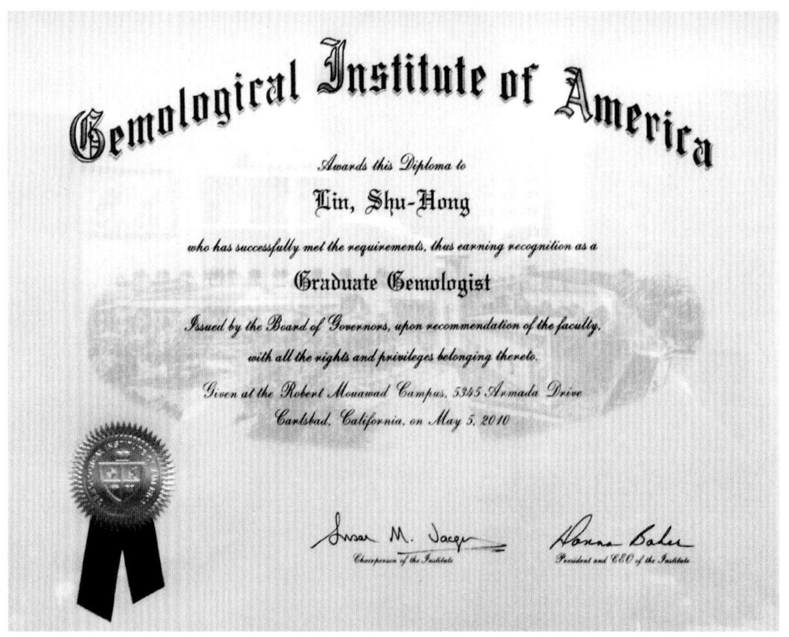
Gemological Institute of America

Awards this Diploma to

Lin, Shu-Hong

who has successfully met the requirements, thus earning recognition as a

Graduate Gemologist

Issued by the Board of Governors, upon recommendation of the faculty,

with all the rights and privileges belonging thereto.

Given at the Robert Mouawad Campus, 5345 Armada Drive

Carlsbad, California, on May 5, 2010

Chairperson of the Institute

President and CEO of the Institute

筆者為 GIA 函授有史以來最快取得美國寶石學院研究寶石學家證照的鑑定師（GIA Graduate Gemologist; GIA GG），僅用兩個月取得證照許多朋友將珠寶視為高端又賺錢的行業，因而趨之若鶩。但沒有貨源、人脈和執業經驗，證照不過就是一張紙。對於寶石買賣、設計或是專業鑑定而言，這張證照只是一個開始，仍須數年的經驗累積和極高的資金成本才能進入珠寶相關行業。

因此，想入行的朋友心態上要調整，並非取得 GIA 或 GEM-A 證照，工作薪水就四、五萬起跳，更不可能一畢業就能成為寶石鑑定專家。從事珠寶買賣可以選擇性的學習寶石專業，重心放在瞭解市場行情與運作機制；想成為鑑定師就必須從頭學習珠寶專業，並累積至少三～五年的經驗才有可能實際執業。

若是單純以興趣為導向或是進階消費者選擇性又更多，可選擇單一主題或是單一寶石品種的短期課程。珠寶相關專業包含有鑑定、設計與金工，鑑定的領域中，又可區分鑽石、有色寶石和翡翠軟玉等不同屬性。選擇教學機構與課程類型必須考量學習目的、時間分配以及成本效益。

GIA、Gem-A 各教學中心的完整課程花費多介於 1 ～ 1.8 萬美金；寶石教學中心和技職院校相對便宜，又可提供完整課程，或短期單一主題課程，學習時間通常以數週到半年不等。唯公私立技職與大專院校體系按理應屬於較長時間且完整的教學體系，但台灣相關校系目前尚處發展階段，各校設備、師資及樣本是否充足對教學成效有相當的影響。若是想初步認識瞭解寶石，亦可從買書自學或民間寶石教學中心，這些單位有時也會開設相關初級課程，適合一般初學者及消費者。

第三節

產地迷思與主要寶石產地

寶石的產地迷思

柬埔寨拜林藍寶，此產地藍寶以濃豔著稱，是傳說中已絕礦的藍寶石

珠寶市場上存在著一種迷思，知名產地的寶石價格與銷路較好，舉例來說紅寶石偏好緬甸產、藍寶石偏好錫蘭產，實務上寶石的產地與品質好壞未必有關。專業的珠寶鑑定應該要判斷寶石的品種、優化處理情形與品質等級好壞，而非僅考量產地。之所以會有產地迷思是因為有些產地出產的寶石平均品質較好，或者早期是著名產地，隨著時間過去，新的產地以及更高品質的寶石都上市了，市場卻以知名產地優先而非考量寶石品質豈不怪哉。

幾乎每一種寶石品種都存在著產地迷思，消費者切莫太執著產地，否則可能成為別人眼中的肥羊，因為產地判別是珠寶鑑定中最難的項目之一，即使專業鑑定師都不一定能從微量元素和內含物判斷。

表 1.2.1 寶石的產地迷思表

寶石品種	產地迷思	破解迷思與瞭解真相
鑽石	南非	鑽石不論產地只論品質，南非鑽通常只是銷售人員的說詞。
紅寶石	緬甸	世界知名的紅寶石產地，兩大產區莫谷和猛速都產出品質不錯的紅寶，目前市面多數紅寶來自非洲坦尚尼亞、莫三比克等地，且各種品質都有，但銷售人員常會誤導為緬甸。
藍寶石	喀什米爾 緬甸 拜林 斯里蘭卡	喀什米爾藍寶石最著名的是具有絲絨般光澤且呈現矢車菊藍；緬甸藍寶以靛藍色著稱，是藍寶星石的重要產地；拜林以色彩極濃郁的藍寶聞名；斯里蘭卡以顏色稍淡但富有閃爍火光的豔藍色藍寶為人稱道。市面上藍寶多來自非洲坦尚尼亞、奈及利亞或馬達加斯加等新興產地，品質亦不輸前述各產地。
祖母綠	哥倫比亞	幾世紀以來，世上近八成的高品質祖母綠都來自哥倫比亞，顏色從中等至深色調，正綠色至綠帶微藍。印度、尚比亞、巴西或阿富汗等地也有產出。但祖母綠最大的問題並非產地，而是充斥著人造寶石與灌膠染色產品。
蛋白石	澳洲 墨西哥	澳洲是蛋白石的重要產地，墨西哥以產出火蛋白著稱。目前，非洲如衣索比亞等新興產地也產出許多高品質的蛋白石，連澳洲蛋白石商都大量收購。
翡翠 （硬玉）	緬甸	市面上八到九成的寶石級翡翠都來自於緬甸。目前瓜地馬拉亦出產大量墨翠及部分紫色翡翠，此外日本與俄羅斯皆有產出品質較差的翡翠。
軟玉 （閃玉）	新疆和闐	中國和闐曾是重要的軟玉產地，大陸的國家珠寶玉石質檢標準中和闐玉已成為軟玉的代名詞，因此現今和闐玉一詞已不具產地意涵。而高檔的綠色軟玉以西伯利亞、台灣和加拿大產出的在顏色上更勝一籌。

世界重要寶石產地

【亞洲區寶石產地】

緬甸（Myanmar; Burma）

緬甸的莫谷是紅藍寶石的主要產地，但是它也同時出產尖晶石、橄欖石、鋯石、水晶等其他種類的寶石，原生礦和沖積礦中同時進行開採，但以沖積礦的產量較大。需除了一般的有色寶石以外，緬甸更是翡翠的重要產地。現在所說的翡翠就是硬玉的代名詞，產在板塊碰撞邊緣地帶之上。在這種限制之下，緬甸是佔盡地利，雖說日本、俄羅斯、瓜地馬拉等地也產硬玉，但是緬甸所產的硬玉在量和質上都是無可匹敵的。

斯里蘭卡（Sri Lanka）

斯里蘭卡產藍寶石原礦

斯里蘭卡的寶石開採完全是在沖積礦床（次生礦床）上開採，明顯的主要礦床並不多，而且其產量也一直都無法提昇，也偶爾有傳說斯里蘭卡的礦藏已瀕臨枯竭。斯里蘭卡出產的寶石不少，主要也是紅、藍寶石和尖晶石等，另外還出產高品質的金綠寶石，其中包含貓眼石和變石（亞歷山大石）。其他還有像是黃玉、電氣石、橄欖石、月長石、鋯石、石榴石等豐富的其他種類寶石。

泰國（Thailand）

泰國也產紅、藍寶石和尖晶石、鋯石，其所產出的寶石和緬甸所產出者性質相近，但產量較少。泰國亦有產一種含石墨的剛玉－黑色藍寶石，且這種黑色藍寶石若含有赤鐵礦或金紅石則可能形成特殊現象石品種 - 黑色剛玉星石。現今泰國並非寶石的重要產出國，但泰國已成為世界上極為重要的寶石加工與交易集散地，尤以紅藍寶石為主，其每年所處理、切割、交易的寶石數量是其他國家所不及的。

印度（India）

印度的寶石出產種類也不少，是亞洲最早發現鑽石的國家，紅寶石星石也是遠近馳名。除紅藍寶和鑽石外，還有產綠柱石、金綠寶石、軟玉、橄欖石、黃玉、蛋白石、紫水晶和寶石級的綠蛇紋石等眾多寶石。

中國大陸（China）

和闐白玉掛件

廣為人知的除了新疆和闐軟玉和岫玉（蛇蚊石）外，在青海、遼寧與江蘇也都產有軟玉。遼寧、山東、湖南等省分生產鑽石，山東也出產藍寶石。此外，大陸也出產琥珀、紅寶石、綠柱石、金綠寶石、石榴石、蛋白石、尖晶石、電氣石和綠松石等。近年大陸的養珠事業也頗有成果，堪稱世界上重要的珍珠生產與輸出國。

台灣（Taiwan）

台灣藍寶原石，美麗的綠藍色
有如花東海岸的波光粼粼

台東部出產的普通軟玉和貓眼軟玉以外，其餘礦藏均不甚豐富。台灣在花東海岸、海岸山脈一帶產有各種水晶或是玉髓類半寶石，但是蘊藏量有限且品質參差不齊，主要問題是較缺少大體積塊材。目前市場上較為知名的還有台東產俗稱台灣藍寶的藍玉髓（含銅藍綠玉髓），以及花蓮的玫瑰石（薔薇輝石）。生物性寶石部分，台灣早期養殖珍珠及珊瑚捕撈聞名全球，目前僅珊瑚捕撈仍持續創造產值。

【亞洲地區其他產地】

阿富汗（Afghan）：紅藍寶石、尖晶石、鋰輝石、青金石、瑪瑙、大理岩等。
喀什米爾（Kashmir）：產有頂級的絲絨藍藍寶，但是已停產多年。
日本（Japan）：最著名的是養殖珍珠，雖產有硬玉但非寶石等級。
韓國（Korea）：最著名的寶石品種是白色軟玉與紫水晶。

【歐洲區寶石產地】

俄羅斯聯邦（Russian Federation）

翠榴石原礦，黃綠色的翠榴石晶體與石棉共生

歐地跨歐亞的俄羅斯聯邦寶石品種和數量在世界上數一數二，重要的寶石品種有鑽石、青金石、孔雀石、金綠寶石、石榴石、軟玉等，另外，波羅的海沿岸的琥珀品質好且市場知名度與售價均高。其他的尚有產出多種寶石像是磷灰石、紅寶石、藍寶石、螢石、雪花石膏、蛋白石、紫水晶、瑪瑙、電氣石、鋯石和綠松石等。

歐洲其他寶石產區

歐洲匈牙利的青金石，英國的螢石、石膏、赤鐵礦、和煤玉，捷克的石榴石，法國的斧石、葡萄石和黃鐵礦，波蘭的琥珀，德國的琥珀和磷灰石，義大利的黃鐵礦和瑞士的榍石。

【非洲區寶石產地】

圖左為寶石商人在產地挑選紅藍寶原石，圖右為非洲寶石產區露天開挖紅藍寶石的沖積砂礦

非洲古老的地盾蘊藏了大量的經濟性礦藏，著名的鑽石和黃金以及其他種類的寶石。產地當中最著名且早期較重要者有南非、剛果和馬達加斯加等，近年來寶石礦產更是如雨後春筍般被發現，如莫三比克的紅寶與電氣石、坦尚尼亞的紅寶石及丹泉石、尚比亞的紅寶石、奈及利亞的電氣石、衣索比亞的蛋白石等。

南非（South Africa）

南非有著世界上最深的地底礦坑坑道，產金和鑽石的產量傲居全球之冠，也是虎眼石英和石榴石的重要產國。其他還有出產祖母綠、剛玉、電氣石、瑪瑙、葡萄石和橄欖石等。

馬達加斯加（Madagascar）

馬達加斯加產出寶石種類繁多，最重要的為紅寶石與藍寶石與金綠寶石，另外諸如：方柱石、紅柱石、磷灰石、綠柱石、孔雀石、堇青石、紅藍寶石、石榴石、天藍石、紫水晶、尖晶石、鋯石、鋰輝石等。

非洲其他寶石產區

剛果、迦納、薩伊、坦尚尼亞、迦納、中非共和國等地也都產鑽石，此外，薩伊有出產孔雀石。坦尚尼亞除了鑽石之外還產出許多具有高經濟價值的寶石品種，包括紅藍寶石、電氣石以及鈣鋁榴石等，更值得一提的是坦尚尼亞所出產的寶石級黝簾石，這種寶石譯為坦桑石，中文學名稱為丹泉石（Tanzanite），它正式首度發現於坦尚尼亞而得此命名。奈及利亞現為電氣石的重要產地之一，其出產的紅色電氣石與藍綠色電氣石在市場上佔有一席之地。莫三比克的紅寶在市場上是相當重要的後起之秀，其紅寶色彩濃豔且透明度高，淨度高者比起緬甸紅寶有過之無不及。尚比亞是近年來重要的祖母綠產地，其色彩濃郁但常為綠帶藍色且時而偏暗，尚比亞也是近代高品質紫水晶的重要產地之一。衣索比亞近年來由於發現大量的蛋白石而著名，其蛋白石品質不差但顆粒小，呈現結核狀，但是由於具有類似於合成蛋白石的結構而在鑑定界掀起一陣波瀾。埃及產量較大的礦產為青金岩、綠松石、橄欖石和雪花石膏等。

寶藍色丹泉石的珠寶飾品

【南美洲寶石產地】

巴西（Brazil）

巴西是有名的寶石故鄉、寶石王國。有別於其他著名產地，巴西主要不是靠單一種貴重寶石如紅藍寶、翡翠等而聞名，而是靠特殊的地質條件，不但有廣大的偉晶岩、玄武岩以及金伯利岩原生礦床，也有次生礦床。

巴西最早是以開採鑽石聞名，18 世紀初到 19 世紀中期，南非鑽石礦尚未問世，當時巴西鑽石礦床算是相當有名，也曾產出過不少世界級名鑽，如重達 726 克拉的「The President Vargas」鑽石和 460 克拉的「The Darcy Vargas」鑽石。現在巴西鑽石礦已沒落，取而代之的是更多樣且豐富的有色寶石礦，曾有寶石商說過世界上有六成以上的寶石來自巴西，如果考慮市場上比較普及常見的主流寶石品種，可能還有過之而無不及。

巴西非常著名的寶石之一就是祖母綠，雖然世界上主要高品質的祖母綠來自哥倫比亞，但巴西祖母綠的市場佔有率也不低，只是巴西祖母綠平均而言色彩較淡。海藍寶石與祖母綠同屬綠柱石家族，也是巴西產出的主流寶石品種之一。市場上目前正夯的紫鋰輝石（Kunzite，又音譯為孔賽石），是 Tiffany 等知名珠寶品牌所愛用的粉紅、粉紫色系寶石，也是巴西出產的經典寶石品種。巴西的電氣石不論是品質或數量，在世界上都舉足輕重，尤其以紅色和綠色電氣石為最大宗，市面稀有的特殊品種—帕拉依巴電氣石（Paraiba Tourmaline）也是巴西所產。當然巴西生產的寶石還有金綠寶石、磷灰石、黃玉、橄欖石、堇青石、石榴石、閃鋅礦、鋯石與水晶等。做為產地，巴西就像是水晶的代名詞一樣。

巴西最著名的寶石品種就是電氣石，紅色電氣石市場上又稱之為紅寶碧璽

哥倫比亞（Columbia）

哥倫比亞出產的祖母綠一向是質色俱佳而舉世聞名的，因此市場上哥倫比亞祖母綠一詞幾乎被當作高品質祖母綠的代名詞，而非必然指其產地在哥倫比亞。哥倫比亞有兩個主要礦區：穆佐礦區（Muzo）及契瓦爾礦區（Chivor），尤其穆佐礦區就像是祖母綠的聖地，穆佐祖母綠的濃豔綠色直至目前為止仍是無可匹敵的。

南美洲其他寶石產區

委內瑞拉和圭亞那都產有鑽石，智利則產青金岩。

【北美洲寶石產地】

美國（United States of America）

美國也有產多種寶石，但多半不甚著名，較有名者為加州的鋰輝石，加州和美國東北部的電氣石、蒙大拿州的藍寶石、威斯康辛州的綠松石等。

加拿大（Canada）

加拿大算是鑽石產地中的後起之秀，近二十年來成為世界第三大鑽石供應國，產出的鑽石佔全球總量約 15%。過去，加拿大的鑽石礦產埋藏於冰雪之下，隨著三個鑽石礦區的發現與開採，漸漸取得世界鑽石供應的主導地位。主要三個礦區分別為 Ekati（艾卡提）、Diavik（戴維克）和 Snap Lake（斯納湖）等。除鑽石之外軟玉也是世上有名，加拿大所出產的綠色軟玉質地好、顏色佳且較台灣所出產的更多見大塊玉材。

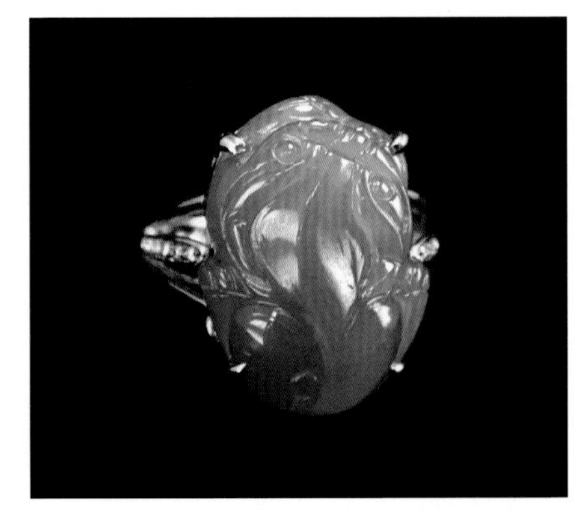

品質極佳的加拿大綠色軟玉雕刻戒指

【澳洲寶石產地】

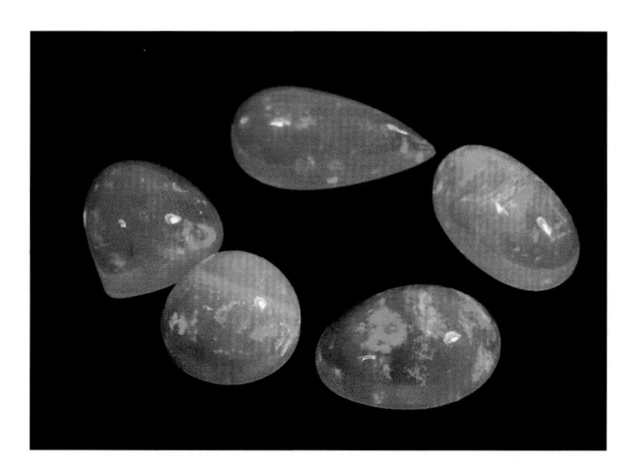

圖為天然白蛋白石裸石，澳洲、衣索比亞與墨西哥皆為蛋白石重要產地

澳洲的寶石以蛋白石和綠玉髓（含鎳）最為出名，蛋白石為澳洲國寶，音譯為澳寶（Opal）；綠玉髓市場上又稱為澳洲玉。事實上，澳洲也產大量的鑽石，只是多為工業用而非寶石級的鑽石，阿蓋爾礦區（Argyle）是世界知名的重要鑽石產區，也是現今拍賣會最受寵的粉紅鑽石之主要產地，曾出產過許多知名粉紅彩鑽。亦有產墨玉，就如大陸所產的黑色軟玉。

寶石產地鑑別知多少

珠寶鑑定領域中，寶石產地的辨識與證明是最弔詭的。產地其實並不如寶石品質來的重要，相對而言品質好比起產地更實際地影響寶石的價值，但往往發生一種情況是，特定產地產出高品質的寶石，而該產地的名稱就成為品質佳之表徵。以目前國際間珠寶鑑定的規範慣例，多傾向於證書不加註產地，然而市場上卻仍偏好加註產地；因此，一般而言若有明確內含物和微量元素證據仍可能加註產地，卻並非絕對。至於實務上寶石產地如何鑑別將在寶石鑑定實務章節中為各位讀者說明。

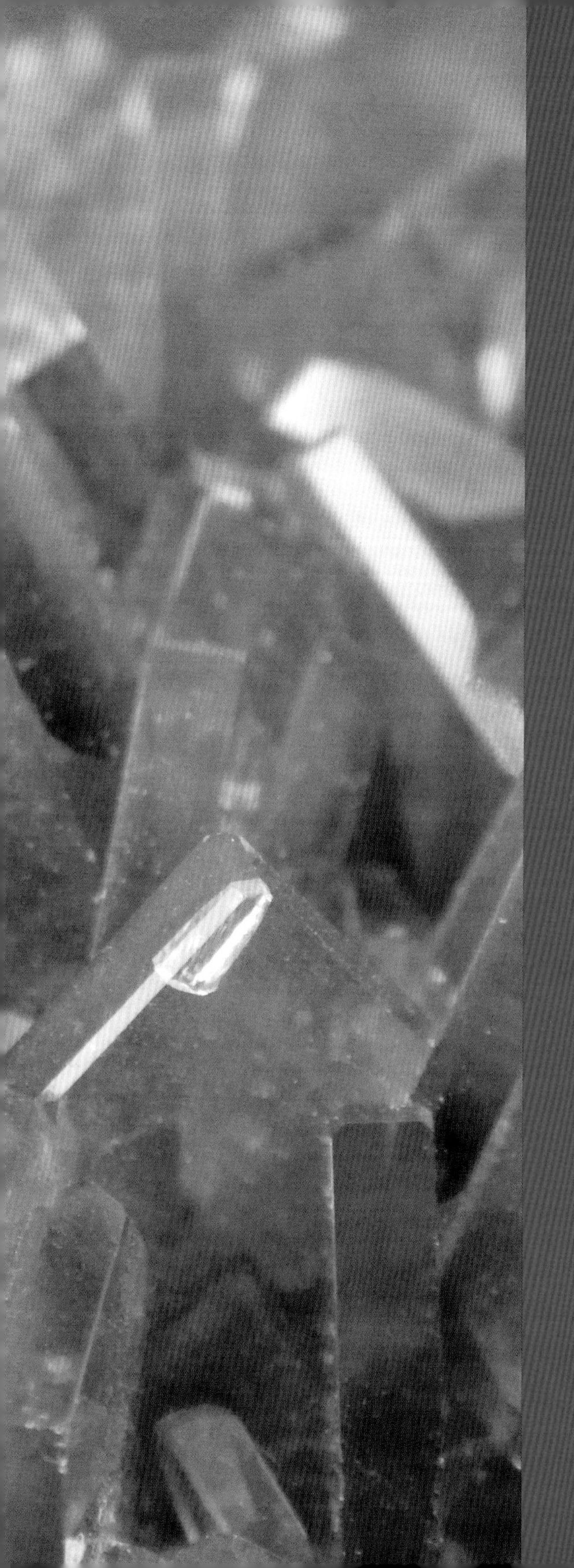

CHAPTER 2

寶石的來源、性質與鑑定賞析

第一節
岩石、礦物與寶石

礦物跟寶石密不可分，而岩石則跟寶石礦床有所關聯。讀者除了認識寶石以外，也必須對岩石和礦物有簡單的認識，才能進一步深入瞭解寶石的礦床與產地之關聯。

地球科學領域中，一般會把地球由外到內依照性質的不同分為地殼、地涵以及地核等不同部分，運用地球物理的方法，像震測等來做區分。而最接近我們的地殼，由各種岩石所構成，岩石則是各種礦物的集合體，大多數寶石孕育於岩石之中，少部分的寶石本身就是屬於岩石類的礦物聚晶，筆者在此簡單介紹岩石的種類，讓讀者能夠瞭解孕育寶石的成因與產狀。

火成岩

表 2.1.1 常見火成岩分類表

礦物顆粒大小					
細粒	火山岩	流紋岩 石英安山岩	安山岩	玄武岩	苦橄岩
↕	半深成岩	花崗斑岩	斜長斑岩	輝綠岩	橄欖岩
粗粒	深成岩	花崗岩	閃長岩	輝長岩	橄欖岩
化學組成(SiO_2)		酸性 (63)	中性 (52)	基性 (45)	超基性
色調		淡色 ⇐		⇒	深色

由火山作用或岩漿作用所形成的岩石。因為深度、溫度和壓力的不同以致於晶出的礦物種類不同，顆粒大小也會有所差異。岩漿中所含的

SiO_2 少而鐵鎂礦物含量較多就會形成像玄武岩等的深色岩石，這樣的岩漿稱為基性岩漿，由基性岩漿所生成的岩石則為基性火成岩，而酸性岩漿 SiO_2 多就會形成花崗岩或流紋岩等的酸性岩石。

沈積岩

礫岩，由直徑大於 2mm 的岩屑所組成

沈積岩在野外是最常見的，只要有營力像是風、水、冰川就會造成沈積物，所謂沈積物就是像礫、砂、粉砂、泥等碎屑，而沈積物經過成岩作用就硬化成為沈積岩。沈積岩的分類可從其沈積物來源分為四類：

一、陸源沈積物 - 來自陸地、河川的各種沈積物顆粒，經成岩作用形成如礫岩、砂岩、粉砂岩、泥岩等岩石。

二、有機生物沈積 - 因為生物作用造成的沈積岩，珊瑚礁所構成的石灰岩就屬之。

三、化學沈積 - 有時候化學物質會淋餘或沈澱，比如說海水的鹽分會沈澱成為石膏或是鹽岩。

四、火山碎屑沈積 - 火山噴發時會有大量的火山碎屑如火山礫或是火山灰，這些火山物質就會沈積下來形成沈積岩，像火山凝灰岩就是一例。

變質岩

變質岩中的片麻岩，石英再結晶作用明顯，雲母類礦物排列而呈現帶狀構造

變質岩顧名思義就是由一變質原岩，經過熱和壓力導致的變質作用而造成岩石中礦物排列方向或粒度大小改變（再結晶作用所致），甚至礦物組成也有所改變。變質原岩可以是火成岩、沈積岩甚至是變質岩中的任何一種。根據變質作用的規模和機制的不同，約略可區分出三種不同的變質作用形式，接觸變質作用、區域變質作用和動力變質作用：

A- 接觸變質作用

在火山地區或是有熔岩流經的地區，岩漿的高熱會導致周遭的圍岩因而變質，通常是經過再結晶作用而有所改變。例如，火成岩岩漿入侵到石灰岩中而形成岩脈時，火成岩脈周圍的石灰岩會變質為大理岩。同類型的變質岩還有變質石英岩或空晶石角頁岩等。這一類就稱為接觸變質作用。

在規模上，接觸變質遠小於區域變質，因為是地區性的「熱」所造成。在機制上，是由岩漿或火山的「熱」所致，是屬於高溫且低壓狀態下的變質作用。

B- 區域變質作用

區域變質作用是由較大規模的地體構造作用所造成的變質作用，例如在板塊碰撞交界帶上，由於導致地體構造變形的壓應力而造成高壓的環境，促使礦物再結晶，隨著大區域中的個別地區差異，所以區域變質作用有高壓高溫到高壓低溫變質作用的差異。最常見的區域變質岩有常見的板岩、片岩以及片麻岩等。

C- 動力變質作用

動力變質作用主要發生在逆衝斷層帶的斷層面上，在大規模的逆衝斷層形成時，鄰近於逆衝斷層面的岩石會受到強大的剪應力，而導致岩石變質，例如糜嶺岩。此種機制的規模亦較小，而且是受到強大的剪應力所致而非壓應力。

寶石的生成與產狀

礦物在地球科學的定義上指的是地殼產出，具有均勻質地，一定的化學組成與性質的天然無機物質，而寶石礦物則是眾多礦物中較具有高經濟價值的品種，通常具有美麗的外表、較高的硬度，甚至在產量或蘊藏量上也都甚為稀少。

寶石通常是以極微量存在於岩石地殼中，在特定地質條件中慢慢成礦，例如：偉晶花崗岩中能有如此巨大的寶石晶體是因為岩漿中有像水或鹵素等礦物助長劑（Mineralizer），而且又有足夠的空間讓晶體生長，才得以形成巨大的寶石晶體。任何具有經濟價值的礦物被發現有龐大可觀的蘊藏量，且具有開採價值時才能成「礦」，而產出或含有大量寶石礦的地區就是寶石礦床，寶石著名產地像斯里蘭卡等地是如何富集寶石以下將逐一介紹。

大理岩上的紅寶石

不同的地質環境孕育不同種類的寶石，因此同一種寶石在不同產地其品質或內含物也不相同。如緬甸莫谷（Mogok）地區盛產紅寶石，是富鋁的石灰岩經由變質作用再結晶而形成大理岩中，但馬達加斯加的紅寶石則是產於偉晶花崗岩中。

寶石礦床是指透過某種地質作用富集寶石的環境，可分為原生礦床和次生礦床。在原生礦床中寶石的產狀保留了其生成時的地質條件例如母岩、圍岩等，偉晶花崗岩岩脈和變質岩岩脈都算是原生礦床的一種。次生礦床就是沖積礦床，由於多數寶石具有堅韌、硬度較高的特性，透過河流侵蝕、搬運、堆積的機制，造成寶石在某些地區富集的情形。次生礦床通常都儲藏有相當數量的高品質寶石原石，而世界上許多知名的寶石礦區都是屬於此種類型。例如緬甸、斯里蘭卡或泰國等，雖產有多種寶石，卻幾乎都是於河流的沈積物中挖掘，此即為次生礦床或沖積礦床。

火成作用如何形成寶石礦床

雖然許多重要的寶石礦床是由沉積作用造成的，但沖積礦屬次生礦床，雖可堆積並富集多數寶石品種，卻非原始生成寶石的成礦環境。相反地，火成作用則是生成寶石礦物相當重要的機制，其所形成並富集寶石晶體的礦床稱為內生礦床，舉凡熱液礦脈型、氣化熱液型、岩漿型、偉晶岩型等礦床皆屬之。岩漿在地殼深處是高溫且成分複雜的狀態，當岩漿逐漸接近地表時，生成溫度較高的礦物會先結晶析出，隨著溫度下降又析出較為低溫的礦物。礦物學上將這些礦物的結晶順序稱為包溫氏反應序列，該序列又分為連續和不連續兩類。

連續序列是指岩漿中各成分的析出是在幾種端成分的比例上緩慢改變，如鈣長石和鈉長石之間等不同階段的成分比例變化，因此可再區分為數種不同的長石。不連續序列是指橄欖石、輝石和角閃石為主的分支，這個序列的礦物就不是端成分比例的緩慢改變造成。如較高溫的橄欖石成分以鐵鎂為主，但是隨著溫度下降至輝石的生成溫度，屆時只有析出輝石的結晶而不會再有橄欖石的成分晶出。

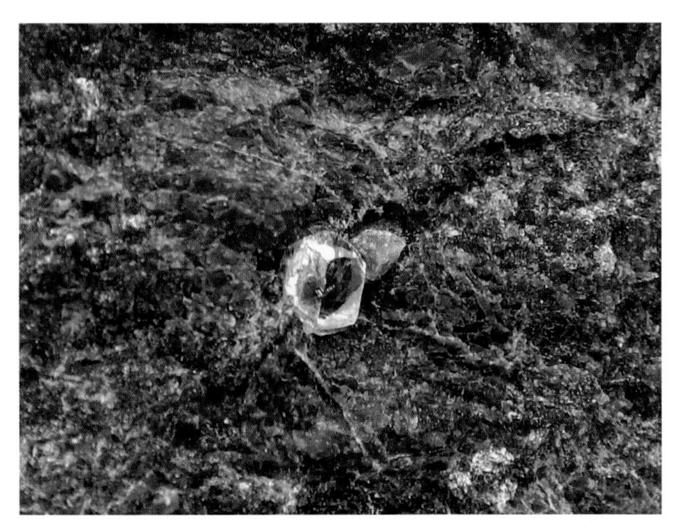

角礫金雲母橄欖岩，又稱為金伯利岩，上面捕獲一顆鑽石晶體

若依火成岩的生成深度作區分，可分為深成岩和火山岩。深成岩由於岩漿凝固速度較慢所以晶出時間較長而有顆粒較大之結晶生成，而火山岩由於晶出時間較短，結晶的顆粒較小，甚至諸如黑曜岩一類的噴發岩還會因冷卻過快而不具有任何結晶。雖然深成岩可生成較大的結晶，但多數寶石生成的大小卻並非單靠緩慢冷卻結晶（深成岩），還是需要某些機制結晶並富集寶石，例如：偉晶花崗岩生成多種寶石、富鋁鹼性玄武岩生成紅藍寶石、金伯利岩在岩漿上升過程中擄獲富集鑽石晶體等。

偉晶花崗岩是一個很特別的環境，產出寶石種類多，且晶體巨大。由於岩漿生成末期，大部分的固體物質都已經析出，本來存在比例甚小的稀有元素或是水、鹵素、二氧化碳等的氣、液體也都漸漸富集。如果有一個較巨大的空間就像一個腔室（Chamber），而水、鹵素和很多氣體可以在其中不斷的循環，將很多稀有元素或是一些礦物的成分透過類似「水熱法」的生長機制加以助長而形成寶石巨晶，就形成所謂的偉晶岩寶石礦床。在礦物學上，鹵素和水扮演著礦物助長劑（Mineralizer）的角色。這也可以解釋為何多數原生寶石礦床都伴有螢石共生，因為螢石是氟化鈣所構成，氟就是鹵素之一種。通常只有像偉晶岩這樣的機制下才能夠出現巨大的寶石晶體，也只有偉晶岩才能夠生成多種寶石。

舉凡貴金屬鉑、紅藍寶、祖母綠、金綠寶石、電氣石（碧璽）、黃玉、水晶等常見寶石都是產於此機制。此外許多少見寶石，都是含有某些稀有的元素，透過此機制的富集才得以密集產出，像銳鈦礦（鈦）、鋰輝石（鋰）、鋯石（鋯）、磷輝石、堇青石、賽黃晶、透輝石、尖晶石和藍晶石等。

海水藍寶綠柱石晶體

內生寶石礦床（Endogenic Gem Deposits）在形成機制上包含岩漿晶出、熱液交代換質和熱液脈型。比如說，高鋁質的玄武岩漿有可能會因鋁質過飽和而晶出以三氧化二鋁 [Al_2O_3] 為主要成分的紅寶石或藍寶石。

角礫金雲母橄欖岩（金伯利岩）就是因為大規模的深部岩漿快速上衝至地表而噴發，在噴發的同時把生成於上部地涵的鑽石晶體捕獲並且攜帶上來至地表而形成鑽石礦筒。熱液交代換質是指當有岩漿侵入到沈積岩中會因為熱度和岩漿源熱液而導致岩漿本身的成分跟圍岩交換，軟玉常形成於此類礦床中。熱水作用基本上還可能因為周圍岩石中有裂縫而析出晶體形成礦脈，像紫水晶、黃水晶、祖母綠、石榴石和電氣石等寶石都會透過這樣的熱液脈型礦床而形成。貴金屬鉑（白金）也是形成於深成的超基性岩中。

沉積作用如何富集寶石

在寶石的產狀中沉積作用有兩個模式，一是化學沈積作用造成的寶石，二是將原生礦床的寶石經過侵蝕、搬運、沉積富集。

前者化學沈積是水溶性鹽類因溶解度的改變或是水分的蒸發而析出結晶。雪花石膏就是典型的蒸發岩。此外由生物造成的珊瑚或是珍珠其實有時也歸納到沉積岩類，因為海水中的鈣離子和碳酸透過生物作用而沉積成礮石。

後者一般像砂礦、風化殼型礦床和膠體化學沈積型礦床都是屬於外生礦床（Exsogenic Gem Deposits）。以世界寶石之產量和品質等考量，沖積砂礦是最典型的，因為寶石具有高硬度與高韌性，能抵抗磨蝕且比重大，當圍岩的內寶石經由風化、侵蝕、搬運、沈積等作用大量富集，多半會保留下較無瑕疵且完好的部分，少有破碎，因此經濟價值較高。這種機制下，原生的寶石就被帶到數十甚至數百公里遠處的下游沉積，並且富集成為大礦區。像緬甸的紅藍寶石礦

沖積砂礦中可見許多柱狀藍寶石晶體

區就是以沖積礦（又稱砂礦）為主。這類礦床產出的寶石不僅種類多、品質好且開採成本低廉。另風化殼型礦床多形成於地表的鬆散風化殼中，如著名的澳洲國寶—蛋白石即是。

變質作用如何孕育寶石礦床

變質母岩中的石榴石晶體

變質作用是指壓力和溫度導致岩石中的礦物組成上有所改變，或是再結晶而從新排列。變質作用分為接觸變質、區域變質和動力變質。接觸變質是岩漿入侵的周圍岩石受到熱及岩漿帶來之物質影響而造成，生成的寶石有石榴石、紅柱石以及尖晶石等。區域變質則是很大地區的大規模變質作用，涵蓋範圍小至數百公里，大至上千公里，產出寶石包括硬玉（翡翠）、軟玉、金綠玉（金綠寶石）、石榴石、矽線石、藍晶石和十字石等。緬甸是硬玉的主要產區也是因為大規模區域變質或動力變質作用的關係，硬玉本身是一種高壓低溫狀態下穩定的變質礦物。寶石礦床的研究可以幫助我們瞭解寶石的成礦機制，讀者將更易於了解寶石產地認定的迷思和實務鑑定上的困難之處。

第二節
寶石的結晶學概論

寶石的晶體

礦物學中，礦物可分為晶質和非晶質，非晶質就像蛋白石或是黑曜岩等因為不具有固定的化學成分（礦物成分）以至於也將不會有結晶的形成。不過非晶質僅佔很小的比例，幾乎所有的寶石和礦物都是晶質。根據晶質幾何對稱性共可分為 6 大晶系，每個晶系的不同礦物又各具不同之幾何形狀（晶型）。從原石晶體的幾何對稱性或是晶面交角都能輔助判斷出寶石或是礦物的種類。

根據結晶的大小可分粗晶（肉眼可以辨識晶體）、微晶質（過光學顯微鏡才可以加以辨認礦物結晶）。像一般的寶石單晶毫無疑問就是屬於粗晶（巨晶），而微晶質就像石英家族中的瑪瑙或玉髓，都是由許多微小到肉眼無可辨識的石英晶體聚集而成。

寶石的晶系

由於晶體的原子排列會趨向於簡單的立體幾何形狀，而這些幾何形狀的種類有限，根據數學的幾何對稱原理可以加以區分出 6 個晶系（Crystal System）和 32 個晶型（Crystal Form），玆說明六大晶系如下：

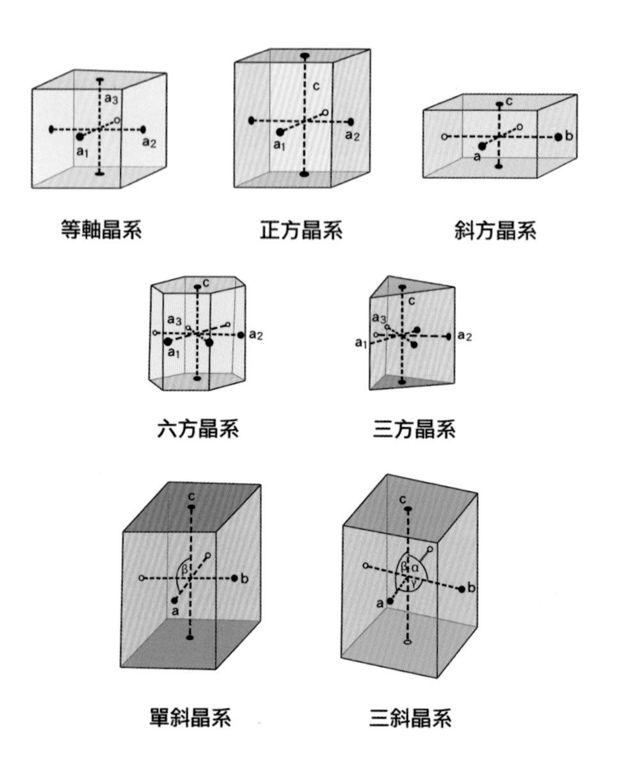

六大晶系對稱性示意圖

一、等軸─立方晶系

等軸晶系又叫做立方晶系，顧名思義它具有 3 條等長且相互成直角的結晶學參考軸線，而且最常見的結晶外形為立方體。此晶系有 1 對稱中心、3 條四次（正方）對稱軸、3 條三次（三方）對稱軸、6 條二次（對角）對稱軸、9 個對稱平面等對稱要素。常見的寶石和礦物有鑽石、螢石、石榴石、尖晶石、岩鹽、黃鐵礦等等。該晶系之礦物為均相質（isotropic），在光學顯微鏡下為全消光。

二、正方晶系

正方晶系的晶體有 3 條結晶學參考軸線亦是成兩兩相互垂直，但是其中有兩條等長而第三條與此二條則不等長。有 1 個對稱中心、1 條四次對稱軸、4 條二次對稱軸以及 5 個對稱平面。比較常見的礦物有符山石、鋯石和金紅石等。

三、六方—三方晶系

六方晶系共有 4 條結晶學參考軸線，其中有 3 條同在一平面上且彼此等長並相互以 60°或 180°角度斜交，而第 3 條軸線則是垂直於該平面，並不等長於前述三軸。有 1 個對稱中心、1 條六四對稱軸、6 條二次對稱軸。本晶系的寶石礦物晶體例如綠柱石、磷灰石等等。

三方晶系在很多結晶學家的分類裡面是歸類到六方晶系中而成一項較小的分類。三方晶系有 1 個對稱中心、1 條三次對稱軸、3 條二次對稱軸及 3 個對稱平面。在此晶系中，晶體之主要參考軸為三次對稱而非六方晶中的六次對稱，故在此將其區分開來。但是一般礦物學仍將六方及三方歸類為六方晶系。主要的寶石為剛玉、電氣石等。

四、斜方晶系

有三條結晶學參考軸線，兩兩相互垂直，但是 3 軸線之長度則是各別不同。有 1 個對稱中心、3 條二次對稱軸、3 個對稱平面等對稱要素。常見的礦物有黃玉、橄欖石、董青石、紅柱石、金綠寶石、賽黃晶等等。

五、單斜晶系

有 3 條各不等長的結晶學參考軸線，其中有兩條互相垂直，而第三條參考軸線則是以某角度斜交於包含垂直兩軸的平面。單斜晶有 1 個對稱中心、1 條二次對稱軸及 1 個對稱平面。常見的單斜晶系寶石礦物有紫鋰輝石、榍石、綠簾石、正長石、透輝石等等。

六、三斜晶系

該晶系有 3 條長度彼此不同，而且更是互相斜交的 3 條結晶學參考軸線。其對稱要素也僅僅只有 1 個對稱中心，完全沒有對稱軸和對稱面。此晶系有綠松石、斧石、薔薇輝石等常見寶石礦物。

雙晶現象

石膏晶體燕尾雙晶

由兩個或以上同類晶體所構成的孿生晶體稱為雙晶，雙晶的外觀有某種規律性，如相互對應的晶面、稜線等，這種規律性又稱為雙晶律。雙晶中的孿生晶體通常可透過某種對稱操作完全重疊或平行，依對稱要素區分主要有點對稱（雙晶中心）、軸對稱（雙晶軸）和面對稱（雙晶面）等三類。

晶癖和晶簇

所謂晶癖乃是指寶石、礦物結晶生長的習性，而晶簇是指很多結晶長在一起。礦物的晶癖和晶簇在某些時候可以有助於基本的鑑別。於此舉出其晶癖或是晶體叢生情形如下：

1. 對獨立的晶體或明顯的晶體適用：

a- 針狀

b- 絲狀或是線狀

c- 片狀

片狀叢生重晶石晶體

2. 對一群明顯的晶體適用：

a- 樹枝狀

b- 網狀

c- 輻射狀

輻射狀水矽釩鈣石

3. 平行或是放射狀的成群單晶：

a- 柱狀

b- 扁平狀或板片狀

c- 纖維狀

d- 星射狀或扁平放射狀

e- 球狀或放射狀

f- 葡萄狀、腎狀或乳房狀

板狀叢生重晶石晶體

4. 由片狀礦物所構成的晶簇，通常也都具有片狀構造但是根據其規模大小等細部的差異在將其分成下述幾種：

a- 葉理狀

b- 雲母狀

c- 層狀、板狀或片狀

d- 羽毛狀

由片狀方解石與沉積物所構成的沙漠玫瑰

5. 其他陳述字眼：

a- 鍾乳狀，由富含礦物質的水在洞穴中或某種機制下逐滴沉積慢慢生長而成，例如石灰岩洞的石筍和石鐘乳。

b- 同心圓狀，一層一層由內向外包覆而形成，像瑪瑙即是。

c- 塊狀，沒有任何明顯特徵和外形者稱之。

d- 晶洞，岩石的空洞內壁為礦物所包襯但是並未完全填滿，通常在晶洞之最內層會有突出的礦物晶體。像瑪瑙晶洞即是。

每逢打雷下雨，地層裡的瑪瑙晶洞常被沖刷出地表，印第安人誤以為是雷神下蛋所致，又稱瑪瑙晶洞為雷公蛋

第三節
寶石色彩學概論

寶石的鑑定方法乃至於性質陳述，都是源於礦物學，唯一的差別是寶石鑑定多採取非破壞性鑑定。要瞭解寶石如何鑑定，需先瞭解寶石的各種礦物學性質，以下筆者從寶石的顏色開始說起。

寶石的色彩描述與定義

人類肉眼的可見光波長是介於 400~700 nm。從波長較短的紫光到波長較長的紅光範圍，是一個包括各種色光的連續光譜。但是當我們把連續光譜的某些波長範圍去掉時，本來白色的光就會變成是未被扣除的剩餘光譜相加而成的顏色。若一個物體吸收了所有的波長，那它就會是黑色。因此物體呈色不僅和自身吸收的波長有關也和光源組成之波長光有關。許多寶石是自身無色但由於微量的金屬離子才有各種色彩，像紫水晶中的鐵和鈦或是紅寶石中的鉻等。現今的玻璃工業技術也已可用玻璃做出顏色相似度非常高的假寶石。因此想單憑外觀顏色區別寶石真假或種類是不可靠的。

自然界寶石種類如此之多，常有不同種寶石卻有相似顏色，或是同一種寶石有多種色彩。例如橄欖石的橄欖綠，這種少見又易於辨識的特徵色就是它的註冊商標，雖然以顏色來鑑定寶石有風險，但也是業界行家們判斷寶石的手段之一。色彩除了可輔助辨識寶石品種以外，也決定了寶石的價值。

誠如上述，寶石顏色的產生，是因為自然光進入寶石後產生選擇性吸收，而沒有被吸收的剩餘光譜就會呈現出我們所觀察到的色彩。每個人的眼睛對於色彩的感知能力是不同的，有少許人對於顏色特別敏感，也有少許人先天色盲或色弱，但是對於大多數人而言，分辨顏色的差異並不困難，只是對於色彩的定義沒有一致的概念。消費者通常將寶石的顏色用「豬肝紅」、「天空藍」、「檸檬黃」、「青草綠」等描述，問題是每個人的認知不同，就無法精準辨識寶石的色彩特徵。

在實務鑑定上，色彩不是最重要的，但對於目視鑑別有很大的幫助，更重要的是，色彩是評價寶石 4C 要素的一項，準確評估色彩對於寶石的真假跟價值判斷都有幫助。

寶石的色彩理論跟一般的色彩學理論大同小異，但是基於人的眼睛可以有效辨識的原則而將其簡化。色彩的描述分為三個部分：色相（Hue）、色調（Tone）跟色度（Saturation）。色相是色彩定義，色調是濃淡深淺描述，而色度則是指顏色的鮮豔程度。

Hue 色相 - 色彩相 - 色彩定義

色相就是指色彩定義，豬肝紅或檸檬黃等都是一種色彩描述，但不夠明確精準且沒有共同的標準。而大部分人所熟知的色彩定義（紅、橙、黃、綠、藍、靛、紫）卻又不夠精細，寶石的世界如此多彩，怎可能僅以七色描繪之，所以寶石學上標準的色彩定義以 GIA 的系統最廣為接受，這種色彩定義以主色和修飾色兩個要素為主體，主色以英文字母大寫表示，修飾色以小寫表示，筆者以 GIA 系統簡化之，寶石色相的劃分可參考下圖，有 3 點原則：

1. 主要的顏色是紅（R）、橙（O）、黃（Y）、綠（G）、藍（B）、靛（V）、紫（P），在主要顏色之間的過渡色彩則以大寫字母的主色跟小寫字母的修飾色描繪之。例如：OR/RO 都大寫表示為橙與紅的中間色「橙紅色 / 紅橙色」；oR 則表示以紅為主略帶橙色，可謂紅帶橙。
2. 棕色與粉紅色在色彩學上是顏色混入黑白兩要素而成，不屬於前述色彩定義之列，但是在寶石色彩定義上會把帶黑的黃稱為棕色，粉紅色則可能為帶白的紅或是較淡的紅。

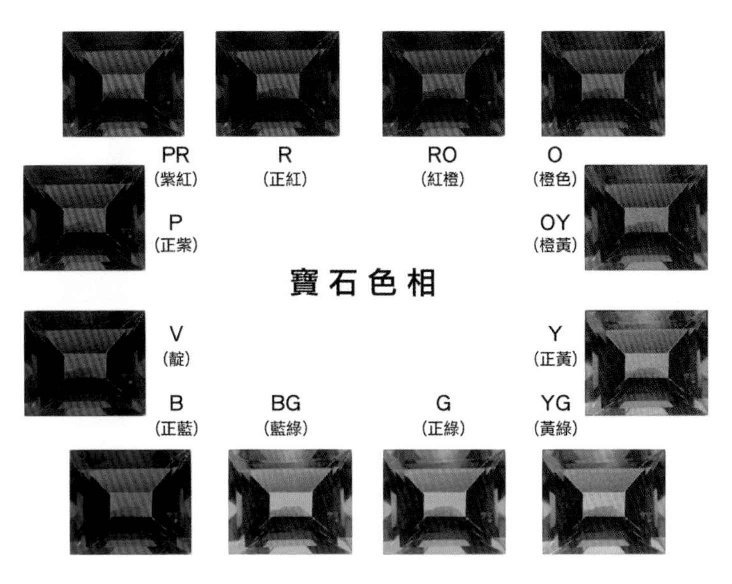

寶石的色相即寶石的色彩定義，紅和黃色系稱暖色系，其餘稱冷色系
（印刷可能有色差，僅供參考）

Tone 色調 - 色彩的濃淡深淺

如果只知道色彩的種類（色相）而不管色彩的濃淡（色調），寶石市場將會大亂，畢竟除了鑽石以外的寶石都稱為有色寶石，顏色是最重要的賣點，若淡如胭脂跟濃如鴿血的兩顆紅寶，任誰都知道其等級價值天壤之別。所以色調最重要的是辨別其色彩濃淡。

色調判斷最困難的地方是讀者必須把不同色相的寶石色彩想像成「灰階」，再從其明暗度判斷其顏色的濃淡深淺。色調共分為十個等級，輔以數字來表示色度則可記為：0- 無色、1- 極淡色、2- 很淡色、3- 淡色、4- 中等淡色、5- 中等色、6- 中等深色、7- 深色、8- 很深色、9- 極深色、10- 黑色。

當顏色淡到一個極致，就像無色一樣；若一個顏色濃到極致，就會暗到發黑。基於這個道理，一般的寶石色彩若為極淡色以下則可視為無色寶石，顏色為極深色以上則視為黑色寶石，以大部分有色寶石而言，介於中等淡～中等深色調之間的寶石通常是品質較好且受歡迎的。

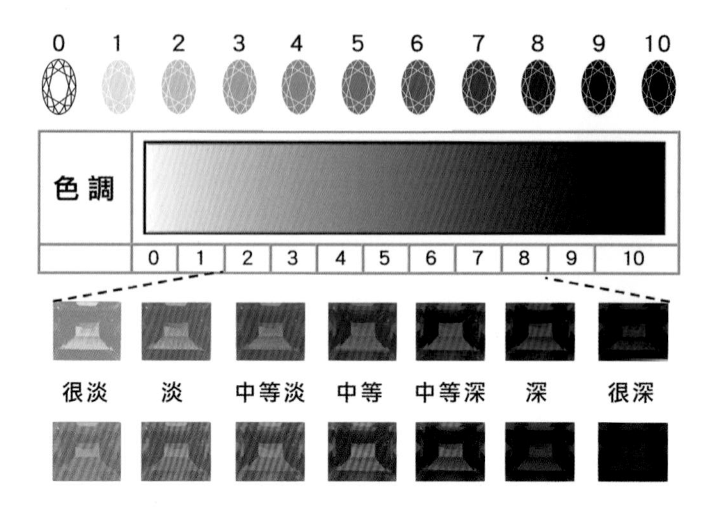

寶石的色調，即寶石顏色濃淡深淺的描述指標

Saturation 色度 - 彩度 - 色彩鮮豔程度

色度是指彩度，也就是寶石顏色的鮮豔程度。雖然鮮豔程度是很容易懂的概念，但卻是色彩描述中最抽象難學的一環。色度高的顏色會呈現出很鮮豔、很純的色彩，色度低的顏色則會呈現出帶黑的色彩，如果將所有的色彩分為暖色系（紅、橙、黃）和冷色系（綠、藍、靛、紫），則暖色系的寶石，低色度下會帶棕色，而冷色系的寶石，低色度下會帶灰色。色度跟色調有時容易搞混，因為深色調的寶石看起來會類似帶黑的感覺，其實是因為顏色太深而發暗，但是若一個寶石呈現低色度則是色彩的本質就不鮮豔，即使顏色淺還是可能呈現灰黑色。

以色度指標示意圖為例，當形容一個紅寶石的紅很嬌豔時，可以用強紅（Strong Red）和豔紅（Vivid Red）；當描述一個藍寶石的藍帶黑色且不鮮豔時，可以用灰藍（Grayish Blue）、淺灰藍（Slightly Grayish Blue）或微灰藍（Very Slightly Grayish Blue）。國際知名的瑞士寶石實驗室 GRS 對寶石的色彩描述中有皇家藍或鴿血紅等較受業界歡迎的色彩描述，這類色彩都具有極高彩度（強至鮮豔），翡翠中最佳的正陽綠也是指最高彩度的豔綠色。

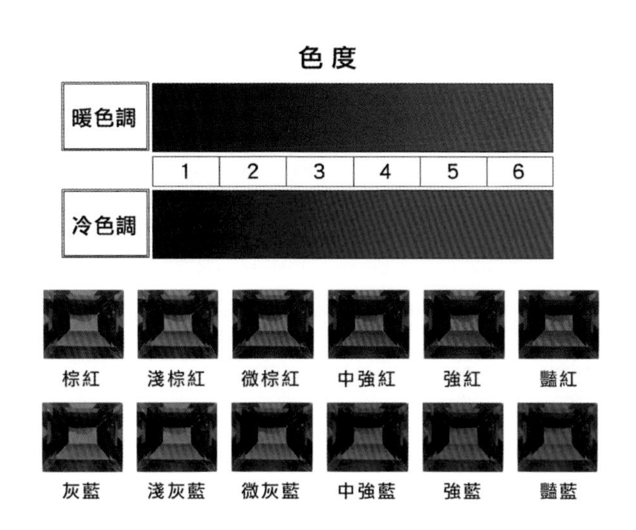

寶石的色度表，通常色度越高等級越好

寶石色彩理論的實際運用

寶石的色彩描述若缺乏理論依據支持，只會變成空泛的形容詞。舉個寶石色彩應用最簡單的例子，「正、濃、陽、勻」是評判翡翠顏色的標準：正指色相純正，正綠色不偏黃也不偏藍；濃指翡翠的色調要濃淡適中，好的翡翠顏色多介於中等淡～中等深；陽是指翡翠的顏色要豔、要嬌，不要帶灰、帶黑，這也是色度的概念；唯一不在色彩要素中的勻是指色彩分佈要均勻，這是翡翠色彩評估項目唯一與其他寶石不同的，因為大多數的寶石色彩通常是均勻的，而翡翠則否。

實際上，若能熟稔寶石色彩理論的精髓，不管是寶石的目視鑑別或是等級優劣評判都會變的更為容易。紅寶石、紅色電氣石、紅榴石雖然都呈現紅色，但是顏色其實有差異，從寶石的色相、色度變化，也可更清楚的辨認同色系寶石的顏色差異與色彩特徵。

與色彩相關的其他光學性質：寶石的吸收光光譜、多色性與色帶

寶石的吸收光譜是指透過稜鏡或光柵式分光鏡將穿過寶石的光分散成直讀光譜，當光線穿過寶石被選擇性吸收的同時，剩餘的光譜就形成我們所看到的顏色。雖然，有很多寶石具有類似的顏色，實際上因為每種寶石造成顏色的成因機制不同，所以分光光譜也完全不同的舉例來說，如紅寶石、尖晶石、石榴石或玻璃等寶石可能在顏色上相近，但是其吸收光譜卻有顯著的差別。比對寶石的直讀光譜時需注意，從紅橙黃綠藍紫等不同光譜區域觀察是否有黑線或黑色條帶 (吸收線與吸收帶)，及其位置、數量與清晰度都是判斷寶石種類的參考依據，部分寶石因為帶有強螢光，甚至會出現亮線。

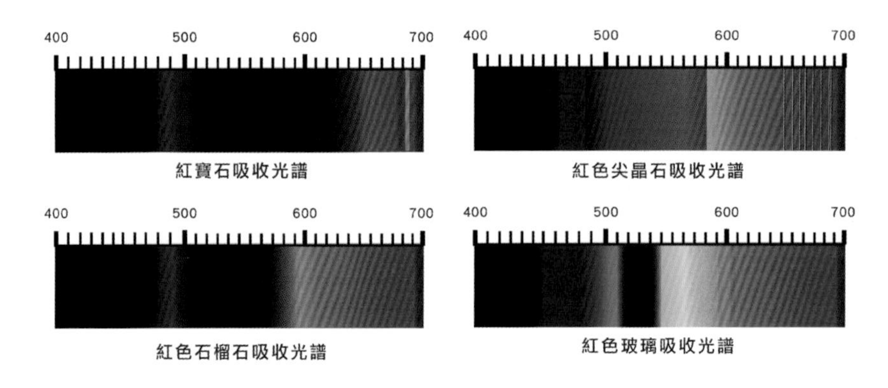

四種紅色系寶石的可見光吸收光譜

多色性（Pleochroism）是指當光線穿過寶石而被選擇性吸收即產生顏色，如果寶石的晶體在不同軸向的選擇性吸收有差異，將導致不同方向上顏色不同，即稱為多色性。強多色性的寶石，有時候將寶石正面微微轉動就會看到兩種顏色，例如：堇青石、丹泉石、紫鋰輝石、紅柱石與黃色黃玉等。若一個寶石有多色性時，在研磨成刻面寶石的時候必須考慮到晶體方向和呈色的問題，例如：堇青石在晶軸方向上為非常淺之

顏色可是在水平方向則會是美麗的紫色，所以寶石的價值也就可能隨著研磨的方向不同而價差甚大。

除了直接目視觀察以外，也可以使用二色鏡或是寶石偏光儀作為輔助。正方晶系和六方晶系都是具有單一個光軸的晶系（單軸晶體），而斜方、單斜和三斜則為雙軸晶體，都具有雙光軸。單軸晶具有二向色性也叫二色性（兩個不同晶體方向上顏色有不同或有深淺之變化）。雙軸晶則可以有三個顏色，叫做多色性。有時候二色性或多色性可能不明顯，以至於雙折射寶石未必有多色性或二色性。

色帶（Color zonation）是寶石晶體內部的顏色分帶現象，由於寶石晶體生長過程中，溫度、壓力、離子種類或離子濃度的改變，導致寶石晶體內具有明顯的顏色分帶，這是一種生長現象，常見於天然有色寶石，人造寶石通常不具這種特徵。

第四節
寶石的光學性質

寶石的折射率與雙折射(Refractive Index & Birefringens)

任何波在傳送時若由一個介質進入了另一個介質的時候，光在兩個介質間的界面上會同時發生兩種不同的行為，一是光的「反射」，一是光的「折射」。反射會符合反射定律，反射定律就是入射角等於反射角，入射角就是入射波跟法線的交角，反射角就是反射波跟法線的交角，而且入射波和反射波的行進方向會在同一個平面上。

在寶石學上，反射的重要性較低，但在寶石切磨應用上，光學效應「全反射」卻甚為重要。刻面寶石切磨的基本要求有三：保有該寶石最大重量、切面拋光及稜線的相交和每一組面的形狀對稱等、正面觀察寶石桌面能夠反射最大量的光，就是「全反射」。

假設介質一的折射率為 n1、介質二折射率為 n2 且入射角為 θ1、折射角為 θ2，則斯耐爾定律為 n1．sinθ1=n2．Sinθ2 該定律的等式說明了入射角、折射角、入射介質、反射介質間的關係。

光線進入寶石的全反射，就是當光從寶石中即將進入空氣介面上所發生的現象，由於空氣折射率為 1 所以斯耐爾定律中的 n2 為 1，則公式變為 n1．sinθ1= sinθ2，因為 sinAr ≦ 1 所以推知 n1．sinθ1 ≦ 1

當 sinθ1 ≦ 1/n1 θ1 ≦ 當等號成立時，θ1 值便是臨界角。

每種寶石因個別之折射率會產生所屬的臨界角，而每種寶石的切磨角度也要隨著臨界角度的不同而改變，

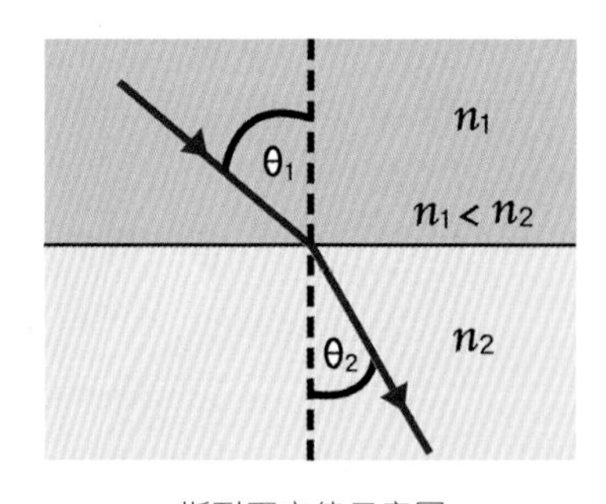

斯耐爾定律示意圖

如此才能得到最佳反射效果，顯現出寶石的亮光與火彩。

折射率簡寫為 R.I.（Refractive Index），可藉由折射儀（Refractometer；Refractive Index）或是透過斯耐爾定律直接對穿過寶石晶體之影像或光線之偏折角度計算出寶石的折射率。

雙折射則是發生在等軸晶系或非晶質兩類以外的所有寶石材質上的一種特性，當一道光線進入這類寶石晶體中會分離成兩道光線，分別稱為正常光（O-ray）和異常光（E-ray），所以在儀器上將讀到兩道光線的折射率，其差值則為該寶石之雙折射率，如下圖所示。

寶石的雙折射率需透過折射儀才可測量，但是可透過顯微鏡及放大鏡觀察寶石底部刻面的稜線是否產生「重影」來得知雙折射率高低，一般若雙折射率達0.02以上就不難觀察到稜線重影。這種方法在鑑定區別天然鋯石與蘇聯鑽、鑽石與莫桑石等寶石組合時相當好用。一般坊間流傳的水晶球鑑定方法，用水晶球壓住頭髮或細線而觀察其雙影以鑑別出水晶球與玻璃球也是同理。

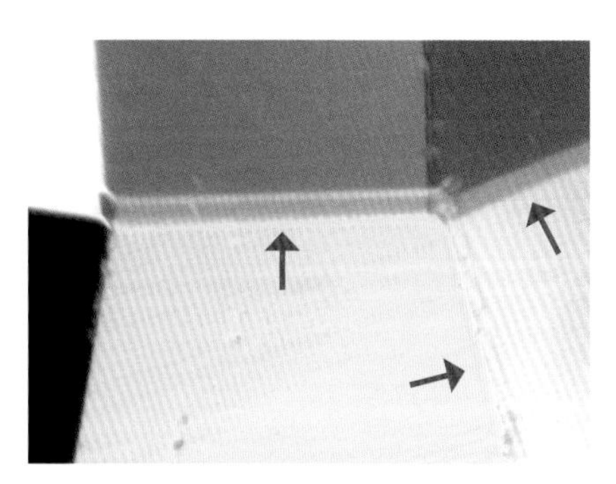

放大鏡觀察鋯石底部刻面稜線會有明顯的雙重影像

對於大部分的寶石而言，折射率和雙折射率幾乎是定值或變異不大，因此僅需透過折射率與雙折射率的比對，就有可能比對出寶石的品種。

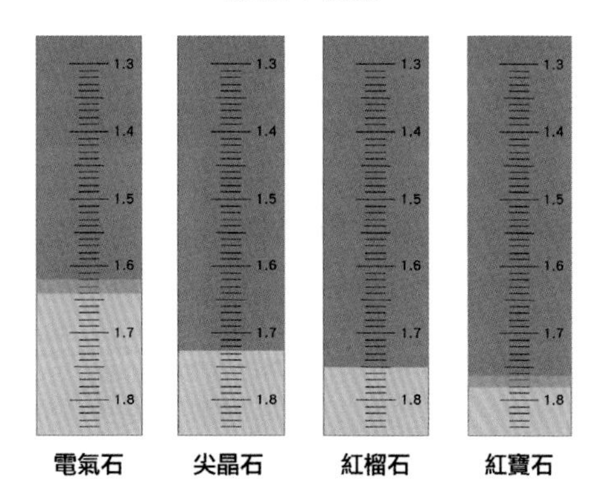

外觀上一樣是紅色的寶石，但在折射儀讀值上卻有明顯的不同：電氣石折射率1.620-1.640，紅尖晶石為 1.725、紅榴石為 1.748、紅寶石則為 1.762-1.770

寶石的光澤（Luster）

光澤是光在物體表面的反射、折射和散射現象的巨觀表現，一般指寶石表面對可見光的反射能力，光澤主要受寶石的折射率或結構影響。光澤用於寶石的肉眼初步辨識或初步分類非常有用，一般常用描述性字眼來形容寶石的光澤，如玻璃光澤、珍珠光澤、蠟狀光澤等，但界定上有時不是那麼清楚，以下列舉常見的光澤類型：

金剛光澤　　玻璃光澤

珍珠光澤　　脂狀光澤

A. 金屬光澤 - 亞金屬光澤

顧名思義就是像金屬的表面所呈現出來的光澤，大部分的金屬礦物都是屬於此種光澤像黃鐵礦、赤鐵礦、金紅石等，寶石之中僅少數有此光澤；亞金屬光澤與金屬光澤相似，但是一般呈現深色金屬反光外觀如方鉛礦。

B. 金剛光澤 - 亞金剛光澤

這種光澤以折射率高的透明寶石為主，指的是其研磨後，其拋光刻面上光線發生全反射的比例高且閃亮。折射率越高的寶石其臨界角小，也研磨成刻面之後越容易形成全反射，金剛石（鑽石）就是這種光澤的最典型，而此種條件下寶石的拋光面能將較高比例的光反射回來，使得寶石更顯璀璨奪目。具有金剛光澤的寶石通常可作為「鑽石類似石」，常見的有天然鋯石、錫石、榍石等，金剛光澤寶石折射率多超過 2.0，若介於 1.8-2.0 通常反光略遜一籌，成為亞金剛光澤寶石。

C. 玻璃光澤

玻璃光澤顧名思義就是貌似玻璃的光澤，跟金剛光澤最大的差異就是刻面沒有高反光比率，因為玻璃光澤寶石折射率相對較小，臨界角大，不易產生全反射，所以具有較少的反光與亮光。玻璃光澤寶石的折射率一般介於 1.5-1.8 之間，常見的寶石眾多，如石英、黃玉和綠柱石等。

D. 脂狀光澤—油脂光澤—樹脂光澤

非金屬光澤中，脂狀光澤通常是用來形容一種寶石的光反射不是呈現平面狀光滑的反射，而是呈現散射光芒如毛玻璃般粗糙感，若表面平滑但是寶石呈現緻密塊狀集合體也可能呈現脂狀光澤；油脂光澤特別用於脂狀光澤中散射光芒外觀如同油脂的寶石，例如螢石；樹脂光澤則是指具有脂狀光澤，且顏色為黃、棕或褐色的寶石抑或集合體，呈現出類似松香樹脂的外觀，最典型者為琥珀。

E. 蠟狀光澤

隱晶質聚晶寶石由於細微的礦物顆粒及其晶界對入射光產生散射而造成外觀光澤呈現亮蠟狀，如壽山芙蓉石或軟玉。

F. 絲狀光澤

出現於纖維狀結構、排列或具有纖維內含物的寶石及礦物，呈現如絹絲般反射光外觀，像虎眼石英或纖維石膏等，通常具有絲狀光澤外觀的寶石，拋光研磨後極可能出現貓眼效果。

G. **珍珠光澤**

具有完全解理的透明礦物，由於光線通過數層解理面的連續反射和互相干涉，呈現類似於珍珠的外觀光澤。除珍珠本身以外，典型珍珠光澤也出現於雲母、片狀石膏等。

色散與火彩（Dispersion & Fire）

色散，是指寶石分光的能力。白光（White light）是具有 400nm 到 700nm 連續光譜的可見光。當白光穿透寶石之後，由於不同波長的光波在該寶石中的光程不同而再度分出了七色光（可見光連續光譜）。寶石的色散可從紅光和紫光穿透寶石的相對折射率差值定義之。

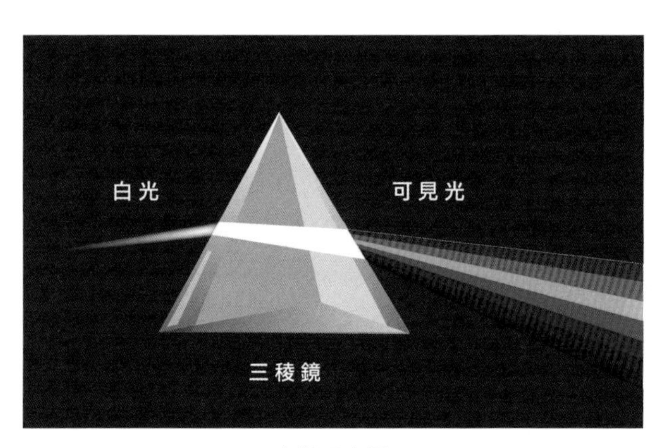

色散示意圖

色散原理最常見的應用就是三稜鏡分光，色散對於寶石的影響就是當寶石的色散越高時，光線入射寶石經過多次反射、折射後，刻面寶石的切割面反光越容易出現七色彩光，此現象又稱為「火彩」（Fire），所以色散越高，火彩越強。

高色散的寶石一般都具有高折射率，所以外觀上除了璀璨奪目的亮光以外，強火彩的表現造成部分切割面泛著紅、黃、綠、藍、紫等色光，這就是鑽石最吸引人之處。無色且透明寶石要像鑽石般美麗就必須擁有高色散及高折射率，大部分的仿鑽類似寶石都是如此。

在仿鑽石材料中，蘇聯鑽與碳矽石最為重要。當碳矽石出現在市面上時，很多當鋪業者受騙，當時曾造成寶石界一陣惶恐，其實從火彩強弱就可以判別。蘇聯鑽的色散強過鑽石，所以刻面反光會有較多的七彩光芒；同理碳矽石的色散更高，火彩更強。

三種透明寶石的光澤與火彩比較：左 - 合成無色尖晶石（玻璃光澤、弱火彩）、中 - 蘇聯鑽（金剛光澤、中強火彩）與右 - 合成金紅石（金剛光澤、極強火彩）

寶石的亮度（Brilliance）

寶石所呈現的亮度決定於三個要素：折射率高低、車工角度比例是否適當和表面拋光是否良好。前文提及全反射時曾說過，折射率高的寶石臨界角小，所以入射光線容易發生全反射，全反射的比例高，自然亮度就會提高。

若折射率是決定寶石亮度的先天條件，車工就是影響寶石亮度的後天因素。若是一個高折射的寶石沒有按照正確的的角度、比例切磨時，也可能不發生全反射；反之，一個低折射率的寶石也可能因為車工好而更為璀璨。以鑽石的明亮式車工（Brilliant Cut）來說，58 個面共可分為 6 組角度，除桌面（Table）的角度不變以外，切割不同的寶石，各組刻面的角度都需要修正，而亭部（Pavilion）和冠部（Crown）的角度及比例也會因而改變。鑽石如果車工不良，很可能出現魚眼鑽或黑心鑽等車工瑕疵而減低其亮度表現。

抛光對亮度的影響是無庸置疑的，光的行為除了反射、折射以外還有散射，由於拋光不良的寶石表面凹凸不平，所以很大比例的光線會因為散射而無法從正面反射回來。但是若拋光良好，則變成平滑且細緻的鏡面，自然可大幅改善亮度。

寶石的透明度 Transparency

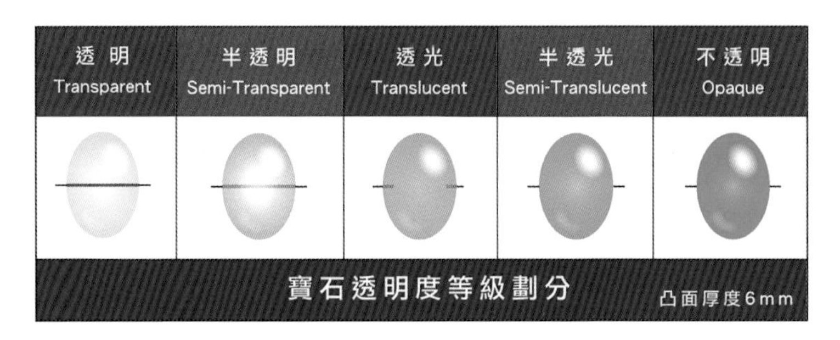

寶石的透明度可從影像穿透性及透光性判斷，此表是以凸面寶石厚度 6mm 為範例

透明度指寶石的透光程度。可依次分為：透明（transparent）、半透明（semitransparent）、透光（translucent）、半透光（semitranslucent）和不透明（opaque）。寶石由於其顏色深淺、內含物、缺陷、聚晶結構等因素之變化會造成寶石內部入射光線的散射或吸收，因而呈現不同的透光程度。最高透明度者，光線幾乎完全穿透且影像也可穿透寶石，最低透明度者即使薄如 1mm，光線都難以穿透。透明度用於肉眼辨識寶石的品種效果並不理想，因為大部分寶石都具有高透明度，但是對於特定寶石的等級劃分卻有極為重要的價值。透明度最重要的應用就是在玉石類寶石上，如翡翠、軟玉的等級劃分就與透明度密不可分。以下依其透明度之遞減順序說明透明度相關術語：

A. 透明（Transparent）

透明的英文原文為 transparent，其字根 trans 意指透過（through），par 意指相同（same），該字的字根意涵為物體的影像穿透寶石還清晰呈現原貌，即稱為透明。透明寶石通常入射光沒有被明顯的散射或吸收，且穿透影像清晰可見。絕大多數的單晶體寶石都屬透明寶石，如鑽石、剛玉、石英等，但若內含物雜質過多，透明度會降低。

B. 半透明（Semi-transparent）

半透明的寶石對入射光有少量的散射或吸收，但是依舊可以透過該寶石見到穿透影像只是影像的清晰程度不如透明者，有時僅可見模糊的輪廓，如冰種或玻璃種翡翠即是如此。

C. 透光（Translucent）

透光的原文字根組合是穿透（trans）加上光線（luc），是指光線可穿透的意思。當以透光形容一寶石時，指的是已經有相當比例的入射光被散射或吸收，以致影像完全無法穿透，但光線仍可穿透該寶石，如白色軟玉。

D. 半透光（Semi-translucent）

半透光是指該寶石對入射光的散射或吸收比例更高於透光寶石，僅極微量光線可以穿透寶石，如黑曜岩及珊瑚。通常半透光的寶石若切成小於 1mm 之薄片依然呈現半透明感。

E. 不透明（Opaque）

在礦物學上，嚴格說來只有金屬礦物屬不透明類別，因為金屬礦物一般不論切到多薄都無法透光以光性礦物學的說法是切成 0.03mm 的薄片依然呈現無法透光的程度，但是寶石鑑定都是非破壞性鑑定，所以直接觀察光線完全無法穿透就屬不透明，如黃鐵礦或黑色電氣石。

其實透明度除了這些描述性的劃分，厚度也是相當重要的考量依據，一般而言是以約莫 1 公分厚度的寶石切片為標準，降低厚度會提高寶石的透明感，所以在劃分翡翠透明度時不僅止於觀察透光程度，還會考慮厚度，舉例來說：透明度較低的翡翠，切薄至 1mm 仍可能呈現透明感，但是商業上不會將該翡翠稱為具有高透明度的玻璃種翡翠。

螢光現象和磷光現象（Fluorescence and Phosphorescence）

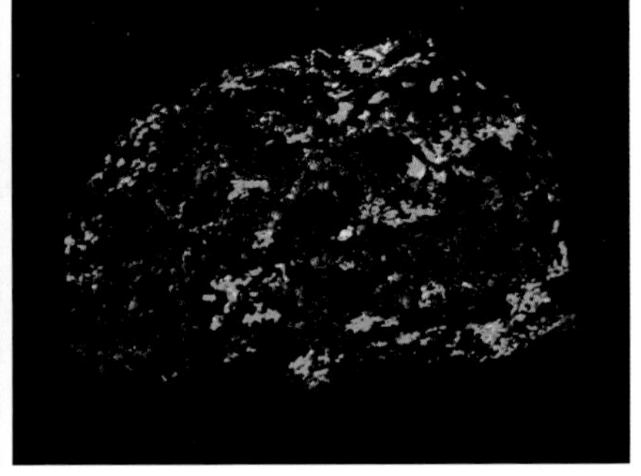

左圖為知名的螢光礦物 - 矽鋅礦於正常光線下的外觀，右圖為矽鋅礦暴露於短波紫外線下，呈現明亮的橙色與綠色螢光

有的物質在受到紫外線等高能光束照射後，電子從基態躍遷至激發態而又躍遷回到基態時，會釋放能量發射出可見光，此現象稱為螢光。一般而言，激發光源移去以後不再發光，可稱為螢光，但如果激發光源消失後，物質仍然會持續發出可見光，則稱之為磷光。

寶石的螢光或磷光無法用以準確判斷寶石的品種，但可做為珠寶鑑定上的輔助手段，例如：紅寶石的螢光強弱通常跟產地與紅寶的顏色有關；又如翡翠若有螢光則可能經過灌膠優化處理等。一般應用於寶石鑑定的激發光源為可切換的長波／短波紫外線燈（UVA 波長 320 ～ 400nm ／ UVC 波長 200 ～ 275nm），激發光源的不同，發出的螢光顏色、強弱也不相同。

貓眼現象（Chatoyancy；Cat's-eye effect）

各種顏色的金綠寶石貓眼

貓眼現象或稱貓眼效應，其成因是寶石內部有單一方向有序排列的纖維狀構造，不論該構造是寶石自身的礦物纖維或是由平行排列的管絲狀內含物所造成。

寶石學上，如果不註明寶石品種，單獨使用「貓眼石」一詞時，代表的是金綠寶石貓眼。但是一般寶石界泛稱的「貓眼石」並非指向單一寶石品種，而是代表某種寶石的現象石類別，例如：電氣石貓眼石、磷灰石貓眼石等。不論哪一種寶石的貓眼效應，其共通點是貓眼光會垂直於纖維方向。

貓眼石的等級跟貓眼效應表現好壞有關，一般以五字訣「正、亮、直、細、活」記之。意即：眼線要正，不可偏斜；眼線要亮，不可黯淡；眼線要直，不可歪扭；眼線要細，不可粗獷；眼線要活，可隨光源閃動。上述五要件其實跟貓眼石的纖維狀結構的整齊程度和纖維粗細有關。若是寶石的纖維越細則貓眼光越細，若是排列越整齊就不會出現兩道光，若纖維直則貓眼光跟著直。

具有貓眼效應的寶石不少，虎眼石英的纖維較不整齊所以容易出現多道光芒，而虎眼石是由石英取代石棉而形成；電氣石的貓眼則多因為平行管狀包體所致，其他貓眼石還有矽線石貓眼、金綠貓眼等等。選購這類寶石，除了寶石本身的透明度及顏色優劣以外，最重要的就是符合上述貓眼五字訣。坊間常見假貓眼的材料是由兩種顏色之玻璃纖維整齊排列後加壓加熱製成，且因是由玻璃纖維製成，所以從平行纖維之方向（垂直貓光之方向）觀察側面會見到有似蜂窩狀的規則構造，這是在天然寶石中所見不到的。

星彩現象（Asterism）

拍賣會上的頂級紫色藍寶星石

蛋面寶石具有兩條以上的像貓眼一般的光芒交叉，即稱之為星彩效應，具有星彩效應的寶石稱之為星石。寶石的星彩通常是因為寶石晶體內有纖細且多個方向平行排列的針狀晶體（內含物；包體）。以著名的剛玉星石來說，在剛玉的晶體之中有平行菱柱面方向排列的針狀包體，而細小針狀晶體的三個排列方向又恰好呈現 120 度，由於方向性結晶包體反射光的結果，蛋面垂直 c 軸呈現出一個六芒星。星彩一般常見四芒星、六芒星，若有雙晶也可能形成十二芒星或十八芒星等。如果寶石內部有缺陷無法良好的反光，致使星芒缺少幾道或是部分不明顯，也可能出現三芒或五芒等不對稱的星芒。

星石中最知名者是剛玉家族的紅、藍寶星石，但是其他星石亦不少，如尖晶石、石榴石、石英等都有可能出現星石。如果寶石中的針狀晶體內含物不夠細密有可能不會產生星芒，若針狀體細密且能夠均勻分布時，星石就可以非常明顯。目前星石已有透過覆膜產生或合成方法人工製造星石晶體。

變色現象（Color-changing effect）

合成亞歷山大石的變色現象，左為白熱燈下呈現紅紫色，右為日光燈下呈現綠藍色

金綠寶石的變種，又稱為變石（Alexandrite，音譯亞歷山大石），在日光照射下呈綠色，而在白熱燈光下呈紫紅色，這種現象稱為變色效應。其原因是這種寶石有兩個透光區，綠色波段與紅色波段，由於太陽光的光譜組成上綠光偏多，所以在日光照射下綠色變深，寶石遂呈現綠色，而白熱燈的光譜組成以紅色波段居多，所以在白熱燈照射下紅色變深，寶石因而呈現紅色或紫紅色。除了變石以外，天然或人造寶石中還有多種變色寶石，如變色藍寶石、變色電氣石、合成變色立方晶系氧化鋯石、合成變色剛玉、合成變石、變色石榴石、變色螢石及變色硬水鋁石等。

遊彩／變彩（Play of color）

彩斑菊石的遊彩極為美麗

遊彩又稱變彩，是一種特殊暈彩，當光從寶石中反射或透射出時，因內部結構導致光線繞射與干涉，以致寶石的顏色隨光照方向或觀察角度不同而改變的現象。同一顆寶石上，色彩不同的部位稱為彩片，其形狀、大小、顏色都不同，通常外形上不規則。

最知名的變彩寶石就是澳洲國寶—蛋白石，蛋白石遊彩形成原因是二氧化矽和水分子形成許多規則排列的圓形小球，這些小球間的空隙正好和可見光波長相當時，就會相當於形成了一個三度空間的繞射光閘。日光由七種色光組成，所以在繞射的過程中會出現七彩的干涉像，所以形成顏色不斷隨轉動而改變的彩片。能產生變彩效應的寶石有拉長石、彩斑菊石和合成蛋白石等。

第五節
寶石的物理化學性質

寶石的比重

比重的定義

阿基米德在泡澡時，由澡盆溢水聯想到國王的皇冠可以泡在水裡，溢出的體積就是王冠的體積，而體積與等重的金塊體積應該相同的，否則王冠肯定有假。密度 = 質量／體積（D = M / V）顯示出微觀的原子排列堆砌之密度，實務上要量測物體的體積是有困難的，所以要透過其他方法換算成水的體積。

若有一物體具有體積（V0），而沈沒於水中，則該物體重量會受到水的浮力影響而減輕，其減輕的重量就是水的浮力（B0），其值為物體所排開水的體積乘以水的密度 B0= V0× Dw。換言之，要測量浮力值 B0 僅需要一杯水、電子秤及秤量套件即可準確測量，又因為水的密度（DW）常溫下接近 1（15℃下為 0.999），所以物體的的體積 V0 近似於浮力值 B0，也就是物體排開水的重量。因此密度公式可改寫為 D= M ／ B0，而物體質量 M 其實相當於空氣中量得之重量 Wa，最後密度公式可表示為物體在空氣中的重量（Wa）除以空氣中重 Wa 減去水中重（Wb），這就是所謂的比重（Specific Gravity； S.G.）

比重公式 S.G. = Wa ／（Wa-Wb）

純物質比重是固定的，所以化學純藥、純金等物質其比重除受溫度變化而有微小變化外，幾乎是定值。寶石嚴格說來並非是純物質，因為它的成分複雜具有一定範圍的可變動性，例如像鈣鈉斜長石系列是一連串不同比例，由鈣和鈉所構成的鋁矽酸鹽礦物，其比重隨成分變化而改變。同品種的寶石，比重變化多在可接受的小範圍內，仍具有比對參考價值。

比重之應用與量測

比重液法

比重是可以用來輔助判斷礦物、寶石品種的方法。比重應用於寶石鑑定上，最簡單、最簡便、但是較不精確的一個方法就是用所謂的比重液。當一個不溶於水的固體物質放入水中時，其密度大於水之密度則沉，反之則浮。水若換作其他的比重液，就可以用沉浮來斷定寶石的真偽。像一般常用飽和食鹽水來斷定琥珀是真是假，真的會浮，假的會沉，當然這並非絕對準確。寶石的鑑定是結合所有的物性和礦物性質來加以判斷，所以比重結合其他性質就能夠準確的斷定。假如一顆綠色的寶石呈現於眼前，當然有經驗的寶石鑑定師也許一眼就辨出為何寶石，但是若無法判別，則有很多可能的綠色相似寶石品種。例如：祖母綠比重是2.6-2.7左右，算是比重較低的一種綠色寶石，所以用比它稍重的比重液體即可大致分辨是否為祖母綠，而沙佛石-綠色鈣鋁榴石，比重約為3.5，只要用比重2.9的溴仿液體就可將它和祖母綠分開。不過當然任何單一種類比重液無法滿足所有寶石所需之比重值，所以最準確的方式還是透過精密的電子天平測量比重數值。

以下列舉幾種比重液供參考，請注意比重液多為有毒揮發性有機溶劑，需於通風處由專業人士指導使用，且需參考物質安全資料表：

表 2.5.1 常見比重液表

比重液種類	常溫下比重	寶石鑑定用途
苯	0.88	通常用於調配低比重的比重液
飽和食鹽水	1.33	稀釋為比重 1.1 即可應用於琥珀鑑定
四氯化碳	1.59	調配後可辨識特定塑膠、人造樹脂
二溴乙烷	2.18	可用於低比重和中比重寶石之區別
溴仿 / 三溴甲烷	2.90	軟玉與仿品之鑑定
四溴化丙炔	2.96	可用於翡翠與仿品之鑑別
二碘甲烷	3.32	可用於翡翠、鑽石與仿品之鑑別

附註：

1- 很多比重液為揮發性有機溶劑或是含有化學藥品，務必謹慎操作，避免吸入過多；此外，還要小心重液對寶石的影響。

2- 上述所列舉的比重液不論是種類或是其所屬的比重都僅供參考，若是要選用時，最好還要自己量測確認重液之比重，除可以用量瓶和秤來量以外，也可以用已知比重之固體標本置入以校準出其比重。

3- 以上重液若有可互溶稀釋者可藉由互溶稀釋得到介於彼此間的比重。

4- 很多重液在儲藏上要避免陽光曝曬或存放時間太久遠，以免變質。

比重天平之量測

在「比重的定義」一節中對於比重的推導已有介紹，比重相當於物件重量除以物件排開同體積水的重量，量測過程只需使用一電子天平和特製金屬線材或支架即可：

步驟一：量得寶石空氣中乾重 Wa

步驟二：以金屬線支架懸浮於水杯中，水杯置於天平上，將寶石後沒入水中置放於金屬支架上，即可得到寶石的排開水重量 Wb。

步驟三：根據比重公式 S.G. = Wa/（Wa − Wb），將剛剛所得之 Wa 除以 Wb 則可量得比重。

比重測量時，量測誤差的可能因素多半是人為因素，但若寶石為多孔質會吸收水分，也會產生誤差。常見寶石的比重多介於 2-4 之間，一般稱為中比重寶石，比重小於 2 或大於 4 則歸類為低比重與高比重的寶石。低比重常見者如煤精、象牙、琥珀、海泡石、動物殼體等；高比重寶石則例如剛玉、重晶石、錫石、白鉛礦、鋯石、赤鐵礦、黃鐵礦、金紅石等。

寶石掂重法

寶石的比重必須採用儀器測量相對不便，寶石業者在採買寶石時常使用掂重法徒手辨識寶石。掂重法是以手微拋寶石感受其重量與體積的關係，比重大的寶石，掂重手感很沈重；比重小的寶石掂重手感很輕浮。掂重法準確與否與實戰經驗多寡很有關係，經驗豐富的寶石業者非常適合這種方法。

寶石的內含物

寶石學發展至今已經有許多寶石鑑定的方法與技術問世，相對的寶石仿造、合成與優化處理等各種方法日新月異，寶石鑑定領域中最難克服的往往不是只有寶石品種鑑定，而是合成寶石、產地鑑定以及優化處理問題。寶石學家面臨這些難題時，要鑑定寶石的重要鑑定手段之一，就是靠寶石的「內含物」（Gem Inclusions，或譯為包體）鑑定。透過顯微鏡或放大鏡觀察寶石中所包裹的晶體、氣泡、兩相物、三相物，再研判寶石的成因或產地。

內含物鑑定

寶石內含物是從英文 Gem Inclusions 翻譯而來，顧名思義指的是包裹於寶石內部的東西，亦稱為包體。簡單地說，內含物是來自於寶石在生成過程中將其周圍環境中的物質保留封存於寶石晶體內部，因此透過寶石內含物的判定可以判斷寶石的真偽甚至進一步推斷該寶石的生成條件、地質環境以及是否經過優化處理，透過它可以解開寶石的身世之謎，賦予寶石豐富的生命，寶石內含物本身就是獨立於寶石學外的一門有趣學問。

除了寶石中的天然內含物以外，人造寶石或經過優化處理的寶石也可能產生某些特徵性的內含物，因此內含物對於寶石鑑定而言有相當的討論價值，以下就幾個不同面向探討寶石的天然內含物。

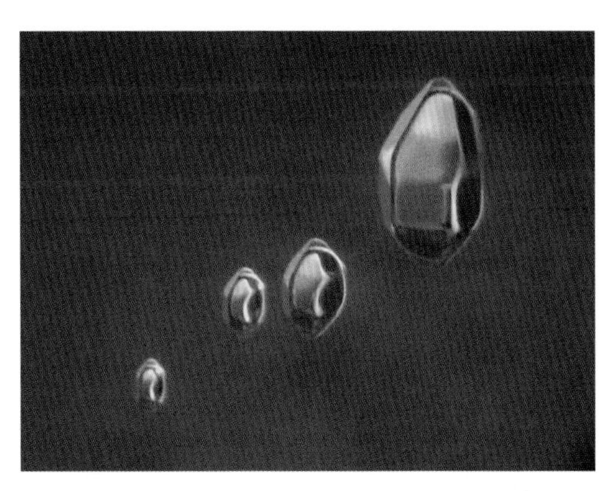

天然石英主晶中所包裹的負晶體兩相內含物具有晶型卻內包液體，
由大自小平行排列有如母帶子般，極為有趣

(1)內含物之意義與其分類

在珠寶商的眼中，美麗的寶石往往代表的是一絲不苟、完美無瑕的美麗晶體；然而礦物學與材料科學告訴我們，就像是人無完人一樣的道理，自然界並不存在所謂的「完美晶體」。礦物晶體在生長過程當中，自然會產生許多缺陷，從結晶過程中產生的構造到生長過程中包裹的物質，這些「內含物」都隱含著這個晶體的出身與經歷。寶石學家的浪漫往往就是從內含物中尋找蛛絲馬跡，不論是判斷寶石的種類、起源、產地或者是否經優化處理等。

名聞中外的寶石學泰斗古柏林博士（E. J. Gubelin）曾經將寶石內含物分為三大類：先期內含物、同期內含物和後期內含物（表 2.5.2），其觀點是著眼於內含物的生成時序。一般而言，先期內含物代表早於宿主晶體形成的內含物類型，大部分的固相內含物皆屬於此類型，如晶體或沈積物；同期內含物則是指在寶石形成過程中，同時形成的內含物類型，大部分的氣相、液相或兩相內含物是屬於此類，如氣液泡或負晶；後期內含物則通常是指在寶石形成過程之後才形成的內含物類型，這類內含物大部分是裂隙癒合或是裂隙在結晶後所產生，例如剛玉類寶石中常見的指紋狀物。除了上述內含物分類以外，也可分類為原生與次生內含物，雖分法不同其實大同小異，瞭解內含物的生成時序與成因將更易於深入探討寶石的生成與起源。

寶石內含物的生成時序與常見類型 (表 2.5.2)

	先期內含物 Pre-temporary	同期內含物 Con-temporary	後期內含物 Post-temporary
生成時序	生成時序早於主晶，通常是來自於岩漿或成礦環境中的固態物質。	原則上與主晶同時生成，常來自於熱液與岩漿，三相皆常見。	生成時序晚於主晶，一般是主晶、內含物經過次生變化。
常見種類	礦物晶體、沈積物	氣液泡、負晶或晶體	癒合裂隙、應力裂紋、次生結晶

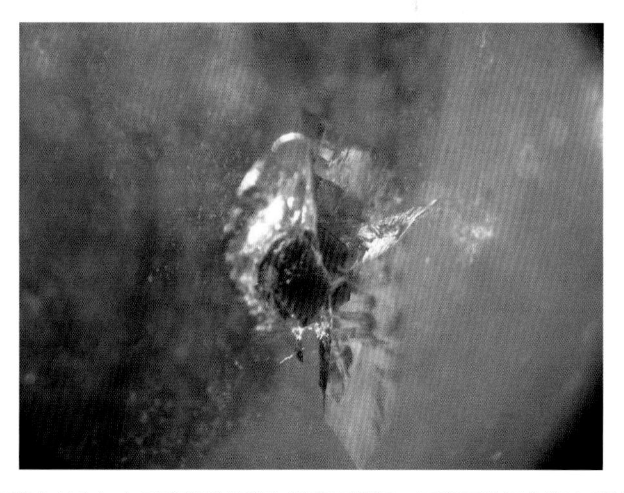

石英主晶內包大量棉絮狀的液包體和石榴石，石榴石外又有張力裂紋

內含物的分類除了以生成時序分類以外，還有其他分類方法，如根據相態、型態特徵分類之：

▲ 依據內含物相態分類

固相內含物：通常具有較銳利的幾何外型如晶型、解理面、晶簇等。

液相內含物：充填於裂隙、不規則液泡狀或帶有液體流紋狀外觀。

氣相內含物：不規則氣泡狀、圓形氣泡、長形氣泡。

兩相內含物：內含兩種相，例如液包體中有氣體時可以看到兩個相的邊界（氣泡外緣）。

三相內含物：存在三種相的情況屬之，通常亦具有明顯的相邊界。

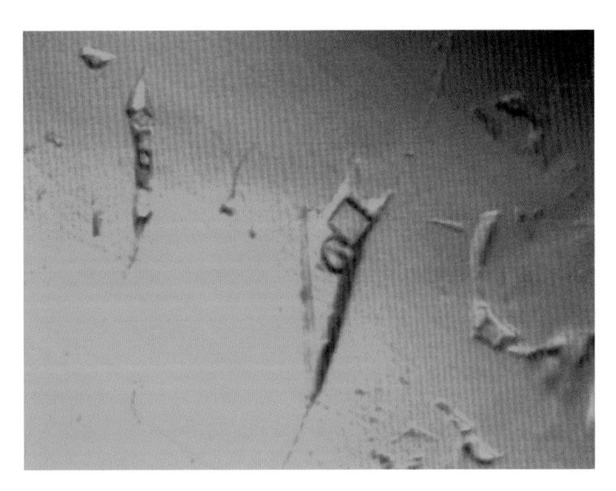

哥倫比亞祖母綠氣液固三相內含物由不規則狀的液包體包裹氣泡和鹽結晶

顯微鏡下觀察內含物的相態有時需要高倍率的配備、耐心以及相當的觀察經驗。氣相內含物單獨存在的例子並不多，常見的就是天然火山玻璃、火熔法人造剛玉以及人造玻璃，由於氣體的表面張力，多形成圓球狀、橢球狀或拉長型的氣泡；液體內含物外形通常複雜的多，且有可能填入晶體的空腔而具有晶型；固體較易於判斷，通常具有銳利的外形或晶型。

▲ 依據內含物的型態特徵分類

物質型內含物：由主晶本體或其他物質所組成的內含物，如各種氣體、液體與固體內含物，此類型內含物屬最為常見。

結構型內含物：寶石內部的晶體結構、缺陷或應力產生的構造性內含物，如解理、雙晶面、裂理、裂隙、管狀腔孔。

顏色型內含物：寶石中由非物質實體的顏色變化所構成的內含物類型，如生長色帶、色域、藍點、藍管。

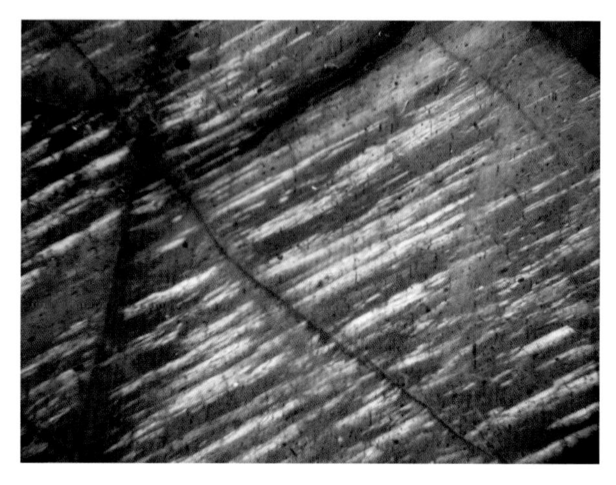

長石主晶中由不同成分的長石（鉀長石、鈉長石）產生離溶作用，造成如百葉窗般的條紋長石結構（Perthite Structure）屬結構型內含物

（2）寶石內含物的種類與礦床類型的關連性

寶石的生成環境與寶石礦床類型是很值得探討的議題，在地質學當中，關於礦物、礦床生成的這類研究很多，若將複雜的地質因素加以簡化，其實我們所討論的就是關於溫度、壓力與成分的關係，較複雜的系統中還需考慮礦化劑（Mineralizer）的參與。具體來說，礦床成因就像是岩石成因一樣分為三大類：內生寶石礦床、外生寶石礦床與變質型礦床。

所謂的內生寶石礦床，就相當於「火成作用」所富集之礦床。在形成機制上不外乎岩漿富集、高溫氣化熱液作用、熱液換質作用和火山作用等，例如：高鋁質的玄武岩漿有可能會因鋁質過飽和而晶出以三氧化二鋁 [Al_2O_3] 為主要成分的寶石剛玉；另外，鼎鼎大名的角礫金雲母橄欖岩（金伯利岩）就是因為大規模的深部岩漿快速上衝至地表而噴發，在噴發的同時把生成於深處的寶石礦物 - 鑽石捕獲並且攜帶上來；熱液交代換質是指當有岩漿侵入到沈積岩中會因為熱度和岩漿源熱液而導致岩漿本身的成分跟圍岩交換，如矽卡岩（Skarn）礦床產出石榴石、尖晶石。

外生寶石礦床就是指其形成機制跟風化與沈積作用有關之寶石礦床類型。一般像砂礦、風化殼型礦床和膠體化學沈積型礦床都是屬於外生礦床。以世界寶石產量或儲量、品質等考量之，沖積砂礦是寶石礦床中最重要者，因為寶石多半抗風化能力強過於圍岩，所以常能保留於河床沖積物中，且會經由風化、侵蝕、搬運、沈積等作用大量富集，再者如果一個寶石經過風化侵蝕作用，多半會保留下較無瑕疵較完好的部分而少有破碎或是瑕疵，因而此類礦床的經濟價值較高。

變質型礦床則是由於變質岩中礦物常會因為溫度壓力而再結晶，即可在過程中大量富集某些寶石礦物晶體，像石榴石雲母片岩中的石榴石就是一例。此外，著名的緬甸玉之所以產於緬甸就是因為大規模區域變質的關係，輝玉本身是一種高壓低溫狀態下穩定的區域變質礦物。

上述三種礦床分類若根據其礦床成因機制，可歸納出一些常見的寶石主晶與內含物種類對應關係（表 2.5.3），雖然未必適用於每一個內含物鑑定案例，但仍具有參考價值。內含物的種類與礦床的成因機制密不可分（表 2.5.3），舉例來說，生成過程中有大量氣液或礦化劑（Mineralizer）參與的寶石礦床，如偉晶岩型礦床、氣化高溫熱液礦床和熱液脈型礦床等，在內含物上就很可能包裹大量同期生成的氣液泡、負晶。此外，宿主晶體所包裹的固相晶體通常也與其生成的環境或礦床類型有關。在內含物的研究領域中，存在著「物以類聚」的不變法則。內含物的種類除了受岩漿與熱液之成分影響外，也會隨寶石主晶的生長條件（溫度、壓力）、圍岩環境等因素而有所差異。

內含物的種類與礦床成因機制 (表 2.5.3)

類型	成因機制	寶石與內含物種類實例
內生礦床	岩漿作用	● 鑽石：原生礦物晶體為主，如橄欖石、輝石、尖晶石、石榴石與鑽石。 ● 剛玉：先期內含物包含金紅石、鋯石、鈦鐵礦、尖晶石等礦物晶體；同期的內含物包含金紅石針、負晶、生長色帶、裂理面等；後期內含物則是指紋狀物、癒合羽狀裂隙。
	偉晶岩化作用	● 剛玉：先期內含物有尖晶石、金紅石；同期內含物則常見長石、磷灰石、金紅石針、色帶、裂理面等；癒合羽狀裂隙。 ● 綠柱石：磷灰石、長石、雲母、石英、電氣石、平行長軸管狀孔隙、負晶、氣液兩相物、三相物。 ● 鋰輝石：平行長軸管狀孔隙、負晶、氣液兩相物 ● 黃玉：晶體內含物如金紅石、鋯石、長石、磷灰石、雲母等；氣液兩相物、三相物。 ● 電氣石：平行長軸管狀孔隙、負晶、兩相物、三相物、生長色帶。
	氣成 - 熱液作用	● 祖母綠：各種晶體內含物如方解石、長石、雲母；平行長軸管狀孔隙、負晶、兩相物、三相物、逗點狀內含物。 ● 黃玉：氣液兩相物、三相物。 ● 石英：由於生成溫度相對較低，故可包含複雜且多樣的內含物類型。
	火山作用	● 黑曜岩：微球狀或短針狀斑晶、漩渦紋構造、氣泡、稜柱狀方矽石等。
外生礦床	機械沈積作用	機械沈積作用不產生礦物，僅富集寶石。
	化學沈積作用	裂隙氧化鐵沈澱。
變質礦床	接觸變質作用	● 紅柱石：磷灰石、雲母、金紅石。
	區域變質作用	● 石榴石：金紅石針、鈦鐵礦、黑雲母、石棉、石英。

※ 上表所列內含物類型僅舉幾種為例，且由於產地、礦床與內含物對應關係的資料不易取得，所以歸納結果僅供參考。

（3）內含物與寶石產地的關係

寶石的鑑定上，來源產地的辨識被視為困難而重要的課題。事實上，寶石的產地並不如寶石品質來的重要，相對而言「品質好」比起「產地為何？」更實際地影響寶石的價值。產地迷思其來有自，特定產地產出高品質的寶石，而該產地的名稱就成為「品質佳」的代表性，如緬甸紅寶、錫蘭藍寶、哥倫比亞祖母綠等。以目前國際間寶石鑑定的規範慣例來說，多傾向於證書不加註產地，然而市場上卻仍偏好加註產地；因此，一般而言需有明確寶石學證據才可能加註產地，並非絕對。

寶石產地的直接證明，嚴格說來相當困難，甚至僅頂尖的寶石實驗室有可能證明。不同寶石品種可能透過不同的分析方法找出特定產地寶石的特徵，例如：地球化學特徵、光譜特徵或內含物特徵等。一般最常用且重要的產地特徵是內含物特徵，因為內含物本身跟產出寶石的礦床類型和圍岩物質有關，所以不同產地的寶石也許成分上大同小異，但是所包裹之內含物種類、結構與型態卻可能大相逕庭。由於經濟價值的影響，在有色寶石的產地研究中，僅紅藍寶石與祖母綠等寶石的產地研究資料較為豐富且完整。

寶石的硬度與韌度

1. 硬度（Hardness）：

寶石的硬度跟寶石的美麗和稀少有著同樣重要的地位。硬度高可免於受到日常生活中塵埃的毀損，塵埃中含有大量的石英，莫氏硬度 7 的石英砂塵可在寶石上留下細小刮痕，長期下來寶石就會失去光彩。鑑定實務上，硬度有兩種：相對硬度（莫氏硬度）與絕對硬度（維氏硬度）兩種。

莫氏硬度（Mohs' Hardness Scale）

硬度究竟是如何定義的呢？在礦物學上，硬度可以說是一種礦物抵抗刮擦的能力。當A礦物可以在B礦物上留下刮痕，那就可以說是A比B硬，但是科學的根基在乎量化，而硬度又如何量化呢？在1822年時，經過實驗後，德國礦物學家莫氏〈Friedrich Mohs〉選定了十種常見礦物作為十個硬度的等級，雖然只是一種相對硬度指標，但是卻具有相當大的實用性，而莫氏硬度也仍為礦物學家和寶石學家所採用、接受。

莫氏硬度標準礦物如下：

表 2.5.4 莫氏硬度表

1	2	3	4	5
Talc 滑石	Gypsum 石膏	Calcite 方解石	Fluorite 螢石	Apatite 磷灰石
6	7	8	9	10
Orthoclase 正長石	Quartz 石英	Topaz 黃玉	Corundum 剛玉	Diamond 金剛石

在莫氏硬度表上的硬度所指的並非量化後的硬度，沒有正比的倍數關係，只是單純的一種排序關係。像鑽石和剛玉在莫氏硬度雖僅差1，但是其絕對硬度差別是相當大的，也可以說鑽石是遠遠大於莫氏硬度的另外九種礦物的。目前已知自然界最硬者為硬度十的鑽石，而有一些人工研發的材料像碳化矽、碳化硼硬度則介於9和10之間。由於莫氏硬度非指其量，所以當有一礦物介於石英和正長石間的時候，我們說6.5此時的0.5並無特別意義，僅是指介於二種莫氏硬度標準礦物之間。

莫氏硬度7對寶石礦物而言為一重要指標，該硬度的石英為自然界中相當多且常見的礦物，充斥於灰塵、空氣中，所以若寶石礦物之硬度無法與之匹敵，則即使是可以磨出璀璨的光輝也無法成為永久的美麗。尤其是磨成刻面的寶石比磨成蛋面者更是容易因為拋光面受刮擦顯的無光，成為瑕疵。

絕對硬度 - 維氏硬度（Vickers hardness）

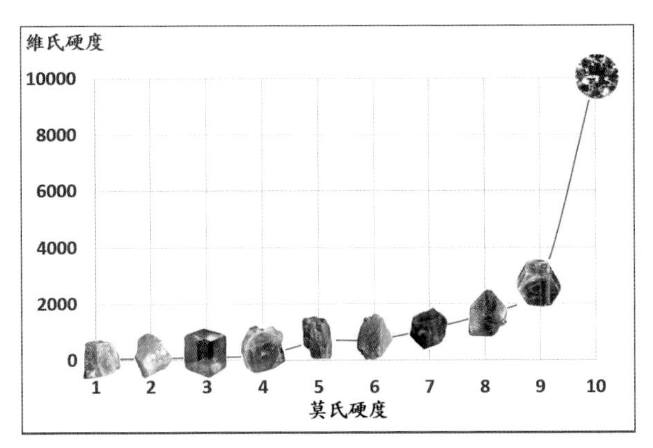

莫氏硬度與維氏硬度對照表，硬度 10 的鑽石其絕對硬度比硬度 9 的剛玉高 4 倍

常見的絕對硬度的測量方法有維克氏法、布氏法、洛氏法等幾種，其中由英國科學家維氏所發明的這種絕對硬度測量方法最適合於寶石硬度之測量。其原理乃是以一個微小的鑽石鑽頭施以固定大小的壓力並持續一定的時間於一個礦物的光滑面上，而在該面上，鑽頭會留下一小坑，透過該小坑的大小可以量得其絕對硬度之大小。此種測量方法的設備是一部微硬度測量儀，該儀器有著前述的鑽頭以及定時、定壓的裝置，而且本身亦是一部顯微鏡。該儀器在礦物上留下的小坑是很微小的呈現四角錐狀，而其對角線長就是其硬度之依據。

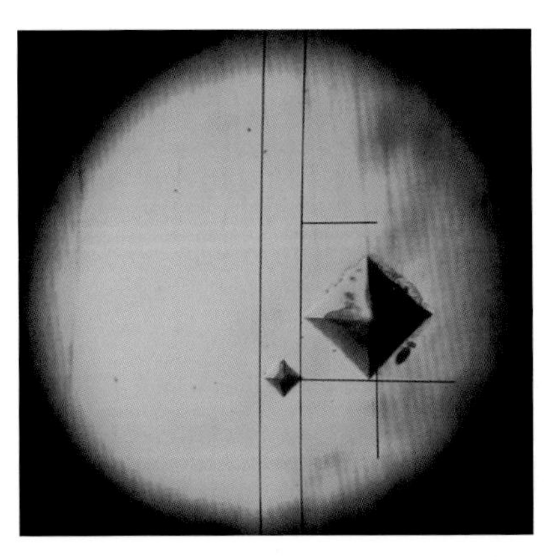

絕對硬度測試時，在寶石上留下的四方形壓痕，壓痕大小與施加的作用力以及待測物硬度有關

2. 韌度（Tenacity）

一般人都常把韌性和硬度混為一談，但是有一個比喻很適合說明韌性和硬度的差別：鑽石是最堅硬的，可是以一根鐵棒敲打鑽石，鑽石是會碎掉的，而這又回歸到定義的差別：硬度是指抵抗刮擦的能力，韌性是抵抗外力造成變形、破裂的能力。

寶石的破裂面性質 - 解理、裂理和斷口

方解石的菱面體解理

當礦物結晶受到外界施加的作用力的時候，或多或少都會產生變形，即使是再強韌的物質施以應力，其實都會有變形，當一個礦物結晶受到外力強度大到超過其可以承受的強度，那屆時就會發生破裂、斷裂，而在礦物結晶上造成解理、裂理或是斷口。解理、裂理若發育良好的話相當可能會使得寶石受損價值減低，若內部結構破裂以至於容易產生斷口也會影響其價值，像鋯石和祖母綠就相當容易如此。

1. 解理〈Cleavage〉

解理是什麼呢？解理就是礦物沿著它的結晶面的方向發生破裂的傾向。礦物外在表現出來的結晶面其實就是其內在的晶格或者可說是原子排列的型式。而解理雖表現於外，但是其實也就表現出內在晶格或是原子間鍵結強度。因為跟鍵結強度有關，所以解理未必發育良好，有的礦物有明顯的解理，有的礦物則無；在同一晶體上有的方向明顯，有的方向又不明顯。

拿石墨的一組片狀解理來說，最根本的原因就是每一個 [片] 的單位內碳原子是以共價鍵鍵結，而片與片之間僅靠凡德瓦力來連結，由於共價鍵和凡德瓦鍵比起來，凡德瓦鍵實在是很弱，以至於其在垂直底面方向可以輕易的成片剝落，由於在某個方向上鍵結較弱，則這些面間較不能夠緊密的結合，這就是解理。不過即使是原子都以同樣的鍵結方式鍵結（像共價鍵），也會有某些方向容易發生解理。拿一個正方形來說，假設四個角落都是質量相等的，其相鄰兩兩之鍵結強弱是相等的，但是由於對角線方向距離較遠於邊長，以至於引力相對較小，故對角線方向也較易發生解理。

在陳述解理時一般要注意兩件事，第一：解理的發育情形、第二：解理的方向或是與解理面所屬的晶型。通常我們會用一些形容詞來說明解理的發育像是完全解理（Perfect）、優良解理（Good）、普通（Fair）等等，當然也有其他敘述用詞像是易劈裂（Easy cleavage）等，重點就是說明出其解理發育的狀況就可以了。而解理的方向通常是以幾組解理面所構成的外形來表達像立方體（Cubic）、八面體（Octohedral）、菱面體（Rhombic）、底面（Basal）等。拿最常見的方解石來作說明，它就具有三組解理，發育完全，而且是菱面體（Rhombic）。不過一般而言除非是原石，否則寶石的解理似乎也不易見到，附帶一點，解理面能夠破裂的相當平整，就像天然結晶面一般，但是晶面是一開始具有的而解理面是破裂後才產生的。

2. 裂理〈Parting〉

雖裂理和解理同樣是具有相當規則且平行晶面方向的破裂，但是裂理並非導源於其內部鍵結強度，而是巨觀的結構較為脆弱所致。其形成原因有幾個可能，像是離溶作用、雙晶和壓力都是有可能造成的。裂理和解理還有一個最大的不同就是裂理只發生於某些特殊條件下的某些晶體，並不是普遍存在於所有晶體。例如：接觸雙晶的接合面、剛玉的菱面體裂理等。

3. 斷口〈Fracture〉

當寶石或是礦物之晶體結構上並不具有某些方向特別容易破裂的傾向時，既然不會延著某些方向破裂，自然不會產生像解理或是裂理般的規則破裂。此種較不規律的破裂面，就是所謂的斷口。雖說斷口是不規律的，但是就好像在亂中有序一般，其實斷口也是可以用大概的一些外形加以分類敘述，像貝殼狀 [Conchoidal]、纖維狀 [Splintery]、鋸齒狀 [Hackly] 和參差狀 [Uneven] 等。

貝狀斷口是一種類似扇形且彎曲平滑形狀有如貝殼一般，像石英或是玻璃質的物質都相當常見。纖維狀斷口則是由像纖維石膏或是成層狀堆疊的礦物破裂時所可以見到的。至於參差狀斷口則是不規則的。

其他寶石學性質

熱傳導特性

「熱傳導」是鑽石鑑定上簡單且快速的方法，因為鑽石是世界上導熱最佳的物質，而大部分寶石都是熱傳導較慢的物質，包括蘇聯鑽等仿鑽石材料也是如此。只要透過鑽石導熱儀（鑽石探針）就很容易區別出鑽石和其他寶石。

酸反應

有些寶石對於酸液會有泡騰反應，主因是寶石與酸反應會產生特定氣體，氣體再形成氣泡所致，通常碳酸鹽類寶石（如方解石）遇酸會產生泡騰效果。由於寶石鑑定需採非破壞性測試，非必要不予採用此法，若有需要可採稀釋過的酸液，以滴管滴於寶石上，再以放大鏡觀察，以避免強酸腐蝕寶石造成傷痕。

溶劑反應

寶石對於酸以外的溶劑一般不會有反應，但某些情況下，有機溶劑也有助於寶石鑑定，如琥珀與柯巴樹脂，對丙酮的溶解度有差異，此法在傳統的琥珀鑑定很有幫助。

壓電性與焦電性

有些種類的寶石受到壓力或者是外界加熱時，會很容易發生電荷集中（靜電）現象，最典型者為電氣石、石英、黃玉等。

第六節
寶石的儀器鑑定

工欲善其事，必先利其器。古人根據顏色、光澤、外觀來區分石頭和寶石，也憑手感經驗來分類美玉跟普通石頭。「玉，石質美者」一句，道出了古人認為美麗的石頭即為寶玉。「玉方寸重七兩，石方寸重六兩」則隱含了古人已經知道玉跟石頭在比重或密度上的差異性。

寶石鑑定最早的發源是由礦物學的相關方法演變而來，從寶石的礦物學性質差異性來區分，包含了物理、化學和光學性質，例如：密度、晶型、解理、斷口、顏色。但礦物的鑑定方法多屬於破壞性，所以在礦物學上如條痕、硬度、斷口、解理、裂理等檢測方法基本上都不可行，此外破壞性的化學檢驗也不可行。

寶石鑑定的最大原則就是非破壞性的科學鑑定，一般買賣只需靠手電筒、放大鏡即可徒手鑑別；若為珠寶專業玩家或藏家則可能需要折射儀、顯微鏡等更專業的儀器鑑定；如是經營寶石鑑定實驗室就須採用紅外線光譜儀及拉曼光譜儀等高階儀器鑑定。

學寶石也需要好的儀器工具，以傳統的鑑定儀器而言，所有讀者基本必備的是放大鏡、珠寶鑷子和燈具；若要更正確的檢驗、鑑定寶石的真假時，偏光儀、分光鏡、二色鏡、顯微鏡等則不可或缺；在面臨更困難的鑑定難題時，則可能需要紅外線光譜儀或是拉曼光譜儀等高階儀器。筆者以下針對這些儀器做一簡單介紹：

常見的寶石鑑定方法包括折射儀測試、偏光鏡測試、分光鏡測試、紫外線螢光測試、比重測試、查爾斯濾色鏡和顯微鏡觀察等。隨著科技的發展進步，也有更先進的高階儀器，主要是針對材質準確地定性或定量分析，如拉曼光譜儀、紅外線光譜儀、X 光螢光光譜儀與紫外可見光吸收光譜儀等等。

傳統寶石鑑定儀器介紹

基本手持工具：放大鏡、鑷子與燈具 Magnifier, Tweezer and Pen-light

所有的寶石工具儀器中，「放大鏡」是最便宜好用的手持工具之一。放大鏡跟顯微鏡的功能很像，但是沒有顯微鏡般的高倍率，也缺乏完整的照明與精密的調焦，因此效果上較顯微鏡有限。放大鏡主要的功能為觀察寶石的內部特徵（內含物）、外部特徵、雙重影以及車工優劣。

標準的珠寶放大鏡必須經過校正，消去球面像差跟色差，且以 10 倍為標準倍率。消球面像差的意義在於透鏡邊緣影像不會變形，消色差才不會在觀察極細微內含物時因為色散太高產生七彩光且模糊。除了一般的標準放大鏡，現在有很多附加燈具的珠寶放大鏡，無論環境光源是否充足都可提供更佳的照明輔助。另外，有一種暗場照明放大鏡是模擬顯微鏡的暗場照明而設計，對於寶石的內含物觀察比一般放大鏡更為清晰。使用放大鏡觀察珠寶時，通常需搭配珠寶鑷子，尤其是觀察小克拉數的寶石裸石時才能更清楚的觀察寶石。燈具的類型很多，在此指一般珠寶用的筆燈（Pen light）。燈具可以輔助放大鏡使用，也可單獨使用，尤其是觀察半透明寶石時更為好用，如觀察是否經過染色或是觀察是否有瑕疵、裂紋。

珠寶鑷子（Gem Tweezer）

珠寶鑷子是針對蛋面與刻面寶石的夾取所設計，透過齒狀凹槽與卡榫設計，能更穩固的夾取寶石，同時配合放大鏡觀察。

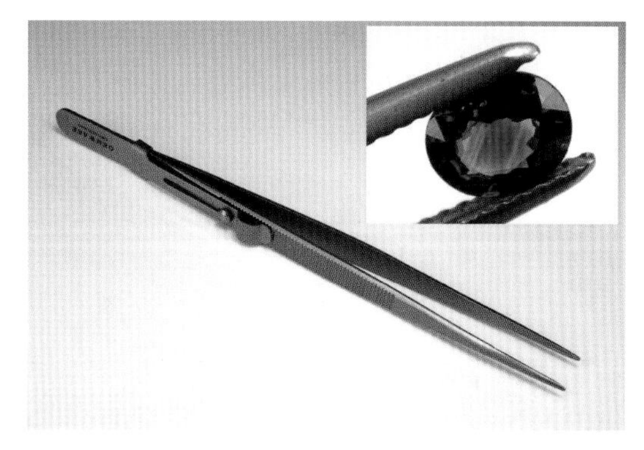

瑞士進口珠寶鑷子，有卡榫設計可固定寶石，且鑷子內側有齒狀凹槽，可牢牢固定寶石裸石

珠寶放大鏡（Gem Loup, Magnifier）

所有的寶石工具儀器中，「放大鏡」是最便宜好用的手持工具之一。放大鏡跟顯微鏡的功能類似，但是沒有顯微鏡般的高倍率，也缺乏完整的照明與精密的調焦，因此效果上較為有限。放大鏡主要的功能為觀察寶石的內部特徵（內含物）、外部特徵、雙重影以及車工優劣。

珠寶用三片式無像差十倍放大鏡

標準的珠寶放大鏡必須經過校正，消去球面像差跟色差，且以 10 倍為標準倍率。消球面像差的意義在於透鏡邊緣影像不會變形，消色差才不會在觀察極細微內含物時因為色散太高產生七彩光且模糊。

除了一般的標準放大鏡，現在有很多附加燈具的珠寶放大鏡，無論環境光源是否充足都可提供更佳的照明輔助。另外，有一種暗場照明放大鏡是模擬顯微鏡的暗場照明而設計，對於寶石的內含物觀察比一般放大鏡更為清晰。使用放大鏡觀察珠寶時，通常需搭配珠寶鑷子，尤其是觀察小克拉數的寶石裸石時才能更清楚的觀察寶石。

珠寶用筆燈、觀玉燈（Pen-light）

常用於觀察玉石的觀玉燈，遠較一般筆燈亮度更高

燈具的類型很多，一般珠寶用的手電筒稱之為筆燈（Pen light）。

燈具可以輔助放大鏡使用，也可單獨使用，尤其是觀察半透明寶石時更為好用，如觀察是否經過染色或是觀察是否有瑕疵、裂紋。觀察寶石通常採用較弱的筆燈，翡翠玉石類，尤其是原石的觀察則需採用強黃光觀玉燈，因為黃光的穿透性佳，若要觀察查爾斯濾鏡也需搭配黃光照明才準確。

專業鑑定師的入門工具

寶石折射儀（Gem Refractometer）

寶石折射儀是礦物學與寶石學最重要的分水嶺，在第一台折射儀發明之前，寶石鑑定以採用礦物鑑定方法為主，而傳統的礦物鑑定缺乏非破壞性的有效鑑定手段，折射儀應運而生。折射儀主要由高折射率稜鏡（鉛玻璃或合成立方氧化鋯）、稜鏡反射鏡、透鏡、標尺（內標尺或外標尺）和目鏡等組成，透過稜鏡中的陰影位置可以判讀寶石的折射率高低，且得到折射率（Ri）與雙折射率值（Di），透過這兩個數值的比對可以有效判別寶石的品種。折射儀的工作原理是建立在寶石內全反射的基礎上。該儀器是測量寶石的臨界角，並將讀數直接轉換成折射率值。

內置光源的折射儀

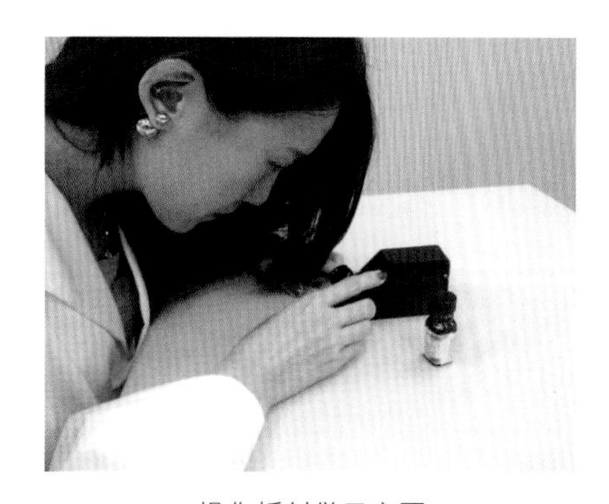

操作折射儀示意圖

平面測法操作步驟：

1. 啟動光源，翻開儀器上蓋（外接或內置光源）
2. 擦拭寶石和稜鏡
3. 在折射儀稜鏡上點一滴折射液（直徑約 2mm 為宜），使用鈉光照明，可見油的陰影邊界
4. 寶石最大的桌面放入稜鏡上，浸油使寶石和稜鏡之間形成良好的光學接觸
5. 眼睛靠近目鏡可觀察陰影區和明亮區並讀數，讀數估計到小數點第三位
6. 按順序轉動寶石 360°，進行觀察和讀數
7. 測試完畢，將寶石輕推至金屬台上，取下寶石
8. 清洗寶石和稜鏡

點測法（遠視技術法）：

針對弧面型和刻面較小的寶石

1. 啟動光源，翻開儀器上蓋（外接或內置光源）
2. 擦拭稜鏡和寶石
2. 在金屬台上點一滴折射液
3. 手持寶石，用弧面或小刻面接觸金屬台上的折射液，以液滴直徑為 0.2mm 為宜
4. 將沾有油滴的寶石輕置於稜鏡中央
5. 眼睛距目鏡約 30 公分，平行目鏡前後移動頭部
6. 觀察油滴半明半暗交界處，讀數並記錄，讀數保留小數點後兩位

折射儀使用限制：

1. 所測寶石一定要有拋光面，拋光鏡面可做平面測量，凸弧面可做點測法。
2. 寶石的 RI<1.35 或者 >1.81 都無法讀數，>1.81 寶石學上稱為「超率限」（OTL）。

3. 不能區分某些人工處理寶石，如天然藍寶石與熱處理藍寶石。

4. 不能區分某些合成寶石，如天然紅寶石與合成紅寶石。

以翡翠、軟玉與常見地方玉石為例，折射率對於這些寶石鑑定有相當準確性：

表 2.6.1 常見玉石折射率表

品種	點讀折射率	品種	點讀折射率	品種	點讀折射率
硬玉	1.66	軟玉	1.61	蛇紋石	1.57
玉髓	1.54	方解石	1.56	鈉長石	1.53
螢石	1.43	石英	1.54	人造玻璃	1.4-1.7

寶石的快速檢查工具：偏光儀 Polariscope

偏光儀是由兩個偏光片和燈所構成的儀器，光波的振動本在垂直光波行進方向的平面上沒有特定的偏振方向，一旦穿過一片偏振片時，就會只有單一振動方向的光波可穿透。若將偏光儀的上下兩片偏振片的振動方向設為垂直（正交偏光），穿過下偏振片偏振光幾乎都會被上偏振片遮蔽。若將寶石置於兩偏振片中間，由於寶石的結晶構造會改變光的偏振，所以造成一個特殊現象，若寶石屬於等軸晶系以外的其他晶系，則轉動寶石一周會產生四次亮暗變化，反之若是等軸晶系或非晶質寶石，則轉動寶石一周會產生全消光（沒有亮暗變化）。若為聚晶寶石，在偏光儀正交偏光下會產生全亮的狀況，若單晶寶石內含物過多也可能產生這種情形而造成誤判。

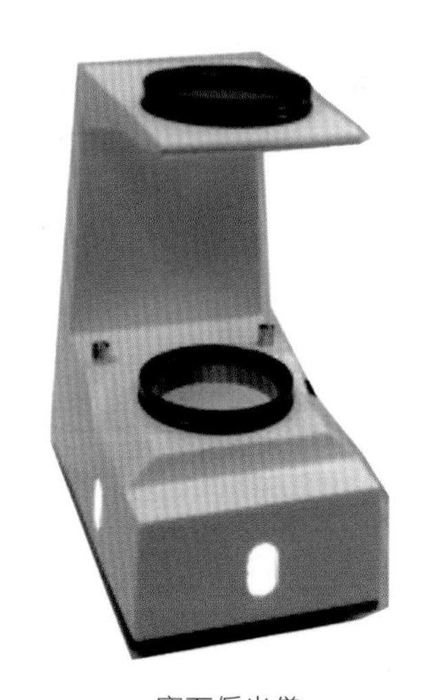
寶石偏光儀

若將兩片偏振片的偏振方向調整為平行偏光，則旋轉寶石的同時，透過上偏光片可以觀察到寶石的多色性，例如：堇青石在旋轉過程中會呈現出靛藍 - 無色或靛藍 - 淺黃色的色彩變化。

長短波紫外線燈（UV-Lamp）

紫外線（Ultraviolet 或簡稱 UV）是波長比可見光短，但比 X 射線長的電磁輻射，波長範圍在 10 奈米（nm）至 400 奈米，能量從 3 電子伏特（eV）至 124 電子伏特之間。它的名稱是因為在光譜中電磁波頻率比肉眼可見的紫色還要高而得名，又俗稱紫外光。紫外光依波長一般可分為長波紫外線（UV-A: 400 nm–315 nm）、中波紫外線（UV-B: 315 nm–280 nm）與短波紫外線（UV-C: 280 nm–100 nm）三種。

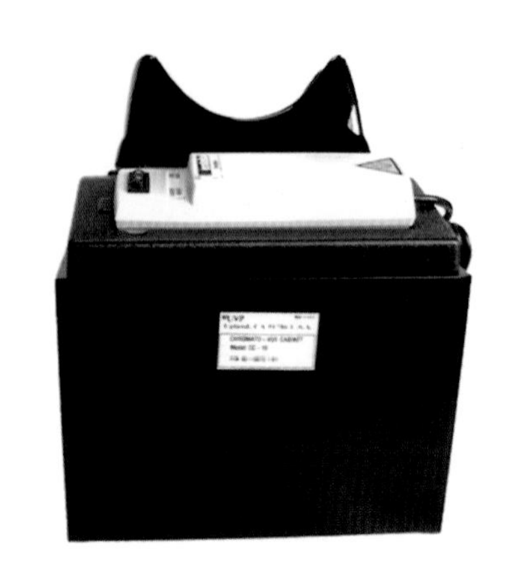

標準長波 / 短波紫外線燈箱

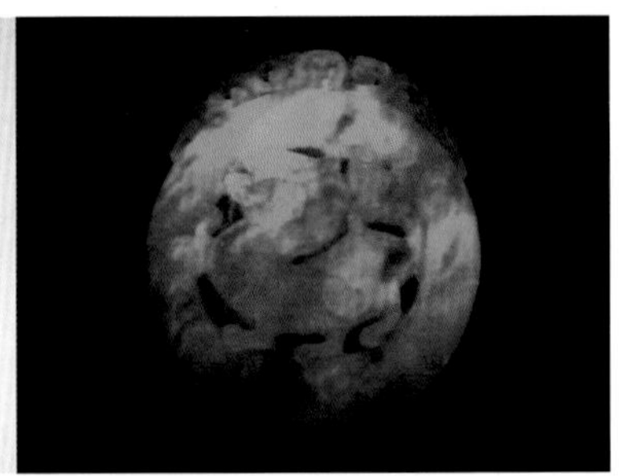

灌膠染色翡翠（左），紫外線燈下明顯呈現長波螢光（右）

寶石學上使用紫外線輔助鑑定，因為有部分寶石可以透過紫外線激發出螢光，同時觀察其螢光可能判斷出寶石的種類、產地或優化處理情形，例如：紅寶石的螢光可做為產地鑑定或玻璃填充判斷的輔助；翡翠的螢光通常代表蠟質或膠的存在。

色彩分析的簡易工具：分光鏡 Spectroscope

光柵式分光鏡

人的雙眼對於色彩的辨識其實相當敏感，但是寶石色彩的細微差異卻非肉眼可辨，為了瞭解寶石色彩的更多訊息，人類需要藉助分光鏡的協助。分光鏡是一種由菱鏡或光柵所構成的簡便攜帶型工具，可將白光分散成七色連續光譜。寶石的顏色起因於寶石選擇性吸收特定波長，因此若白光進出寶石後，連續光譜遂成為獨特寶石的吸收光譜，某些寶石具有特徵性的吸收光譜，只需透過分光鏡即可解讀寶石的吸收光譜，因此分光鏡是比肉眼更為有力的色彩分析工具。

多色性寶石的快篩工具：二色鏡 Dichroscope

二色鏡是一種小型手持式儀器，用於觀察寶石是否具有多色性，管狀的儀器內置方解石稜鏡，可分開穿過寶石後以不同方向行進的兩道光束，稱為正常光（O-ray）與異常光（E-ray）。

等軸晶系或是非晶質的寶石通常屬於單折光寶石，在這些寶石中光線是以單一光束前進，不管光線是從哪個方向穿過晶體，都只會透過二色鏡顯示一種顏色。相反地，如果是雙折光寶石品種（等軸晶以外的其他晶系），寶石晶體可將光線分裂為正常光與異常光，並透過二色鏡顯示兩種不同顏色。單光軸晶體（如六方晶

方解石二色鏡

系、正方晶系、斜方晶系等寶石）通常具有二色性。若為雙軸晶體（如單斜晶系、三斜晶系等寶石）通常具有三色性，顧名思義可以從二色鏡觀察到三種顏色。

寶石的輔助照妖鏡：查爾斯濾色鏡 Chelsea Color Filter

查爾斯濾色鏡（簡稱查氏濾鏡）是利用特定波長的吸收來區分寶石的種類，也可檢驗某些寶石是否經過優化處理。查氏濾鏡是由兩片僅讓紅色波長及綠色波長色光通過的濾色鏡所組成，可以想像成一種簡易型的分光鏡。由於天然的寶石致色離子與發色機制不同，所以即使顏色相似，濾鏡下也會產生不同的顏色反應。

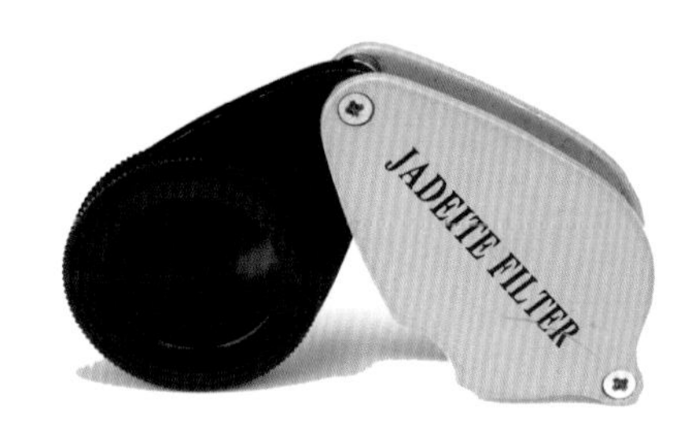

查爾斯濾色鏡又稱翡翠濾鏡

圖左為鉻鹽染色綠玉髓，圖右為查氏濾鏡下觀察的結果，明顯變為紅色，但無法以之與天然鉻綠玉髓區分

查氏濾鏡可以輔助判別寶石或致色離子種類，舉例來說含有鉻離子的祖母綠，在查氏濾鏡下會呈現紅色，其它寶石如軟玉或是翡翠則呈綠色；優化處理方面的應用，最明顯的例子是翡翠。天然翡翠在查氏濾鏡

下呈綠色，而以鉻鹽染過色的翡翠或玉髓則呈現紅色，需注意新品種的天然含鉻綠玉髓在查氏濾鏡下也呈紅色。

查爾斯濾鏡算是一種簡易型工具，僅能用於輔助鑑定寶石，需要藉助豐富的寶石鑑定經驗或是其他鑑定儀器的佐證。實務上需注意，查爾斯濾鏡看到顯示紅色有可能代表鉻、釩、錳、銅等不同離子的存在，這種簡易紅綠二分法的儀器方法，如果使用者很容易出現鑑定錯誤的狀況，除非使用者對於寶石的基本性質相當瞭解，不然需謹慎使用。

前世今生的水晶球：寶石暗場顯微鏡 Dark-field Gem Microscope

寶石顯微鏡是珠寶鑑定中常見且重要的工具，不但可觀察寶石內部的包裹體、紋理、色帶，還可以觀察寶石的表面車工、抛光或缺損。寶石專用顯微鏡是一種實體顯微鏡，但是與一般顯微鏡不同之處在於照明系統，底部為暗場 / 明場穿透光源，另外上方還有一螢光燈反射光源。透過光源的切換與倍率調整，可輕易觀察寶石的內含物與表面特徵，對於寶石的產地來源與優化處理判定而言是重要的輔助工具，雖與放大鏡相似，但是清晰度、倍率與照明模式遠勝於一般珠寶放大鏡。

萊卡暗場照明寶石顯微鏡

以翡翠而言，顯微鏡主要觀察翡翠的表面特徵，舉例來說，翡翠若經過酸洗灌膠處理，表面通常會滿佈酸蝕網紋，若經過染色處理，表面可能有絲狀的染料集中，且集中於裂隙中。內含物鑑定寶石的邏輯就是近朱者赤，近墨者黑；在天然的環境中生長的寶石包裹的一定是天然內含物，反之，合成寶石包裹的通常是氣泡、釘頭狀物、弧型線條、紗狀物或山形記號等。

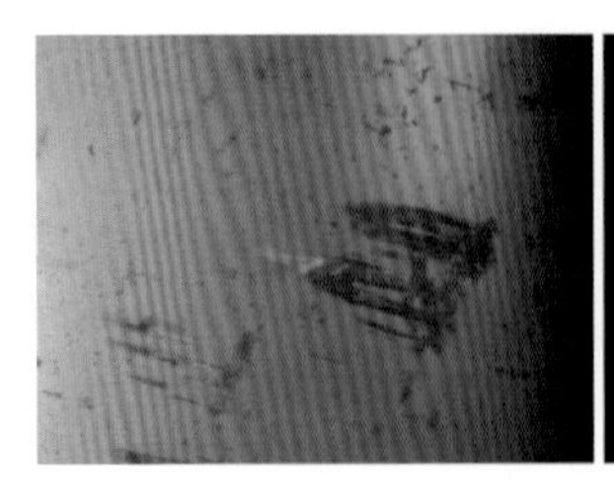
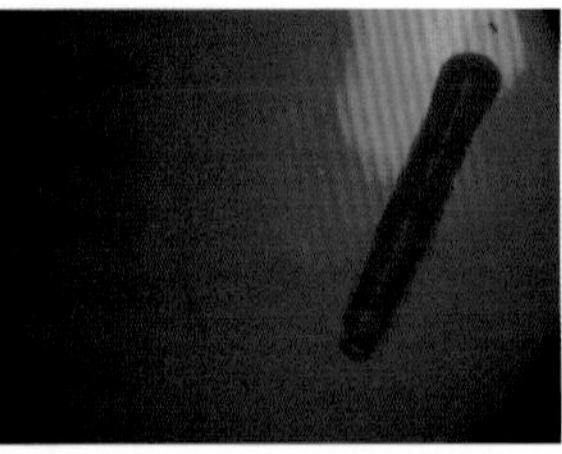
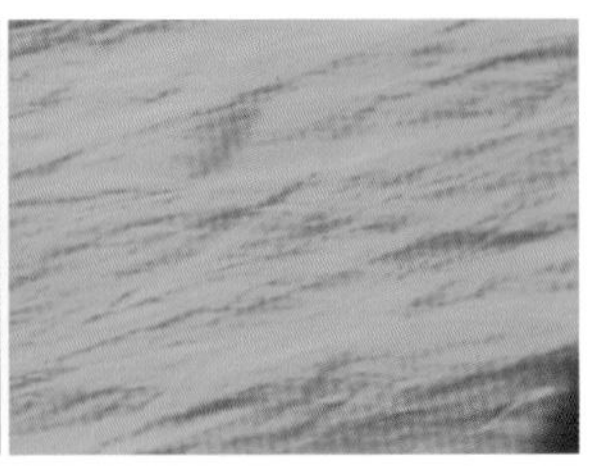

圖左，合成紫水晶的釘頭狀內含物 / 圖中，火熔法合成紅寶中的魚雷狀氣泡 / 圖右，水熱法合成祖母綠的山形記號

圖左，天然水晶中的石榴石含晶 / 圖中，天然丹泉石中的含晶與繞晶裂紋 / 圖右，天然水晶中的液包體

比重液（Specific-Gravity Liquid）

比重液是不同比重（Specific Gravity）的液體，放在容器中，用來測試寶石的比重。要測試不同種類的寶石需使用不同的比重液，常見的比重液有兩種：二碘甲烷（3.30）和溴仿（2.90），如果將翡翠投入到兩種比重液中，都會下沉，如果軟玉投入到兩種比重液中，便會一沈一浮。一般常見的比重液還有一種是飽和食鹽水，專門用於琥珀與其仿品鑑定，二碘甲烷則是翡翠與鑽石常用的比重液，溴仿通常用在軟玉的鑑定上。

高階寶石鑑定儀器介紹

寶石學從礦物學正式分枝散葉距今不過百年，從百年前就發明了傳統寶石鑑定技術，然而現今寶石學領域有很多困難的議題如優化處理鑑定、產地鑑定與合成寶石鑑定等，已經不是傳統方法所能處理。隨著科技日新月異，有很多更為精密且昂貴的光譜儀器被應用於寶石鑑定上，高階儀器能夠更精準且快速的確定寶石的品種、產地以及是否經過優化處理。如果寶石鑑定中心配備有完整的高階寶石儀器，勢必能更準確而快速地對寶石做出客觀的評論。

優化翡翠的守門員：傅立葉轉換紅外線光譜儀 FT-IR

當分子中的原子間發生振動或轉動時，會吸收特定的能量，而此能量落在紅外線的範圍，即形成紅外線光譜（IR）。若採用干涉儀的設計，使其產生干涉波，照射至樣品後得到干涉光譜，經傅立葉轉換，即得到傅立葉轉換紅外線光譜（FT-IR spectrum）。由於每一特定的分子振動或轉動時，均會有特定波長的吸收，因此可藉由 FT-IR 光譜做為鑑定分子結構的工具。紅外線光譜對於無機礦物較不明顯，但是有機物、水、氣體對紅外線的吸收則相對敏感。因此紅外線吸收光譜對於灌膠、浸油或是上蠟等寶石優化處理類型有快速、準確檢驗的優點。透過大面積的掃描寶石，比拉曼光譜儀更容易得到整體寶石「平均」的優化處理狀況，也比顯微鏡更精準的瞭解淨度優化程度，減少人為鑑定判斷誤差。

Perkin Elmer 紅外線光譜儀

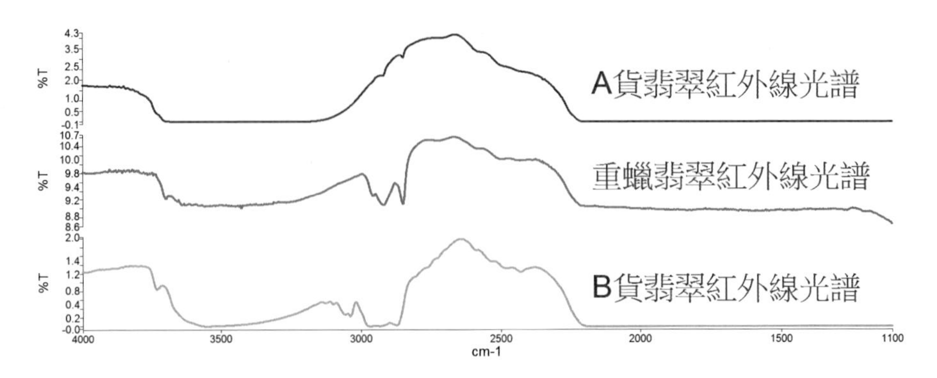

一般 A 貨翡翠、重蠟翡翠、灌膠翡翠的紅外線光譜，觀察充膠或燉蠟，
要看 2800~3100cm^{-1} 的吸收峰，凹谷為膠或蠟的吸收區

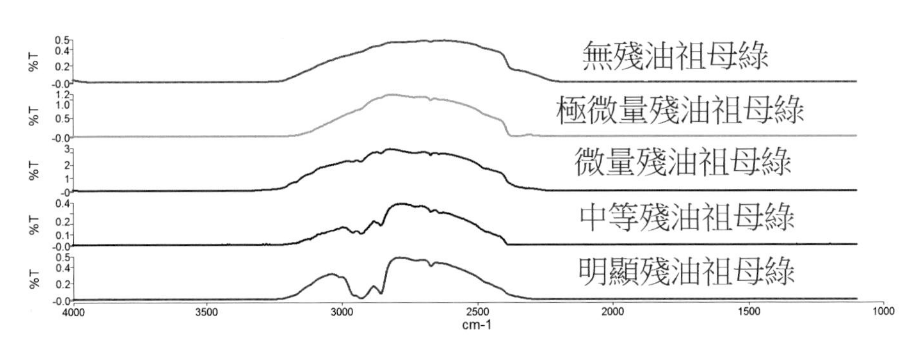

泡油祖母綠的相對殘餘油量，除了顯微鏡觀察以外，也必須參考紅外線吸收光譜
2800~3100cm^{-1} 的吸收峰強度，殘油越多吸收峰凹谷越明顯

紅外線吸收光譜儀一般而言並不適合於內含物分析，但紅外線光譜對於有機分子有較明顯的吸收峰，若寶石樣本內部含有大量液包體可採用 FT-IR 做為輔助分析工具。針對小範圍的內含物分析，也可採用顯微紅外線光譜分析。

隔山打牛的高階儀器：雷射拉曼光譜儀

拉曼光譜是寶石鑑定中相當重要的高階儀器，除了可快速準確判斷寶石品種以外，對於內含物鑑定領域而言，拉曼光譜也是最重要且直接的鑑定方法，以雷射光束照射待測樣本時會產生拉曼散射，待測物的拉曼散射光譜，與分子結構有關，就像是特徵性的分子指紋，即使外觀顏色上很像，每種寶石光譜都不相同。

攜帶型的 Enwave Optronics 拉曼光譜儀

水晶包裹綠簾石含晶的顯微影像與拉曼光譜圖，Q 代表石英主晶的拉曼峰，E 代表綠簾石的特徵峰，雷射穿透主晶可得到主晶與內含物的疊加光譜。

雷射光可穿透寶石，聚焦到寶石中的內含物，以確認其內含物種類。拉曼光譜除了是最快速定性的非破壞性分析方法以外，也是唯一可以「隔山打牛」，偵測內含物的高階儀器。紅寶石的玻璃填充，若採用拉曼光譜檢驗，就可以分析到寶石中的內含物成分，例如紅寶中的「玻璃」；同理，灌膠翡翠也可採用拉曼光譜儀檢驗其是否含膠。

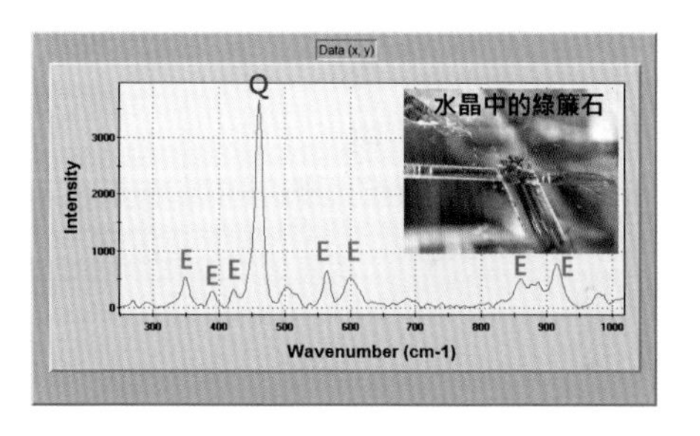

圖為水晶包裹綠簾石內含物之疊加拉曼光譜

金石皆可驗的高階儀器：能量散射 X 光螢光光譜儀 EDXRF

能量散射 X 光光譜分析儀（EDXRF）的基本工作原理是利用 X 光管產生的 X 射線照射到樣品上，所產生的特徵散射 X 光螢光直接進入 SI（LI）探測器，便可以據此進行定性，同時藉由探測元素特徵性 X 光，並且辨識其能量，可近一步計算出被測樣品中含有哪些元素種類；

而具有某種能量的 X 光強度是與被測樣品的特定元素含量多少有直接關聯，測量這些譜線的強度，就可以得出被測樣品中各種元素的含量。高階儀器當中，EDXRF 是唯一同時可以驗貴金屬和寶石的方法，分析出寶石與金屬的元素組成百分比，對於玻璃填充寶石的判定或產地研究有相當重要性。

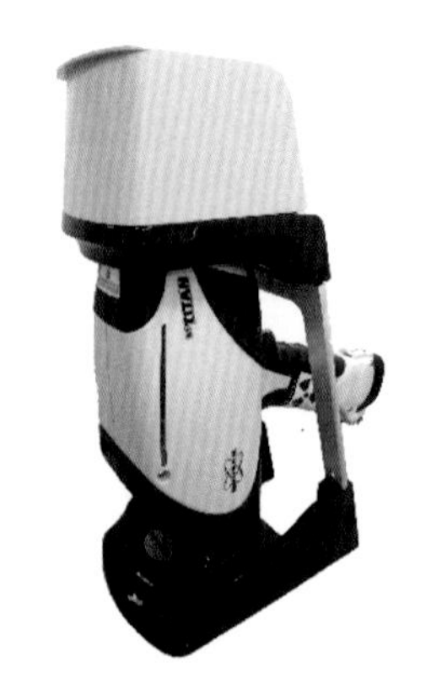

德國布魯克高階攜帶型 X 光螢光光譜儀

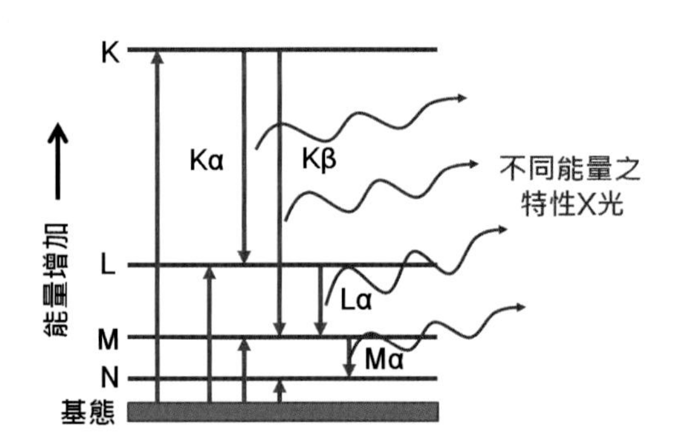

XRF 是利用 X 光照射到樣品表面所激發出來的特性 X 光鑑別元素種類和含量

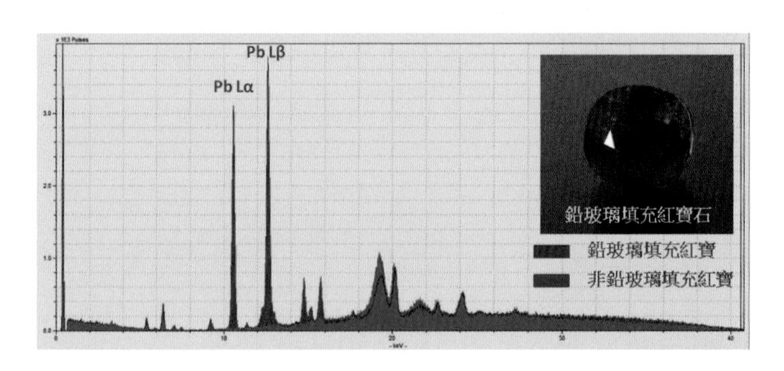

玻璃填充紅寶石的 X 光螢光光譜，顯示鉛的特徵 X 光，這是因為裂隙中含有鉛玻璃所致

色彩成因與產地來源鑑定的專門儀器：紫外－可見光吸收光譜儀 UV-VIS

紫外－可見光吸收光譜法，是以紫外光－可見光範圍的連續光譜作為光源照射寶石樣品，藉以研究寶石對光吸收的相對強度。通過分子紫外－可見光吸收光譜可以進行定性分析，瞭解寶石的成色機制、致色元素乃至於寶石的產地來源等。

天然寶石的成色機制主要有五種 1. 過渡元素離子致色、2. 價電子轉移致色、3. 能隙致色、4. 色心致色 (電子色心、空穴色心)、5. 物理光學致色 (干涉、繞射)，不同的成色機制，通常對光有不同的選擇性吸收，在光譜中的吸收峰就代表特定的成色機制，吸收峰在直讀光譜中就是暗線或暗帶。

紫外可見光吸收光譜之所以可用於產地鑑定在於不同產地的同種寶石其致色過渡元素種類、比例或顏色成因機制有所差異，即反應在吸收光譜上。以綠玉髓為例，澳洲綠玉髓由鎳致色，而天然辛巴威綠玉髓則由鉻致色，染色綠玉髓雖由鉻致色但三者的吸收光譜迥異，比對後可清楚辨識。

RT-100 紫外可見光吸收光譜儀

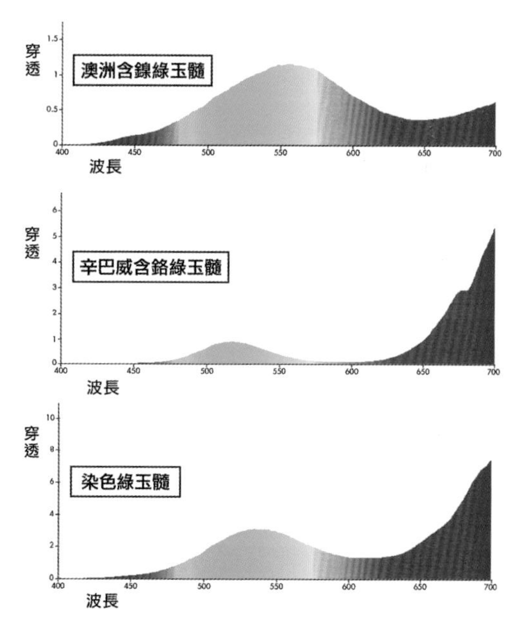

澳洲鎳綠玉髓、辛巴威鉻綠玉髓與染色綠玉髓的紫外可見光吸收光譜

第七節
珠寶賞析與價值評估

由於時下流行的珠寶鑑價節目之影響，消費者來到寶石鑑定所檢驗時都喜歡直接問鑑定師寶石的價格。其實珠寶業界有鑑定不鑑價之不成文規定，這是因為影響珠寶價格的因素很多，且價格隨時間變化也相當大，沒有一位鑑定師能夠通曉所有寶石的價格，說句玩笑話，鑑定師估的價格還未必比網拍比價來的準確。消費者自身應該有賞析與評價珠寶的能力再詢問專業鑑定師，才能更貼近真實市場價格。

珠寶賞析的基本邏輯 - 品種、優化與評級

要評估寶石的價值必須先確定寶石的客觀條件，條件指的就是寶石的品種為何？是否天然？有無優化處理？以及等級好壞等四個項目。

品種決定價格是理所當然的，以紅色系寶石為例，最貴重的品種屬紅鑽石，市價每克拉數千萬乃至於上億元新台幣；高檔的紅寶石，每克拉大小數萬至數十萬；紅色電氣石每克拉數千元；一般常見的紅色石榴石卻僅需每克拉數百元而已。

隨著科技的進步，越來越多人工方法合成的人造寶石問世，性質與天然寶石完全相同，所以討論價格勢必先確定是否為天然寶石。只有天然寶石才是稀有的礦產資源，人造寶石的產量無限，沒有稀有性和保值性。

優化處理是評斷寶石的重要考量，有的寶石天生麗質，然而也有一些寶石需經過優化處理，如果處理後淨度變好，透明度變高則稱為淨度優化；處理過後顏色改善則稱為顏色優化。一般而言，處理過程無外來

添加物，而且處理效果是永久穩定的，寶石業界多半認知為可以接受；反之有外來添加物，且處理後效果並非永久穩定的，業界普遍認為應該對消費者清楚說明。舉例來說，紅、藍寶石或丹泉石多半有熱處理，然而這種熱處理沒有添加玻璃、發色劑等物質，僅單純加熱，而且熱處理後的顏色外觀永遠不會褪變，所以業界普遍可接受；反之，如果添加玻璃或發色劑，如玻璃填充處理或擴散處理（二度燒），消費者就難以接受。

寶石的等級是在確定上述三個條件後，最後考量的因素，因為分級必須奠基在相同的基礎上。以紅寶石為例，如果經過二度燒加色，即是再紅豔也不應該稱為鴿血紅；同理，灌膠翡翠即使透明度再高，也不應稱之為玻璃種翡翠。

寶石的優劣評等方法

寶石的等級優劣必須依循廣義的 4C，狹義者就是指鑽石 4C，即鑽石的顏色（Color）、淨度（Clarity）、車工（Cutting）、克拉重量（Carat Weight），依據此鑽石 4C 原則即可瞭解鑽石等級優劣，進而參照國際鑽石報價表（Rapaport）得到報價結果。彩色寶石的等級評估類似鑽石採用 4C，不同的地方是，鑽石的 4C 是包含嚴格詳細的分級，而寶石只是根據 4C 做初步而粗略的等級評判，例如：市場對彩色寶石對淨度的要求是目視微瑕以上算可以接受的等級，實際上目視微瑕在鑽石的淨度等級中已屬 I-SI 等級。

筆者依據多年鑑定經驗歸納了下表的彩色寶石的分級評等量表，若將 4C 原則個別區分出三個等級，每個 C 代表 1-25 分的評分，則一個寶石最高可獲得 100 分的評分，最低則可能接近個位數評分：

表 2.7.1 寶石優劣評等表

	劣等 1-10 分	中等 11-20 分	優等 20-25 分
顏色	非標準色，很淡或很深色調（太淡或太黑），色度低（顯灰或顯棕）。	非標準色，中等淡至中等深色調（濃淡適宜），色度中等。	標準色，中等至中等深色調，色度強至豔。
淨度	目視重瑕，不透明至透光，蛋面至雕件料。	目視微瑕，10 倍鏡下明顯可見內含物。	目視無瑕，10 倍鏡下不易見到內含物。
車工	形狀不美觀，對稱性差，拋光與修飾細節差。	形狀美觀，對稱性中等至佳，拋光修飾細節中等至佳。	形狀美觀，對稱性極佳，拋光修飾細節極佳。
重量	小克拉數配石，小於 1 克拉。	小克拉數主石，1 克拉以上，貴重寶石未達 2 克拉，半寶石未達 5 克拉，視品種而定。	大克拉數主石，貴重寶石達 2-3 克拉以上，半寶石類達 5-10 克拉以上，視品種而定。

根據上表，品質低且多作為礦石、雕刻、串珠或飾品使用的低品質寶石，整體評分通常不到 40 分；商用等級的中品質寶石，可做蛋面、雕刻料，評分可介於 40-60 分之間；寶石級的高品質寶石，可做蛋面、刻面料，評分一般介於 60-80 分之間；寶石級的最高品質寶石，通常為刻面寶石原料，評分則可能高達 80-100 分。

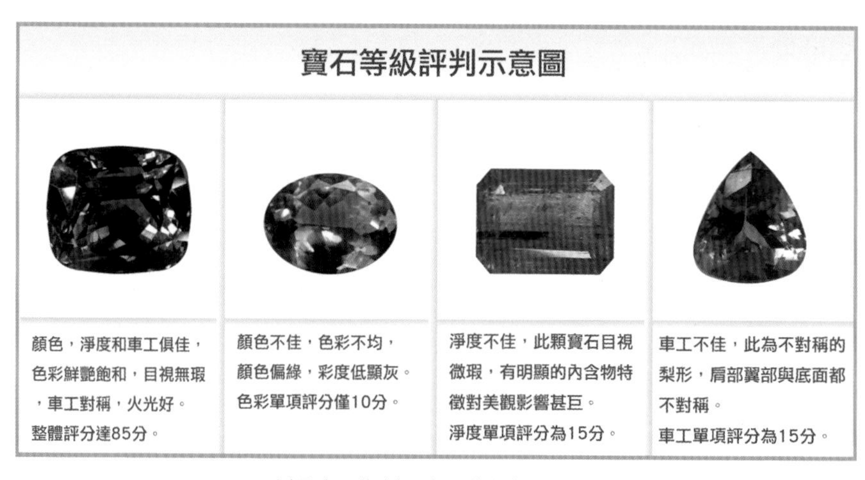

以丹泉石為例，寶石等級評判示意

一般而言，礦石級、商用級和寶石級寶石的價位相差可至數十倍甚至數百倍。以紅寶石而言，礦石等級一公克幾十元台幣，寶石等級最高級 1 克拉裸石可 20 萬。筆者友人曾經拿非洲產的紅寶石原礦詢問筆者，該紅寶偏棕暗紫紅色，淨度低、透明度也低，800 克拉左右，賣家宣稱價值 5000 萬要賣給友人，筆者僅提點一句話，這是礦石級的紅寶石，朋友即若有所思的離去，消費者切記，寶石的品質比尺寸重要。

現象寶石的評等

現象石評等除了需考量 4C 以外，更重要的前提是現象的強弱以及明顯與否。以貓眼和星石為例，貓眼光與星芒品評標準可以歸納為正、亮、直、細、活五字口訣。

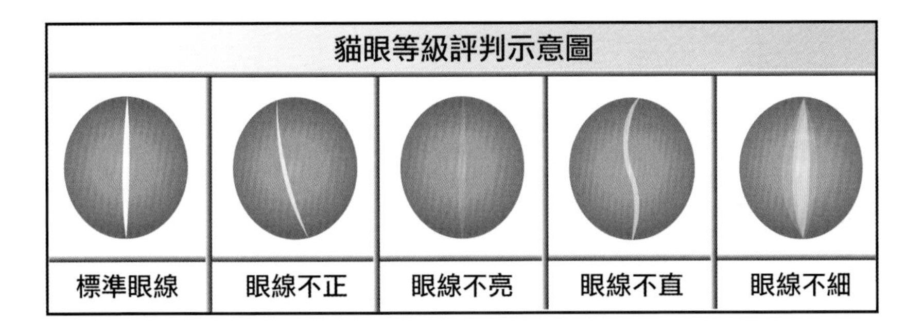

- 「正」指的是貓眼線不可歪斜，且最好是橫貫橢圓長軸方向，在外形比例上會比較美，若眼線歪斜則不建議收藏。
- 「亮」指的是貓眼線越亮越好，有的貓眼石由於纖維構造物不夠密集或發育情形不佳而眼線較黯淡，不以強光照射則不明顯。此種情況下貓眼的價值會降低很多。
- 「直」是指貓眼線要平直，如果貓眼線歪歪扭扭而彎曲不平則不建議收藏，例如虎眼石英（眼線多條且不直）跟石英貓眼就差在貓眼線的平直上。

●「細」指的是貓眼線要越細越好，一般來說貓眼線的粗細跟纖維狀、管狀構造的粗細有關。

●「活」指的是貓眼線要靈活，若將貓眼石輕微晃動則貓眼線會隨光源角度而移動。這一點跟貓眼石的切磨外型有很大的關係。若寶石的貓眼線不夠集中，寶石商人可能以較尖的凸面外型切磨之，這樣可以讓貓眼光更為集中，但是缺點是貓眼線會固定於凸面尖端的稜線上，不夠靈活。

蛋白石或彩斑菊石一類的現象寶石，其遊彩的表現明顯與否是評等關鍵，色彩越是亮麗豐富，價值評等越高；月長石與拉長石，暈彩的表現是否明顯也影響甚巨；變色現象寶石通常以變色前後相差 2 個色相以上為準，尤其是白熱燈與日光燈等不同色溫下，顏色變化需顯而易見才算變色現象寶石。

寶石的價值評估方法

寶石估價方法主要有市場法和成本法兩類，兩者都可實際應用到翡翠估價上，通常消費者比較適合用市場法估價，業者則適合用成本法估價。所謂市場法還有幾種不同方式，根據某些經驗公式計算價格稱為經驗公式法，若直接比較市面上同類型商品的價格則稱為比價法。國際鑽石報價表（Rapaport）即統計全世界鑽石交易市場價格後所得到的經驗公式表，計算後可得到鑽石的概略估價。成本法顧名思義就是將原石成本價格加上切磨、鑲嵌工本後，得到總成本，再乘以一定利潤比例訂定為價格。

●市場法（經驗公式 + 市場比價）

比價法即一般所說的「訪價」，只要看的懂寶石的等級，貨比三家探訪價格並不困難，此列舉經驗公式法乃筆者根據市場見聞所做的簡單歸納，估出價格最好經過市場訪價修正或更嚴謹的查證。以不同器形的翡翠比價而言，手鐲價格約是鐲心 5-10 倍，鐲心掛件則為一般的邊角料玉佩掛件的 1 至數倍（視大小厚度而定），最高品質的蛋面，價位大約在同品質手鐲的十分之一到百分之一，這就屬於經驗公式法的比價方式。

行情看俏的滿綠色翡翠手鐲

以翡翠的顏色橫向比較而言，最頂級濃豔紫色翡翠價格與頂級綠色翡翠價格相比，紫翡價格約介於綠翡的 6 ～ 8 折，頂級黃翡價格則為綠色翡翠的 3 ～ 4 折，紅翡由於近年來加熱焗烤優化改色盛行，在顏色成因疑義下，市場價格可能僅黃翡的 2 ～ 5 折。

筆者以不同種色的翡翠手鐲橫向比較，參考近年兩岸翡翠市場的價格，歸納出下表的手鐲估價，參考這個表格和上述經驗公式，讀者就可獲得更多翡翠價格資訊。

表 2.7.2 手鐲等級估價表

翡翠種 / 色	手鐲市場價格	翡翠種 / 色	手鐲市場價格
豆種白翡	約 1000-2000 元	豆種陽綠滿色翡翠	約 200-400 萬
糯種白翡	約 5000-10000 元	糯種陽綠滿色翡翠	約 1000-2000 萬
冰種白翡	約 50-100 萬	冰種陽綠滿色翡翠	約 1-2 億
玻璃種白翡	約 100-200 萬	玻璃種陽綠滿色翡翠	約 3-5 億

●成本法（材質成本＋工藝成本）

種色俱佳的翡翠蛋面戒指，這等品質的大尺寸高檔翡翠蛋面動輒數百萬元

成本法相對而言較適合業者，因為業者通常知道所有材質原料的價位與加工的費用。以翡翠原礦開石盤鐲為例，一顆翡翠原石價格 30 萬，盤出兩只手鐲，加上兩個鐲心料掛件，和五件邊料玉佩，假如工錢 5 萬則連工帶料 35 萬，抓利潤 40%，則一手走價格為 49 萬。此外，若以一件翡翠 K 金真鑽戒指而言，蛋面裸石若價位 8 萬元，K 金鑲鑽工料 2 萬，則其總成本 10 萬，利潤若為 40%，則其估價為 14 萬元。

●比價資訊的來源

俗話說的好，貨比三家不吃虧！傳統上比價資訊通常來自實體珠寶店家或玉市攤販，近年來，網路珠寶交易盛行，遂成為獲得價格資訊的極佳來源。高價珠寶的拍賣價格可以參考佳士得或蘇富比等拍賣公司所出版的目錄或官網；平價珠寶可參考如 eBay、淘寶或雅虎等大型購物網站；針對裸石的比價也可參考國外彩寶裸石比價網站 gemval（http://www.gemval.com/index.php）。除了上述管道以外，有一些珠寶拍賣年鑑收錄全球大型珠寶拍賣的圖錄和價格，也不失為很好的比價工具。

CHAPTER 3

珠寶投資與市場觀察

在薪資凍漲、經濟不景氣的年代，珠寶已不再是炫富與奢華的表徵，從報章、雜誌、網路或書籍上都透露出珠寶投資正夯的趨勢。寶石不像股票、房市一樣有週期性漲跌甚至崩盤的疑慮，如何在眾多寶石之中挑選合適的投資商品？珠寶品牌價值是否重要？投資或買賣珠寶該留意哪些？以下將循序為您解說。

第一節
投資性寶石品種與消費性寶石品種

寶石，英文為 Precious stone，或是 Gem stone，無機寶石一般是指眾多礦物中較稀有以及具有經濟價值的品種，通常具有高硬度及美麗的外表，但是現實上寶石的標準並非絕對。在不同的國家與文化當中，美麗有不同的標準，珍貴也常與歷史文化息息相關，因此寶石的種類與認知往往無法用定義準確劃分。世界上已被證實發現的礦物約有三千多種，可做為寶石的品種有兩三百種，但是實際上有很多是屬於稀有寶石。

寶石的命名原則分為品種與類別兩項，寶石的「種」（Species）代表該寶石在礦物成分和結構的劃分，但是同一種礦物卻常有不同的寶石類別（Variety），類別是由寶石的外觀與顏色來區分。比方說石英若呈現紫色單晶則稱為紫水晶、黃色單晶則稱為黃水晶，若具有紊亂纖維狀聚晶，而且有貓眼現象則稱為虎眼石英（黃）或鷹眼石英（灰藍）。以綠柱石家族為例，同為綠柱石品種（Beryl），隨著顏色變化而有不同的類別，如藍綠色系的海水藍寶（Aqumarine）、綠色系的祖母綠（Emerald）、粉紅色系的摩根石（Morganite）等。

美國寶石學院（GIA）整理出市面上的寶石約有 130 種，較常見的約 60 種，較不常見的也有約 60 種，本書節錄近百種寶石的圖片、性質、鑑定與賞購知識，為市面上最完整的寶石專業書籍。

學界和業界也根據不同的特性或需求將寶石分類：

●市場上將寶石根據市場價格與稀有性分類為貴重寶石（Precious Stones）與半寶石（Semi-precious stones）。

●本書中將寶石依據其價格穩定性與市場知名度分為投資型寶石與消費型寶石。

其實這麼多種類的寶石當中，真正常見的寶石種類通常不過 20 ～ 30 種，到底該如何選擇？根據筆者的鑑定實務經驗，市面上的寶石可概略分為投資型和消費型兩大類，前者一般有相對穩定的價格以及市場知名度，後者則是知名度較低或是價格較不穩定，漲跌幅度大。

投資型的寶石主要包含四大貴重寶石、軟硬玉和幾種知名半寶石，例如：鑽石、剛玉家族、綠柱石家族、硬玉（翡翠）、軟玉、金綠寶石家族、尖晶石家族、黝簾石（丹泉石）、蛋白石、珍珠、珊瑚、電氣石等。

消費型的寶石品種並非不能投資，只是變現性差且價格起伏不穩定，但是若抓對時機點、買對寶石的規格條件，投資消費型寶石也可能有可觀的利潤。例如：石英家族、石榴石家族、長石家族、葡萄石、綠松石、青金石、鋰輝石、透輝石、橄欖石、方柱石、藍晶石、紅柱石、矽線石、黃玉、鋯石、方解石、螢石、磷灰石等。

第二節
寶石的地區性消費偏好

貴重寶石消費的地區性偏好

珠寶消費市場一直存在的地域性差異，在不同的國家、種族、歷史與文化背景的影響之下，珠寶的喜好、流行性、設計風格都有所差異。雖然鑽石、紅寶石、藍寶石、祖母綠等寶石在全世界都很受歡迎，但是不同地區仍表現出某種地域性的偏好或趨勢，舉例來說，台灣結婚新人或初次購鑽消費者所偏好的鑽石克拉數以 30 分、50 分為多，但是在大陸結婚新人則以 1 克拉以上鑽石為主要選擇。

據筆者聽聞，台灣鑽石商出國挑貨買鑽石的標準，在外國盤商眼裡是最挑剔的，因為台灣消費者對鑽石的概念不在大而在精，除了淨度、成色要高，還要求車工 3 個 Excellent，八心八箭，甚至要求無螢光等等，台灣人買鑽石的標準在鑽商眼裡算是挑剔到有點吹毛求疵的地步。相形之下，歐美地區的消費者買鑽石並不介意等級一定要最高，主要還是一分錢一分貨，想買好東西就付多點鈔票，想省錢的買個淨度、成色差的鑽石也不以為意。

紅藍寶石價值評斷的標準是世界通用的，但是品質與價格的偏好仍有地域性的差異。歐美市場對於高品質的紅藍寶石的市場接受度與需求較高，消費者也相對負擔的起高價位，在台灣、大陸等市場則是以中低品質的紅藍寶石為主要交易產品。舉例來說，在台灣市場上要尋找大克拉數、高淨度、高透明度且顏色好的紅藍寶石相對困難，但是 3 克拉以下品質中下的寶石在市場上則佔相對多數。

亞洲國家當中日本對於高品質紅藍寶石的需求也高，且台灣市場上少見的紅寶石與藍寶石星石在日本也很受歡迎。

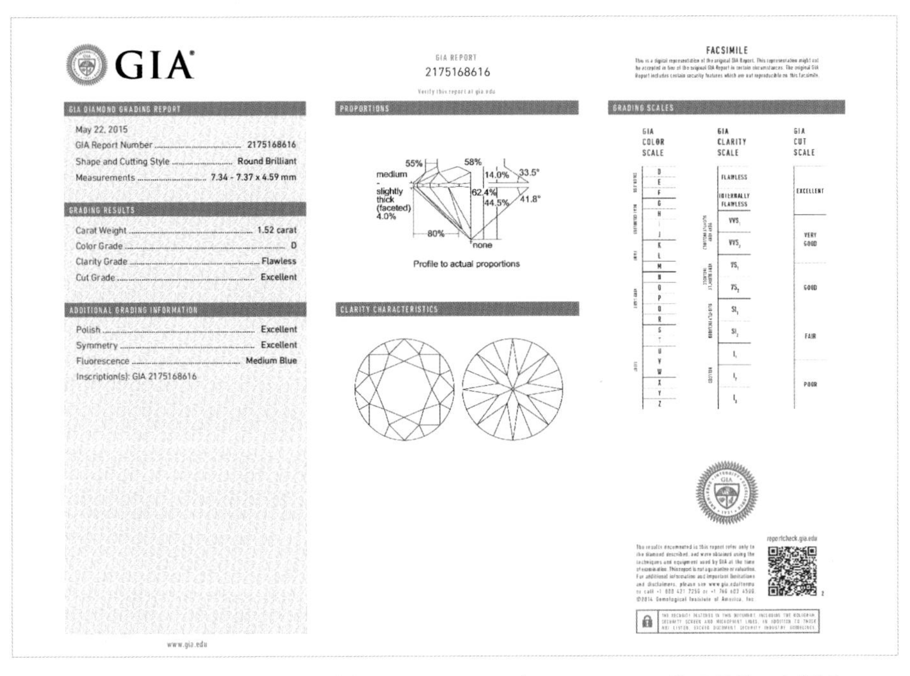

GIA

GIA REPORT
2175168616

FACSIMILE

GIA DIAMOND GRADING REPORT

May 22, 2015
GIA Report Number 2175168616
Shape and Cutting Style .... Round Brilliant
Measurements .... 7.34 - 7.37 x 4.59 mm

GRADING RESULTS

Carat Weight .... 1.52 carat
Color Grade .... D
Clarity Grade .... Flawless
Cut Grade .... Excellent

ADDITIONAL GRADING INFORMATION

Polish .... Excellent
Symmetry .... Excellent
Fluorescence .... Medium Blue
Inscription(s): GIA 2175168616

PROPORTIONS

55% 58% medium - slightly thick (faceted) 4.0% 14.0% 33.5° 62.4% 44.5% 41.8° 80% none

Profile to actual proportions

CLARITY CHARACTERISTICS

GRADING SCALES

GIA COLOR SCALE | GIA CLARITY SCALE | GIA CUT SCALE

D E F G H I J K L M N O P Q R S T U V W X Y Z

FLAWLESS, INTERNALLY FLAWLESS, VVS1, VVS2, VS1, VS2, SI1, SI2, I1, I2, I3

EXCELLENT, VERY GOOD, GOOD, FAIR, POOR

reportcheck.gia.edu

www.gia.edu

GIA 證書 1 克拉 D 色級，裡外無瑕（Flawless），車工 3 Excellent 的頂規鑽石市價近百萬，是內行藏家的選擇

祖母綠在華人地區的影響力與喜好度相對於歐美國家而言低很多，畢竟綠色寶石中，翡翠是華人更喜愛的品種，而綠色的軟玉雖不如翡翠，但市場上普及程度也遠高於祖母綠。由於祖母綠常有泡油、灌膠之爭議，人造合成品也多，且祖母綠的內含物、裂隙雜質太多常造成寶石鑲嵌加工時產生破損，因此祖母綠在台灣的中低價位珠寶市場較不普及。

半寶石消費的地區性偏好

半寶石品種部分也有地域性的市場差異。最明顯的例子是珊瑚，不論古今中外，在佛教乃至於基督教之中都視為重要寶石，但是華人地區偏好深紅珊瑚，淺色的粉紅色珊瑚相較不討喜，反觀歐美國家對於粉紅珊瑚評價則較高。雖然珊瑚也是國際性的珠寶，不同種族、國情或文化會產生不同的消費偏好。

另外，以市面上很流行的電氣石而言，雖然電氣石的色彩種類豐富，包辦了紅、橙、黃、綠、藍、靛、紫等所有色彩，但是在台灣、大陸都以紅色最討喜，綠色次之，不過在電氣石中有一特殊的綠藍色品種稱為帕拉依巴電氣石（Paraiba Tourmaline），其價位高者直逼鑽石，在台灣市場卻是叫好不叫座，在日本則大受歡迎。近年來，尖晶石成為國際珠寶市場的新寵，尤其是歐洲特別喜好尖晶石，但是在台灣市場則乏人問津。總的來說，台灣市場上較為普遍、知名的半寶石品種包含水晶類、電氣石、綠柱石、黃玉、橄欖石、鋰輝石、丹泉石、蛋白石…等，但實際上每種寶石在顏色或品質上的市場喜好多有差異，雖筆者並未逐一列舉，讀者仍可從市場觀察中親自體驗。

圖為兩岸三地最搶手的阿卡全紅珊瑚胸針

第三節
市場偏好對珠寶消費者的影響

對投資型的珠寶消費者而言，變現性相當重要，雖然變現性主要受到寶石品種的影響，但是每種寶石品種的個別規格、等級要如何選擇才值得投資，這就是地域的差異。最明顯的例子就是鑽石，雖然鑽石的變現性極佳，但是若以大陸市場的喜好而言，30分、50分的鑽石並非主流，即使在台灣很受歡迎，相對而言需要變現時則較不容易。

同理，即使寶石的品種本身受歡迎，但是顏色、克拉數、淨度、車工、是否具有特殊現象（貓眼、星光、變色）等各種規格條件在不同區域的珠寶市場各有不同的偏好。

市場偏好與寶石挑選

以台灣市場為例，舉下列投資性寶石品種的市場偏好與挑選要訣列表說明：

表 3.3.1 投資性寶石列表

分類	寶石品種	市場偏好與挑選要訣
投資型寶石品種	鑽石	流行重量：30 分、50 分、1 克拉 淨度：VS 以上普遍可接受 顏色：GIA 證書 H 色級以上 車工：八心八箭 H&A 其他：各色彩鑽近年也越來越受歡迎
	剛玉家族	紅寶比藍寶受歡迎，顏色、淨度和火光都很重要，以紅寶而言可優先選擇顏色好的。玻璃充填、二度燒與鈹擴散等方法處理過的紅藍寶石較不被市場所接受。

投資型寶石品種		
	綠柱石家族	祖母綠最受歡迎，摩根石次之，再來是海水藍寶，黃色綠柱石市場上較少見。顏色很重要，色彩要中等淡色調以上，淨度除祖母綠外，盡量要目視無瑕。
	硬玉（翡翠）	綠色永不退流行，紫、紅、黃次之，黑色的墨翠近年較流行。市場上偏好透明度高且顏色好的翡翠，灌膠、染色的優化翡翠一般不被消費者接受，但市場上充斥這類產品。
	軟玉	白玉與黃玉是經典，綠色與黑色軟玉是近年頗受矚目的後起之秀。顏色好之外，質地越細膩、雜質越少，光澤與油潤度好的越受歡迎。
	金綠寶石家族	變石罕見稀有，金綠寶石貓眼很受歡迎，變石貓眼則是拍賣會的常客。變石的要求是變色現象要夠明顯，綠色—紅色個別至少要淡色調以上。貓眼的基本條件眼線要符合正、亮、直、細、活。
	黝簾石（丹泉石）	白光燈下正藍色至靛藍色最受歡迎，紫色次之。淨度要求高，火光要求次之。熱處理為市場普遍所接受。
	珊瑚	深紅珊瑚最受歡迎，桃紅珊瑚次之，粉紅珊瑚再次之。顏色是挑選重點，以深紅珊瑚為例，辣椒紅頗受歡迎，近年來市場上對於黑珊瑚、金珊瑚等角質珊瑚的喜好度也日漸增高。再則是大小、表面瑕疵多寡，需留意市場上很多珊瑚仿品。
	蛋白石	底色深且遊彩佳的較受歡迎，如黑蛋白石、火蛋白石通常較白蛋白石受歡迎。需留意市面上有許多人造蛋白石仿品。
	電氣石（碧璽）	色系廣泛，但最受歡迎的是紅色與綠色，尤其是接近祖母綠的鉻綠色。另外罕見品種為藍綠色的帕拉依巴電氣石。消費者對電氣石淨度要求通常不高，淨度好的作為刻面寶石，淨度差的作為凸面寶石或串珠，需留意市面多以灌膠電氣石充當高品質販售。

第四節
品牌珠寶的投資性

珠寶的投資價值主要來自寶石與貴金屬材質本身，但是珠寶的設計或品牌價值也不容忽視。昂貴的價格與尊貴的象徵通常奠基於其特殊的選材與製作工藝，而經典的珠寶品牌往往是在寶石選材、工藝技術與文化傳承上，歷經歲月的考驗與淬鍊所形成，因此知名的品牌珠寶亦為一種投資指標。

以知名國際品牌珠寶而言，雖然變賣時價格會折損，但有品牌加持往往使投資者更易於銷售變現。國際知名珠寶品牌不勝枚舉，如：卡地亞（Cartier）、寶格麗（Bvlgari）、蒂芬尼（Tiffany & Co）、梵克雅寶（Van Cleef & Arpels）、御木本（Mikimoto）、伯瓊（Boucheron）、哈瑞・溫斯頓（Harry Winston）、戴比爾斯（De Beers）、周大福 (Chow Tai Fook) 等。

每個品牌都有傳奇故事性，如卡地亞 1847 年成立於法國巴黎，一直為各國皇室、貴族與社會名流供應珠寶，為後世留下豐富的珠寶文化資產，更有人以「皇室的珠寶商，珠寶商中的皇帝」來比喻卡地亞的地位。

蒂芬尼也是充滿傳奇性，於 1837 年成立於美國紐約，從文具精品店演變為世界級的珠寶商。蒂芬尼最著名的就是 1961 年奧黛利・赫本所主演的「蒂芬尼早餐」，在片中一心想嫁入豪門的赫本，始終幻想著有一天能夠進入蒂芬尼這間珠寶店，輕鬆的享受早餐。從這部經典電影開始，蒂芬尼就成為高檔珠寶店的代名詞，也成為珠寶世界中的夢幻品牌。

御木本是由珍珠之父「御木本幸吉」於 1893 年成立於日本，御木本一百多年前養殖出了全世界第一顆人工養殖珍珠，之後就以珍珠養殖技術享譽世界，且被日本皇室指定為御用珠寶首飾供應商。御木本不只是珠寶品牌，更是珍珠的母親、日本的國寶。

投資品牌珠寶就是投資這些品牌的工藝技術、企業精神與經營文化。百年品牌經營不易，能在歲月的潮流中破浪前進，創造一片天地的珠寶品牌，相信自有其價值與經營的理念。如此眾多的品牌珠寶不論在設計風格與寶石選材上都提供給消費者更豐富且多樣的選擇。

品牌珠寶與非品牌珠寶的迷思在於，讀者是否願意花更多的錢買同等級的寶石所附加的品牌價值？市場上有兩種論調，有人認為品牌珠寶在於銷售時容易脫手，另一派則是傾向於認定珠寶本身材質的價值。舉例來說，同樣一顆鑽石，非品牌珠寶的通路賣出價位若為 10 萬，品牌珠寶專櫃售出價格可能高達 20 ～ 30 萬，這就端看讀者本身如何選擇。

第五節 國際重要珠寶展覽與交易市場

台灣是以末端消費為主的珠寶市場，由於區域性市場偏好的影響，並非所有的寶石品種或規格都可找到。但在網路發達、資訊流通的今天，這一切都不是問題，許多國際性的重要珠寶展覽或交易集散市場都可提供各類珠寶購買的管道和選擇。

表 3.5.1 國際珠寶展與拍賣列表

	展覽、拍賣名稱	舉行時間	主要展出內容
國際珠寶展與拍賣	香港國際珠寶展	三、六、九月	鑽石、有色寶石、銀或K金飾品、配件、工具
	泰國國際珠寶展	三、九月	鑽石、有色寶石、銀或K金飾品、配件、工具
	土桑礦物化石展	一、二月	礦物、化石與寶石，晶體、原礦與裸石
	巴塞爾珠寶鐘錶展	三月	鐘錶精品、鑽石、有色寶石、珠寶飾品
	佳士得拍賣	每年春秋兩拍	珠寶、藝術品、紅酒
	蘇富比拍賣	每年春秋兩拍	珠寶、藝術品、紅酒
	羅芙奧拍賣	每年春秋兩拍	珠寶、藝術品、紅酒

不論是珠寶消費者還是業者，這些國際性的展覽拍賣都是購買、投資或增廣見聞的最佳管道。兩岸三地也有很多的區域型拍賣或小型珠寶展，對於珠寶投資觀念和眼界都有很大的幫助。

除國際性的珠寶展與拍賣會之外，有許多寶石玉石集散市場也不容小覷。近年來，由於大陸市場的崛起，許多翡翠、玉石的加工與交易重鎮都轉移到中國大陸的幾個重要玉石集散地，例如：廣州、揭陽、四會、平州等。上至千萬下至百元，各種規格價位的翡翠玉石商品充斥於這些交易集散市集。

反觀台灣珠寶市場，由於買氣較弱，遂出現一有趣現象，早期有很多翡翠玉石從香港、大陸賣來台灣，而現在卻有更多業者來台灣回收翡翠、和闐玉、壽山石等，再轉賣回中國市場。

第六節
國內珠寶流行趨勢與市場變化

除了成為保值、結婚代言者的鑽石以外，市場上最主流且重要的寶石品種大概就屬紅寶石、藍寶石、祖母綠、翡翠（硬玉）與軟玉等等。鑽石、紅藍寶石與祖母綠由於世界知名的貴寶石品種，翡翠算是華人世界僅次於鑽石的重要寶石品種，軟玉則是近年來大幅增值且受到矚目的寶石品種。

由高檔老坑玻璃種翡翠與天然鑽石鑲製而成的珠寶首飾

翡翠在華人市場的重要性從各大珠寶拍賣會歷年來的價格即可觀察，如蘇富比、佳士得等重要拍賣會都充滿高檔翡翠拍品，而且拍賣金額與單價都屢創新高。由於台灣與大陸市場的連動，大陸地區的珠寶價格與市場趨勢對台灣有相當影響。自 2008 年北京奧運以後，軟玉開始受到矚目，過去由於翡翠是玉石收藏主流而軟玉價值長期被低估，但從京奧採用軟玉作為金鑲玉獎牌的素材之後，軟玉在珠寶界的能見度已大大提升。從價格增幅可看出，軟玉已逐漸受到市場的重視及寵愛。此外，台灣市場上還有許多寶石也相當受歡迎且價格屢創新高，例如電氣石（碧璽）、珊瑚、台灣藍玉髓等。

總的來說，珠寶消費者已經不再像過去眼中只有鑽石、黃金，更多的有色寶石品種逐漸受到大眾青睞，而且由於珠寶知識和通路的普及，對於珠寶投資品項的選擇也更廣泛。

珠寶銷售通路的類型與特性（珠寶展覽、百貨專櫃、珠寶店、銀樓、當鋪、玉市、網拍、電視購物）

消費者常問，珠寶究竟哪裡買才能買得對？買得安心？多數消費者在珠寶展覽、百貨專櫃和珠寶店購買珠寶，由於珠寶產業重視熟客經營，所以有店面、有品牌的專櫃店面或展商，較重視商譽及服務，消費者要退費或換貨都較容易。但因為店面、攤位或專櫃通路費用，相對而言消費者會付出較高成本。

銀樓雖然類似珠寶店，但是台灣一般銀樓本身的經營模式多以黃金為主，輔以鑽石類珠寶商品，鑽石以外的寶石較缺乏選擇性。當鋪在近幾年也成為頗為熱門的珠寶商品收購通路，在當鋪流通的珠寶通常以鑽石、翡翠、紅藍寶、黃金的二手珠寶商品為主，選擇性也不高，是否有高品質且划算的珠寶商品除了看運氣也看消費者眼力。玉市也是傳統上很多消費者購買珠寶玉石商品的管道，以臺北最知名的建國玉市而言，除了鑽石以外的寶石品種幾乎都可以買到，選擇性極高，但是品質好壞良莠不齊，天然或優化，真真假假充斥，沒有點底子還不容易買到好貨。

最近大行其道的非典型珠寶通路，例如網拍與電視購物，也漸漸被人們接受。網拍上的寶石品種選擇多，由於很多個體經營的網路店家，各類型的商品、價格琳瑯滿目，當然商品好壞真假也須多留意，購買網拍上低價位的珠寶商品時，消費者必須特別留意真偽與品質是否與賣家描述一致。電視購物在台灣開台近十年，目前已經成為相當重要的銷售通路，不管是 3C 商品、美容美保或是珠寶玉石都是如此。電視購物作為一個珠寶銷售通路，其優勢在於十天滿意鑑賞期內可無條件退換貨、分期付款和購物台通路控管珠寶品質等，對消費者有基本的保障。

不管選擇上述的何種通路購買珠寶商品，消費者本身對於這個商品要有基本的認識，才不會在商品的真偽、品質與價格上吃大虧。這也是本書的寫作目的，筆者希望消費大眾不只依賴廠商的自律和信譽，以自身的判斷力來掌握珠寶商品的真偽、品質與價值才是王道。

第七節 珠寶投資應注意事項

珠寶投資的優劣勢分析比較

1. 投資金額彈性，易於支配。

有不到數萬元的商品可投資，也不乏上千萬乃至上億的高端珠寶商品，相較於不動產或股票期貨的資金需求，上至富商巨賈，下至小資族群都可以切入珠寶市場。

2. 平均報酬高，選擇性多。

珠寶中最重要的貴金屬就是黃金，黃金過去 30 年間漲幅最高達 6 倍。市面上的寶石品種雖有上百種，但並非全部都是適合投資的標的。筆者區分為投資型和消費型，投資型通常有相對穩定的價格，且價格每年穩步上揚，消費型則是價格較不穩定。

以投資型寶石品種觀之，鑽石是投資者的最愛，以 2014 到 2015 年間，不同克拉數的鑽石平均漲幅達到 20% ～ 30%，市場上最搶手的 3 ～ 5 克拉鑽石甚至超過 30%。非洲及東南亞生產的高檔紅藍寶石在國際珠寶市場上的價格也屢創新高，據業者透露，高品質的大克拉數紅藍寶近五年漲幅約介於 5 ～ 10 倍之間。祖母綠為四大寶石之一，漲幅也很可觀，市場觀察其年漲幅約在 20% 以上。

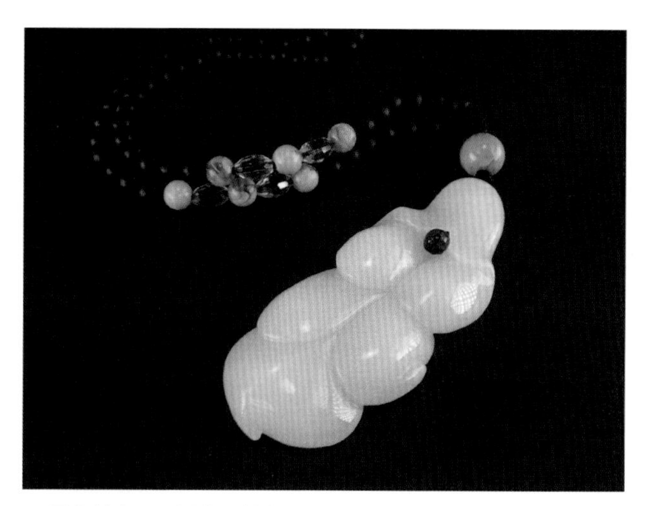

圖為羊脂白玉掛件，據報導高檔和闐白玉 30 年漲幅近萬倍

翡翠近年已躍升成為四大寶石之外的首選，市場熱度甚至超過祖母綠，最直接的觀察就是翡翠在歷年拍賣會的成交價格屢創新高，撇開拍賣會不談，從市場上調查也不難發現近五年間，高品質翡翠漲幅甚至遠遠超過 10 倍。繼翡翠之後，軟玉（閃玉）也成為炙手可熱的投資品項，根據新疆寶玉石協會的統計數據，1980 年每公斤和闐白玉僅 100 元人民幣，至 2006 年為止上漲至每公斤 10 萬元整整千倍之譜。現今另有一說是和闐玉價格已上漲超過萬倍。

3. 風險性低，沒有週期性漲跌。

以 2008 年雷曼兄弟連動債風暴為例，當時各種金融投資商品幾乎全倒，多少基金經理人、分析師都愁雲慘霧。但即使在這麼艱困的時刻，鑽石只跌了約 8%，而且次年就漲回，再隔兩年不但漲回，還超越雷曼兄弟債風暴之前的最高峰，價格再創新高。

紅藍寶石與翡翠雖無官方統計，以市場交易熱絡度觀察，並沒有受到很大的影響，珠寶投資穩定漲又抗跌就像是天上掉下來的禮物，所有的貴金屬、寶石都屬於不可再生之自然資源，就像石油一樣，終會枯竭絕礦。基於這個道理，就算鑽石、紅藍寶石、祖母綠、翡翠、軟玉與黃金，價格已居高不下，筆者認為，短期也許受景氣影響小跌，但是長期絕對看漲。

4. 變現性低，適合中長期投資佈局。

珠寶投資最為人詬病的就是變現性，所有的珠寶商品中，只有黃金算是最好變現的商品。黃金漲幅穩定緩慢，但易於脫手換現金，銀樓、當舖、珠寶業者也有提供回收黃金變現的服務，消費者僅需吸收回收過程的火耗、損耗，即使是不純的 K 金也可回收。

寶石類型商品變現性最佳的就屬鑽石，只是交易的管道和對象多所限制。以鑽石商的立場，一顆鑽石只要售出就等於變現，而多數消費者卻只能將鑽石回售給業者或在當鋪中典當換現金。回售給業者通常會有折損，大部分業者承諾 7 ～ 8 折回收鑽石，最高曾聽過承諾 9 折回收，至於典當僅 4 ～ 5 折。因之鑽石不適合做短期投資，回售的折損就可抵去一年之漲幅。紅藍寶、祖母綠、翡翠、軟玉又較鑽石更不易變現，但是翡翠、軟玉在華人地區要找到買家相對容易許多，且由於漲幅大，連一般消費者都可在五年間翻倍獲利。

投資或買賣珠寶要注意什麼？

珠寶投資最大的投資風險不外乎是買到假（品種）、買到差（等級）或買到貴（價格）這三點，所以完全不懂珠寶的入門者投資起來容易吃虧。所以讀者要有最基本的認識，比方說這寶石有哪些仿品？有哪些優化處理的問題？等級好壞的大致標準在哪裡？雖說不可能像珠寶鑑定師一樣專業，但有了基本概念，也能看懂珠寶保證書或鑑定書其中奧妙。

除了自己本身的基礎知識外，購買珠寶還是應該要相信專業，千萬別為了省下千元鑑定費而買到假貨贗品反而損失上萬元。包括台灣或國外都有許多知名的鑑定所，消費者可依據自己的喜好、習慣與便利性選擇協力廠商公正單位開立寶石鑑定報告以確保珠寶真偽與品質。

此外，多數消費者習慣在出國時購買珠寶，以筆者的經驗，出國最好是多聽、多看、少買！原因很簡單：一、出國買珠寶，受騙機率高，且跨國退貨不易，在國內店家購買至少不至於退貨求償無門。二、從旅行社、商家和導遊地陪等層層關卡都要抽成，即使寶石為真，價格上也是一隻牛剝三層皮，消費者很難佔便宜。

根據筆者經驗，消費者越是認為到產地可以撿到便宜，受騙上當的機率反而越高，戒之慎之！如果消費者自身不具備珠寶知識或專業，完全盲從店家的銷售說法很容易花大錢卻只買到教訓。筆者建議至少需注意下列幾點：

1. 資金配置要注意

除非是從事珠寶銷售專業，能快速售出商品，否則投資都是中長期佈局為主，既然是長期投資，最忌諱一下子缺錢需要變現，量力而為方能長久。

2. 需具備基礎珠寶知識

只有自己瞭解珠寶，才有可能從珠寶獲利。並非要讀者具備珠寶鑑定師之專業，而是對於所投資的商品品項有基本認識，更深入的部分可交由信任的鑑定所及鑑定師來辨識。就好像，身為美食家不一定要自己成為名廚的道理一般，只要懂得鑑賞寶石的品質優劣，寶石的鑑定就交給專業鑑定所。

3. 投資項目的選擇

除了依自身喜好來選擇，自己瞭解的、熟悉的品項也是一個方向，不論是寶石品種、知名品牌、名設計師作品或古董珠寶，眼光對就能選到好投資標的。建議初學者投資珠寶應以寶石品種為優先考量，好處是若選對了寶石品種，價格漲跌單純受自然資源稀少性與市場供需影響，若選擇品牌珠寶、設計師之作或古董珠寶，商品價格會受到很多人為因素影響，且鑑定常有爭議性。

4. 創造屬於自己的珠寶變現管道

投資珠寶最無奈的是，看著手上的投資品年年翻漲，卻無法即時變現。大部分投資者都是急需用錢才開始找管道銷售，這就好像臉上寫著我～缺～錢，無論是誰跟你買都會壓低價格。最佳方式就是平常就參加各種寶石相關的協會、演講、珠寶課程等等，透過結交同好，瞭解彼此間對珠寶的喜好以及需求，這些同好未來可能就是屬於你自己的珠寶客戶以及變現管道。

網路的發達，即使完全沒有人脈關係，也沒有結交任何珠寶同好，投資者只需將珠寶商品整理如新，放到網路拍賣或社群上待價而沽即可。頂級珠寶則可以透過蘇富比、佳士得或是一些區域型的珠寶拍賣公司銷售。假如上述管道都行不通，又真的急於變現，才考慮效益最低的典當變現，典當除了一般民營當鋪以外也可向各地區的動產質借處詢問。總結一句話，珠寶投資要從平時培養客戶，那怕只是配戴著你所投資的珠寶也可能吸引潛在客戶的目光。

第八節
第三方鑑定或公證的必要性

站在鑑定師的立場，寶石買賣尋求鑑定所開立鑑定書或是進行公證是理所當然，但是商家立場未必如此。實務案例中發現，有爭議的寶石交易可歸納為三類：一是無證鑽石【註】，鑽石的顏色和淨度跳級；二是買賣過程中，寶石有優化處理而未告知；三是銷售合成與天然仿贋品的詐欺行為。

【註】實用寶石 Q&A

無證鑽石一般指沒有透過 GIA、IGI 或 HRD 等國際級鑑定所開立鑑定分級證書的鑽石，這類的鑽石通常等級較差，常有許多來路不明的鑑定證書爲這些鑽石做「跳級鑑定」，因此並非寫英文的外國證書都是「國際證書」，必要時也可請國內可信賴的鑑定單位複驗鑽石等級。

買賣最忌因小失大，消費者常有的心態就是：「不鑑定，省下的鑑定費等於現金折價。」曾經有個消費者花了數萬元購買一對玉石貔貅，賣方宣稱是墨翠雕件，結果經由拉曼光譜儀器檢驗確認是蛇紋石製品，一開始沒有鑑定後再行交易，後果令這位客人悔不當初。

中立鑑定單位的角色不只是保護消費者，也保護業者，特別是中下游零售廠商，若是上游廠商把關不嚴格，出了有問題的貨到零售商，零售商基於信任也沒有檢驗，等到真正發生消費糾紛，受害最深的就是零售商。好比台灣的食安問題，上游大廠推拖拉，可憐下游零售商業績慘跌，甚至關門歇業。

鑑定所的角色是保障雙方的交易過程不要出現瑕疵，交易商品沒有問題。某種程度上就像是房屋仲介業者，只是鑑定所不買賣珠寶，只在買賣過程中鑑定與公證，部分鑑定所甚至提供消費者贋品開證以利退費的服務，聰明的消費者一定要瞭解鑑定所的儀器、設備與標準，才不會在珠寶交易中吃虧上當。

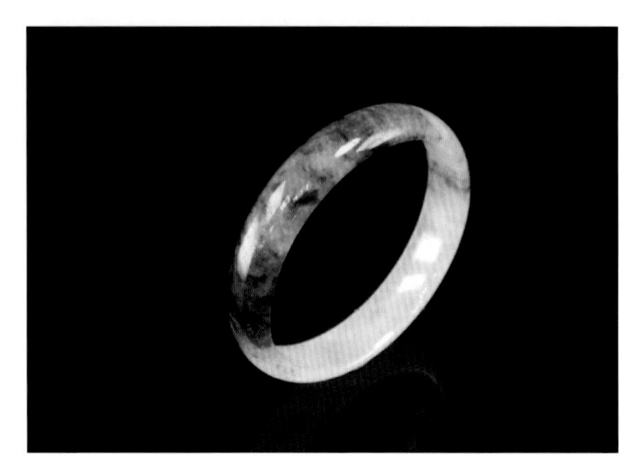

八三料翡翠製成的玉鐲，經過酸洗灌膠優化處理，外觀與 A 貨翡翠無異

如何閱讀寶石鑑定書

無論是一般消費者或珠寶業者，珠寶交易過程中都承擔著許多風險，如何避免買到錯誤的品種或是有優化處理卻未告知的爭議，是買賣雙方的重要課題。第三方公證單位，也就是一般所說的鑑定單位在過程中扮演重要的角色。

鑑定單位提供的書面報告一般有兩類，一類是鑽石分級報告，另一類是寶石鑑定報告。鑽石分級報告除了需確認是否為天然鑽石，還進一步將天然鑽石的分級細節詳載於報告中，以利消費者確認鑽石等級或價格，鑽石分級報告細節將於鑽石章節中詳述。

寶石鑑定報告一般是記載寶石的品種、優化處理或是產地來源等資訊，並不包含分級細節。在寶石鑑定報告中通常會有寶石重量、寶石尺寸以及實物照片等可供消費者比對，國內的的寶石鑑定中心習慣上會將寶石的鑑定特徵也記載於報告上，如折射率、比重、螢光性或硬度等。

報告通常包含受測寶石樣本照、樣本描述、鑑定特徵、備註說明、鑑定結論、光譜圖以及鑑定師簽章等項目。不同鑑定單位所使用報告格式有所差別，且各單位的儀器設備及鑑定標準也不盡相同，甚至連防偽措施也是如此，聰明的消費者應該對證書上所提供的資訊詳加瞭解才能確保自身權益。

以台灣聯合珠寶玉石鑑定中心的新版寶石鑑定報告書為例，樣本描述是以車工形狀、顏色、透明度、尺寸與重量等項目具體描述受測之寶石樣本，讓消費者可以確認報告與實物相符；鑑定特徵則是受測樣本的寶石學特徵，包括比重、折射率、硬度、螢光和顯微檢查，若消費者自己有寶石儀器可測試，這些項目可作為進一步驗證真偽的依據；備註評論主要是針對優化處理、產地判別或是其他欄位上所沒有的項目之說明；光譜圖則是鑑定所視需要作為補充說明的項目。

即使是國際知名的鑑定中心，各單位的儀器設備條件或是鑑定標準都差異甚鉅，消費者必須瞭解這一點才能夠確保買賣不吃虧，舉例來說：瑞士寶石實驗室 GRS 有其自身的比色標準，當該鑑定所認定一顆紅寶石為鴿血紅時，僅代表符合 GRS 自身標準，未必是市場公認的最高品質鴿血紅紅寶。類似的鑑定標準差異也常見於翡翠種地、軟玉顏色分類、優化處理情形等判定上。

GEM CERTIFICATE
TULAB of Gem Research

REPORT NO: TSR150000014
DATE OF ISSUE: 2015/08/04
TSR150000013

■ PHOTOGRAPH OF OBJECT

■ COMMENTS:
No indication of gem enhancement.
受測樣本經檢驗為天然軟玉未顯示優化處理跡象，商業上稱為「白玉」。

符合天然軟玉之光譜特徵

FT-IR, RAMAN SPECTRUM, EDXRF AND UV-VIS ANALYZED
樣本經紅外線光譜、拉曼光譜、X 光螢光光譜與紫外可見光吸收光譜等高階儀器掃描

■ DESCRIPTION

SHAPE AND CUT	Carved Pendant
COLOR	White
TRANSPARENCY	Translucent
MEASUREMENTS	0 × 0 × 0 mm
WEIGHT	0.000 gram

■ IDENTIFICATION FEATURES

SPECIFIC GRAVITY	2.96
REFRATION INDEX	(S.R.)1.61
HARDNESS	6.5
FLUORESCENCE:	Inert
MAGNIFICATION:	Natural Inclusions
LOCALITY OF ORIGIN:	

QR REPORT CHECK

CONCLUSION:
Nephrite Jade
天然和闐玉(白玉)

Taiwan Union Lab of Gem Research
Analyzed by
GIA Graduate Gemologist

Formal reports issued by TULAB follow the principles and standards of TULAB; recipient of this report is deemed to accept the relevant contract printed on the reverse side of cover.
台灣聯合珠寶玉石鑑定中心所發行的任何形式之正式報告均依循中心的鑑定標準與原則，若無異議，此報告之受方視同接受本報告封套內頁所列印之相關條款與法律聲明。
[TULAB]・9F-1,No.92, Fuxing N. Rd., Zhongshan Dist., Taipei City 104, Taiwan(R.O.C)・台灣聯合珠寶玉石鑑定中心・台北市中山區復興北路92號9樓之1
TEL:886-2-2752-5292・FAX:886-2-2752-5290・http://tulab.com.tw・Service@tulab.com.tw・證書多重防偽，仿冒翻印必究

台灣聯合珠寶玉石鑑定中心新版證書型式

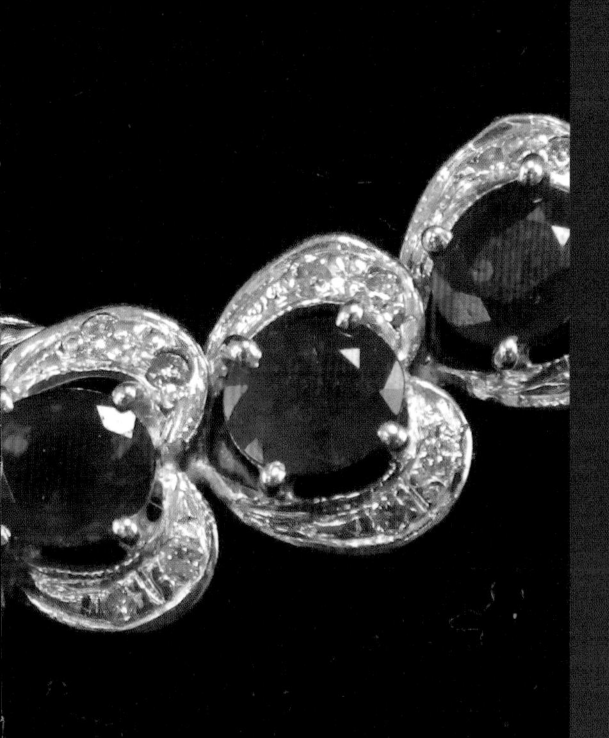

CHAPTER 4

投資型寶石品種

第一節
玉的定義與各類地方玉石

玉的古代與現代定義

東漢許慎說文解字中定義玉為「石之美，有五德：潤澤以溫，仁之方也；理自外，可以知中，義之方也；其聲舒揚，專以遠聞，智之方也；不橈而撓，勇之方也；銳廉而不技，潔之方也。」意思是指色澤溫潤；表裡如一；敲擊聲悅耳；堅韌而不可彎折；磨製後稜角方正，而不會割傷人的美麗石頭即為玉。

中國古代的「玉」以角閃石類的軟玉為主，但由於西方寶石學的影響，翡翠類的「硬玉」也歸類於「玉」的學術定義中，不屬於此二者的其他寶石即使外觀如玉，也只能稱為類玉材質 (Jade Simulants)，一般統稱為「地方玉石」。地方玉石的種類頗多，買賣上也常產生爭議，主要爭議在於買賣雙方認知不同或消費者未被完整告知。類玉材質可以分為礦物、岩石和人造仿品三大類，而以礦物類最多。

	硬玉	軟玉
化學成分	鈉鋁矽酸鹽 [$NaAl(SiO_3)_2$]，含有鐵、鉻、錳導致其顏色。	含水的鈣鎂矽酸鹽 [$Ca_2Mg_5Si_8O_{22}(OH)_2$]，鐵致色。
晶系	單斜晶系	單斜晶系
礦物種類	硬玉、綠輝石、鈉鉻輝石、霓石	透閃石、陽起石
結構	粒狀、交織鑲晶狀結構	交織鑲晶狀結構
顏色	紅、橙、黃、綠、紫、黑、白	白、黃、綠、黑、褐紅、灰紫
硬度	6.5-7	6-6.5
比重	3.30-3.36	2.90-3.06
折射率	1.66	1.61
產地	緬甸、俄羅斯、日本、瓜地馬拉	台灣、中國、紐西蘭、加拿大等

像玉卻不是玉的天然礦物岩石類 - 類玉材質

市場上可見的類玉材質種類繁多，通常多屬聚晶寶石，由許多細小的礦物晶粒所組成，外觀呈現半透明至半透光，顏色多樣。這類材質包括蛇紋石、螢石、地開石、伊利石（絹雲母）、白雲石、水鎂石、葉蠟石、滑石、方解石、菱鐵礦、天河石、鈉長石、黝簾石(黝簾石岩)、葡萄石、斜綠泥石、石膏等。

1. 蛇紋石玉（又稱鮑文玉 Bowenite 或岫玉）

印度產的綠蛇紋石

最知名者為中國岫岩玉或稱岫玉（遼寧岫岩）、南方玉或廣東玉或信宜玉（廣東信宜）、祈連玉。這類蛇紋石玉顏色淺，Fe_2O_3 一般在 1.5% 以下，市面上所謂的「台灣墨玉」，是含大量磁鐵礦的蛇紋石，薄至 1mm 時局部可透光。蛇紋石若鐵含量高則呈現深綠色，如印度畢哈省產的綠色寶石級蛇紋石蛋面。

2. 石英質玉

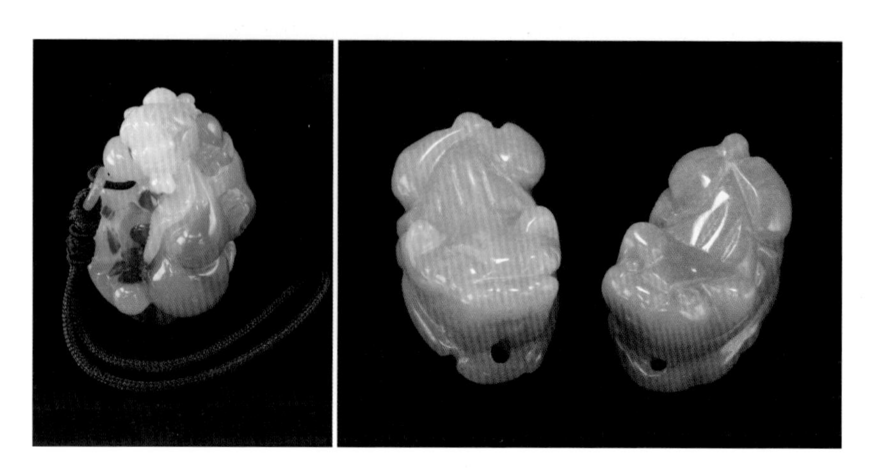

圖左為瑪瑙把件，圖右為黃龍玉貔貅雕刻，兩者皆屬常見的石英質玉石

石英分為單晶(顯晶)和聚晶(隱晶或微晶)兩類，單晶石英指的就是各種顏色的水晶，聚晶則依其外觀、結晶大小及生成方式分為幾類：石英岩、玉髓、瑪瑙、砂金石、碧玉。瑪瑙在春秋戰國古玉極為常見，近代則稱瑪瑙或玉髓為蘇玉或蘇州玉。瑪瑙二字均有「玉」字邊，可見古人確實將瑪瑙視為玉石的一種。石英岩稱玉者有東陵玉(砂金石)及貴翠(含銅藍綠色石英岩)，另外，雲南也出產一種色黃如翡翠的石英岩，市場上稱之為「黃龍玉」，黃龍玉結晶顆粒明顯，顯微鏡下呈現粒狀結構，時有灑金現象，與黃玉髓有別。

3. 長石質玉

獨山玉屬於變輝長岩或黝簾石岩、菲律賓玉屬斜長石含有鈣鉻榴石，外觀上類似白底青翡翠。獨山玉隨著共生礦物成分不同有白、綠、黃、或黑等不同顏色。另有一種緬甸產的聚晶鈉長石，具有如冰種翡翠的外觀，內部通常有許多如水沫般的棉狀內含物，市場又稱之為水沫子或水沫玉。

獨山玉雕件與手鐲，以長石和黝簾石成分為主的獨山玉有各種顏色：黑、白、綠、黃等

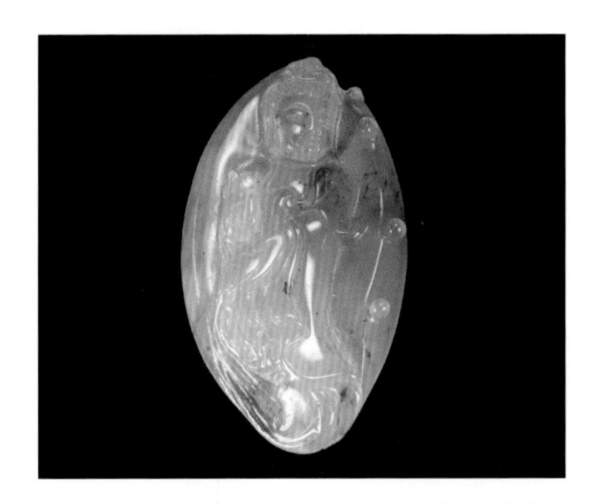

緬甸產的鈉長石水沫玉具有類似冰種翡翠的外觀

4. 綠松石（土耳其石）

綠松石，俗稱土耳其石，越王勾踐之劍鑲有土耳其石。章鴻釗在石雅稱秦至唐代之傳國璽為湖北荊山之綠松石所製。

藍綠色的天然綠松石手珠

5. 白雲石玉（白雲岩玉）

蜜蠟黃玉產於新疆哈密，是一種呈現蜜蠟般黃色的白雲石。河北房山產的白雲石為白色，市場上稱為京白玉，亦有一說認為京白玉為石英岩的商業名稱。

6. 方解石玉（大理岩玉）

藍田玉是一種蛇紋石化大理岩，市場上又稱之為貴州玉，通常含有方解石、白雲石與蛇紋石等礦物。另有純的大理石，一般稱為漢白玉或阿富汗白玉。

7. 鈣鋁榴石、水鈣鋁榴石

水鈣鋁榴石外觀上與翡翠極為相似

有新疆哈密翠及南非玉之稱。鈣鋁榴石玉是 80 年代末出現於珠寶市場上的一種玉石材料，如 90 年代初稱為青海翠的半透明的鈣鋁榴石玉與翡翠的外觀極為相似，一度曾有相當的知名度，而水鈣鋁榴石則是南非特蘭斯瓦爾 (Transvaal) 出產的，也稱為南非玉或特蘭斯瓦爾玉。

8. 滑石玉

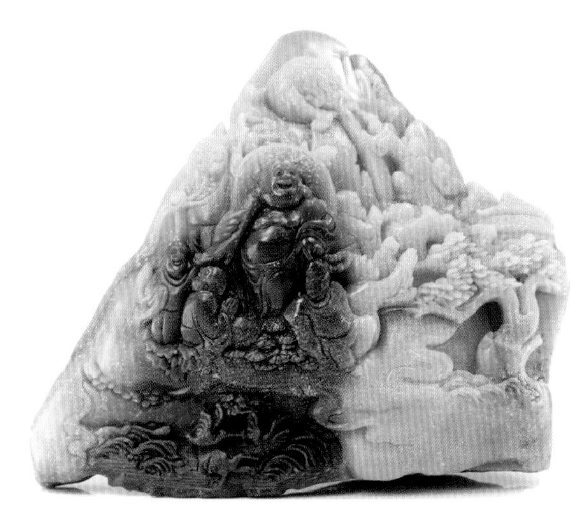

滑石質的萊州石雕刻擺件

萊州石主要由斜綠泥石與滑石所構成，外觀如凍石類印材石，硬度低於 4 度，質地滑膩，蠟狀光澤，呈透明或半透明，隱晶質結構。產於玉石礦區周圍的綠凍石，呈淺綠、墨綠、深綠等色。滑石類，主要產於萊州市粉子山等地，有白黑紅黃、粉紅或其他雜色；質地緻密而軟，硬度僅 1 ～ 1.5 度，因其性軟，不宜精雕細鏤。

9. 斜綠泥石玉

斜綠泥石為主的地方玉包含甘肅玉、祈連玉或遼石等，染色斜綠泥石常作為仿田黃壽山石之用。

10. 含鉻絹雲母玉

廣綠玉（廣東陽江）又稱廣東綠，是一種含鉻絹雲母質玉石，質地細膩如玉，溫潤的隱晶質塊體可製精美玉器。以純綠、淺黃、奶白、黃中帶綠色者為上品，顏色均勻純正的淡綠、碧綠、墨綠色品種最受歡迎。

雅安綠石，產於四川雅安，細膩如玉，綠如翡翠，以含鉻絹雲母為主要成分，硬度不高，適合雕刻，常做為印材石、雕刻材質或掛飾使用。西安綠石，微綠或淡綠，燈光下色略濃，半透明或微透明，全透明者較少，摩氏硬度在 3 左右，用一般硬物能在石上留痕，易於入刀，一般用於刻製印章和擺件，產量較少，篆刻者所珍視。

11. 薔薇輝石

薔薇輝石即台灣知名之玫瑰石，又稱京粉翠、桃花玉或粉玉，中國大陸主要產於河北昌平。

12. 水鎂石

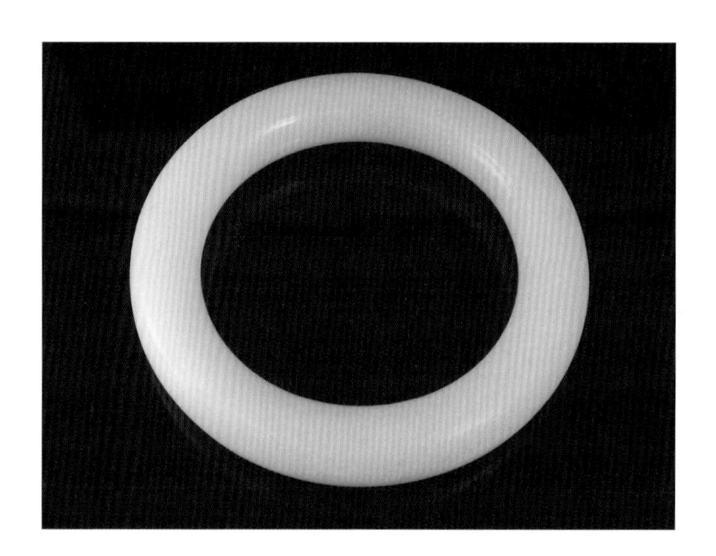

白色的水鎂石手鐲與白玉極為相似

水鎂石常與蛇紋石伴生，遼寧岫玉 (蛇紋石) 的常見共生礦，但現代大塊者極罕見，水鎂石風化後呈現白色，似白化蛇紋石。

13. 葉蠟石

葉蠟石為常見的印石材質，包含壽山石、青田石或越南老撾石，顏色多樣，質地細膩呈現蠟質光澤。

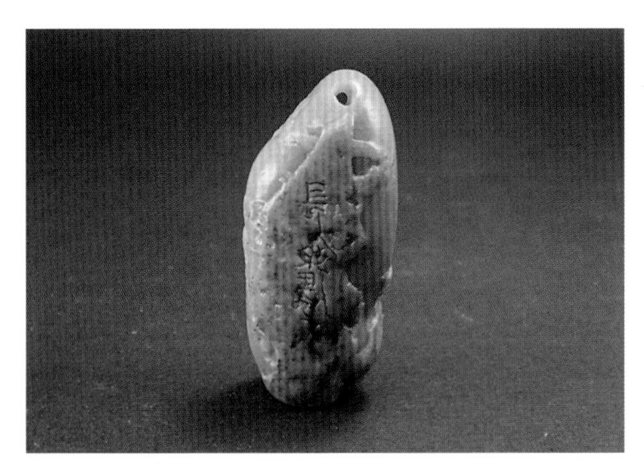

葉蠟石雕件，葉蠟石是壽山石的主要成分之一

人造玻璃類 - 類玉材質

純石英要攝氏1600度以上才能熔融為玻璃，一般統稱「石英玻璃」。若加上氧化鈣、氧化鎂、氧化鈉和氧化鉀等成份，則可使熔解溫度降至1000度左右。這種玻璃通常稱為鈉鈣玻璃，亦稱為琉璃。琉璃在我國古代被認為是貴重的寶石之一，甚至佛教七寶也將其列於其中。

於玻璃中加入氧化鉛，則產生所謂的鉛玻璃。鉛玻璃一般又稱為水晶玻璃，多由歐洲運來。鉛玻璃折光率高，所以光澤更閃爍而美麗。玻璃仿製玉石在今日市場上相當常見，甚至達到真假難辨的地步。市場上最常見的玻璃仿玉就是乳白色玻璃仿白玉，目前最新的技術是以「強化玻璃」仿白玉，維妙維肖，質地堅韌且聲音清脆。

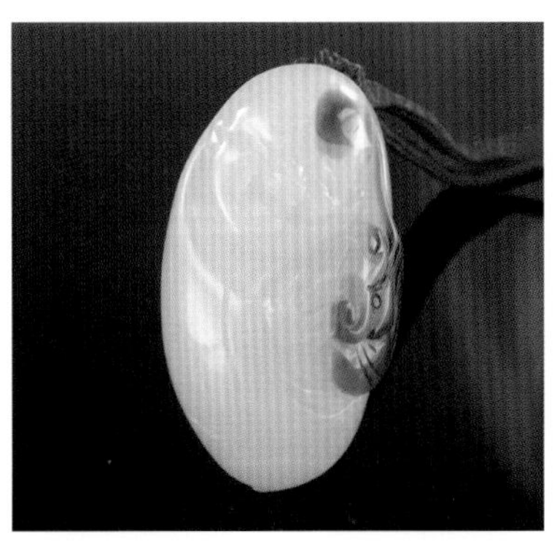

惟妙惟肖的玻璃仿和闐糖白玉雕刻把件

玉及類玉材質的化學成份與物理性質表

礦物種	化學成份	比重	硬度	特徵
水鎂石	$[Mg(OH)_2]$	2.4	2.5	可入刀
蛇紋石	$[Mg_3Si_2O_5(OH)_4]$	2.53	4—5	可入刀帶磁性
正長石	$[KAlSi_3O_8]$	2.56	6—6.5	綠藍色帶格眼稱天河石
高嶺石	$[Al_2Si_2O_5(OH)_4]$	2.63	2—2.5	可入刀
地開石	$[Al_2Si_2O_5(OH)_4]$	2.62	2.5—3	可入刀
石英	$[SiO_2]$	2.65	6.5—7	有紋理稱瑪瑙，果凍狀稱玉髓
綠松石	$[CuAl_6(PO_4)_4(OH)_8 5 \cdot H_2O]$	2.7	5—6	常有黑色泥紋
方解石	$[CaCO_3]$	2.71	3.0—3.7	鹽酸起泡
斜綠泥石	$[(Mg,Fe)_5Al(Si_3Al)_{10}(OH)_8]$	2.74	2—2.5	或綠、或黃，可入刀
鈣長石	$[CaAl_2Si_2O_8]$	2.76	6—6.5	
滑石	$[Mg_3Si_4O_{10}(OH)_2]$	2.78	1—2	有滑潤觸感，可入刀，指甲可刮
伊利石	$[KAl_2(Si,Al)_4O_{10}(OH)_2 \cdot H_2O]$	2.8	2—2.5	絹雲母為次生伊利石，常呈綠色
白雲石	$[(Ca,Mg)CO_3]$	2.85	3.5—4	溫鹽酸才能起泡，可入刀
葉蠟石	$[Al_2Si_4O_{10}(OH)_2]$	2.85	2	可入刀，滑潤觸感
頑火輝石	$[Mg_2Si_2O_6]$	3.2	5—6	

第二節
軟玉概說：軟玉的性質、鑑定與商業分類

在礦物學中將玉 (Jade) 區分為軟玉 (Nephrite，閃玉) 與硬玉 (Jadeite，輝玉)。玉在西方曾被認為是可以用來治腰或腎病的藥，而古老的中國，玉本為祭祀禮器，後更成為官階和地位的象徵，上至王侯將相，下至文人雅士，無不愛玉。一般民間更相信玉可以驅邪避兇，消災解厄。東漢許慎在說文解字中提到玉有五德 (仁、義、智、勇、潔)，或許該說玉不只是一種寶石，也是中華文化的精髓所在。

軟玉學術定義

白玉精雕香囊掛件，因軟玉擁有高韌性，更容易展現精細的雕工

長久以來將閃玉 (Nephrite) 稱為軟玉，主要是因為其硬度介於6~6.5，相對於翡翠類的輝玉 (硬度 6.5-7) 稍軟，故稱之。寶石學上將軟玉定義為一種高韌性而緻密的透閃石或陽起石，是玉的一種，與硬玉最大之不同除了成分以外，軟玉是很早就位列中華文化中的古玉材質，堪稱古代四大名玉之首 (和闐玉、岫玉、獨山玉與綠松石)。

文獻上，軟玉的硬度為 6 至 6.5，而硬玉為 6.5 至 7，所以日人將 Nephrite 譯為軟玉，Jadeite 則為硬玉，目前華人地區多沿用此名稱。

台大地質系譚立平教授提出過去以莫氏硬度計量測的方法不準確，而過去的硬度測定只針對少數特定標本，因而部份「軟玉」比「硬玉」更硬，這種不合理的譯名應該更改。因此譚教授便建議國立編譯館將 Nephrite 譯成閃玉 (主要礦物為透閃石與陽起石)；而 Jadeite 譯為輝玉 (主要礦物為鈉輝石)，這樣以其內部主要礦物成分來加以命名，目前市場上仍多沿用「軟玉」名稱，台灣學界則使用「閃玉」一詞。

和闐玉由來

「和闐玉」自古以來代表著新疆和闐出產的軟玉之代稱，名列中國四大名玉之首，清朝翡翠傳入中國之前，和闐玉是中國最重要的國寶、國石之一。根據文獻所述，和闐玉本身不是地域概念，並非特指新疆和闐地區出產的玉，而是一類產品的名稱。現今中國國家標準將透閃石成分為主，呈現交織鑲嵌結構的軟玉都命名為和闐玉，狹義上講的和闐玉則泛指新疆和闐地區所產的軟玉，依產狀可分為籽料和山料。河川裡撈拾的軟玉礫石稱為「籽玉」或籽料，品質上乘但產量極低；礦山上開採的原生礦稱為「山料」，產量較多但品質不均；此外還有一種「戈壁料」泛指崩落到沙漠中的玉礦石，經過長時間風蝕，去蕪存菁後所留下的高品質玉料。和闐玉和湖北的綠松石、河南南陽玉、遼寧岫岩玉並稱為中國四大名玉。和闐玉主要分佈在新疆的莎車—塔什庫爾幹、和闐—于闐、民豐—且末一帶綿延 1500 公里內的崑崙山北坡，共有九個產地。因為這裡產出的玉石品質上的相同，人們習慣上統稱其為「和闐玉」或「崑崙玉」。

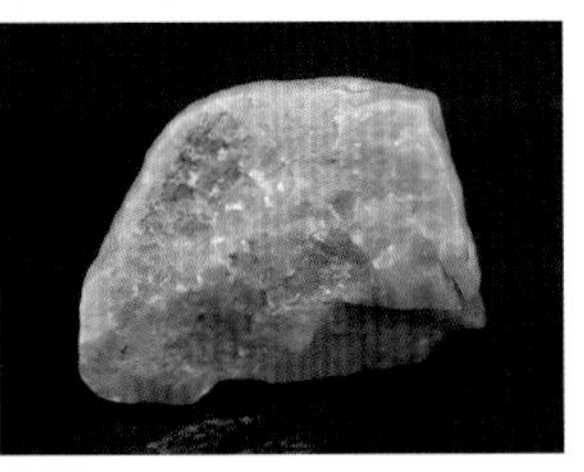

圖左為和闐玉籽料、圖中為山料、圖右為戈壁料

2008 年中國舉辦了有史以來第一次北京奧運，在這次奧運中，中國向全世界展現了國力，順便也推廣了中國國寶 - 和闐玉。將崑崙軟玉中的白玉、青白玉和青玉鑲嵌於金銀銅牌當中，讓全世界都刮目相看。從北京奧運以後，中國行銷國產軟玉成功，2010 年時，順勢將「和闐玉」名稱納入到「中華人民共和國國家標準」之中。

所以，依據上述兩個標準全中國所有質檢站、鑑定所只要是軟玉都根據中國國家標準開立和闐玉證書，因此現今和闐玉一詞已不具有原始產地意涵。

軟玉物理化學性質

軟玉屬於單斜晶系，比重在 2.96 ~ 3.04(台灣玉而言)，折光率在 1.604 ~ 1.631，雙折射約 0.021 至 0.027。軟玉由透閃石或陽起石這種含水的鈣鎂鐵矽酸鹽構成，水、鈣和矽是共同的成份，純透閃石的化學成份是 $[Ca_2Mg_5Si_8O_{22}(OH)_2]$，而陽起石的定義一直在變化。台灣學術界稱軟玉為「閃玉」，根據台大地質系譚立平教授的研究，台灣、韓國與加拿大的軟玉主要成分較接近透閃石，如果透閃石和陽起石總值為 100%，透閃石則佔約 85 至 91% 左右。陽起石的定義是含鎂鐵的閃石類礦物，成份是 $[Ca_2(Mg，Fe)_5Si_8O_{22}(OH)_2]$。

軟玉硬度與韌度

軟玉和硬玉的莫氏 (Mohs) 硬度在百多年前分別定為 6 ～ 6.5 及 6.5 ～ 7。實際上，硬玉由多種輝石類礦物所組成，構成硬玉的礦物包含硬玉、透輝石、霓石、綠輝石與鈉鉻輝石等，這些礦物的硬度分布約介於 5 ～ 7 之間，由此可見，特定成分下，軟玉的確有可能比硬玉還硬。

硬度除了莫氏硬度以外，還有一種更為準確的維氏硬度 (Vickers Hardness)，莫氏屬於相對硬度，維氏硬度屬絕對硬度（參照第二章硬度之說明）。根據台灣學術界的研究 (譚立平 1978)，台灣軟玉以維氏硬度測量後換算為莫氏硬度，其硬度值介於 5.8-7.1 之間。

韌度與硬度是完全不同的概念，如果硬度是抵抗刮擦的能力，韌度則是抵抗破裂、斷裂的能力。軟的在數百倍的偏光顯微鏡下觀察，透閃石與陽起石晶體呈現有如毛毯纖維般的交織鑲嵌狀結構，這樣的結構使軟玉成為所有寶石材質中，韌度最高的王者。堅韌的材質特性，使軟玉成為最適合雕刻的玉材，即使是花、草、蟲、鳥等題材上，最細微的雕刻細節都可以在軟玉材質上唯美的體現。

軟玉在偏光顯微鏡高倍下所呈現的交織鑲嵌狀結構

軟玉顆粒度與價值評判標準

雖然文獻指出軟玉是由細粒至微粒的透閃石 - 陽起石的集合體，普通玉的顆粒較粗 (30 至 300 微米)，蠟光玉顆粒更細 (通常僅數微米)，羊脂玉質地最細密(可達0.07微米)。市場上對硬玉的標準圍繞在種、色、水、地之上，軟玉則是以油潤度 (脂度)、顏色與綹裂雜質等。和闐「羊脂白玉」號稱所有軟玉之最，以具有高脂度 (綿密)、高白度 (色如割肪，細若凝脂) 且無綹裂、無筋紋、無雜質著稱。

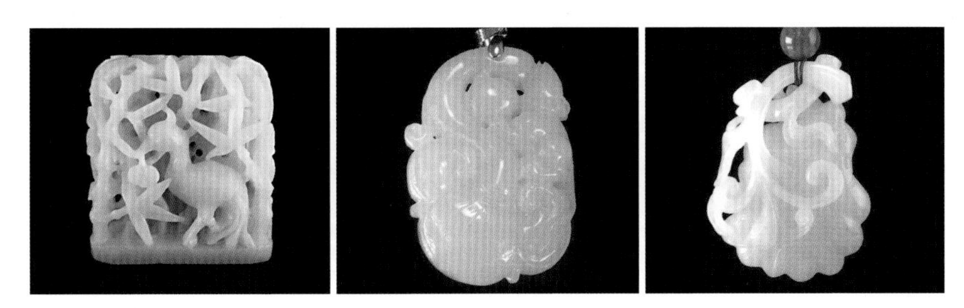

圖左白玉脂度差且質粗多筋紋、圖中白玉白度略遜一籌但脂度佳、圖右白玉白度高且質細膩

中國市場偏愛羊脂玉，截至 2014 年為止，據報導羊脂白玉拍賣價格最高達每克 30000 元人民幣。台灣軟玉最著名者為貓眼玉，品質好的台灣玉貓眼每克拉可達數千元甚至上萬元。以全球的珠寶市場而言，綠色軟玉與貓眼玉在非華人地區頗受歡迎，主因是高品質的綠色翡翠價高稀缺，高品質的綠色軟玉價格僅翡翠十分之一甚至百分之一；白色軟玉則是華人市場較為喜愛。

軟玉顏色種類與商業分類

中國國家珠寶玉石質檢標準所定義之軟玉顏色分類僅白玉、青白玉、青玉、黃玉、碧玉、墨玉、糖玉等，以市場上流通的商業名詞而言，還有大部分未列於國標中。顏色是軟玉相當重要的收藏與評價指標：高品質的白玉與黃玉並列最高價軟玉；碧玉雖為後起之秀，價格上相較白玉也不遑多讓；糖玉是軟玉中唯一帶「紅」的品種，也頗受歡迎；墨玉色如山水潑墨，不乏雅士文人青睞；青玉以材料而言價格較低，但卻是表現軟玉刀工最常用的材質，薄胎玉器常以青玉取材。軟玉的質地有別於翡翠看種水，評鑑軟玉質地的指標為脂度與糯度，質細而綿密者稱糯度高，微透帶油脂光澤稱脂度好。

圖左為和闐青玉雕件、圖右為和闐碧玉鑲金手鐲

軟玉的鑑定或分級很難做到標準化，目前全世界僅有中國新疆地礦局訂定了一套和闐玉標樣，包含了羊脂白玉、白玉、青白玉、青玉、黃玉、碧玉、墨玉、糖玉等等。但是該標樣並不具備可複製性，僅八色實用性也不高，所以嚴格來說目前並沒有真正可用於比對的和闐玉標準樣本。筆者以多年的鑑定教學經驗，將市場上的軟玉基本分類與商業名稱描述如下：

白　玉：顏色以白為主色，最高品質的白玉稱羊脂白玉，色脂白帶微粉，質油潤，且無綹裂、無筋紋。白玉中若帶有少量褐至褐紅色則市場稱糖白玉；白玉中帶少量淡綠色稱翠青玉。

青白玉：顏色半白泛青或泛灰，其與翠青玉不同在於翠青是白色為主帶淡綠色，青白玉則是顏色均勻淡綠或淡灰為主。

青　玉：淡綠色或灰色系軟玉，綠不若碧玉，黑不足墨玉都歸為青玉。青玉中有特殊品種為青花軟玉、煙青軟玉和翠青軟玉。青花玉指軟玉中白黑相間的品種；煙青則是軟玉中帶有灰紫色的特殊品種;翠青玉如前所述為白帶淡綠，或有均勻，或有斑塊狀分布。

黃　玉：顏色以黃色為主，多為偏綠的黃色或淡黃色，若帶棕則歸類為糖玉而非黃玉。市場上將明顯偏綠的黃色軟玉又稱為青黃玉。

碧　玉：顏色濃郁綠色的軟玉稱為碧玉，顏色有淡綠、濃綠、墨綠，高品質的碧玉呈現如菠菜般的綠色，此外，市場上將帶有大量金色黃鐵礦內含物的碧玉稱為金星碧玉。

墨　玉：底色為白帶黑色斑塊、斑點的或整體全為黑色者稱為墨玉，依其墨色分布分為點墨、片墨或聚墨、全墨等不同等級，墨玉若帶有金色黃鐵礦內含物又稱為金星墨玉。

糖　玉：全部或部分顏色為棕黃至棕紅色，有如紅糖者稱為糖玉。白玉常伴有糖玉，命名依其比例為之，底色白為主帶少量糖色者，市場上常歸之為糖白玉。

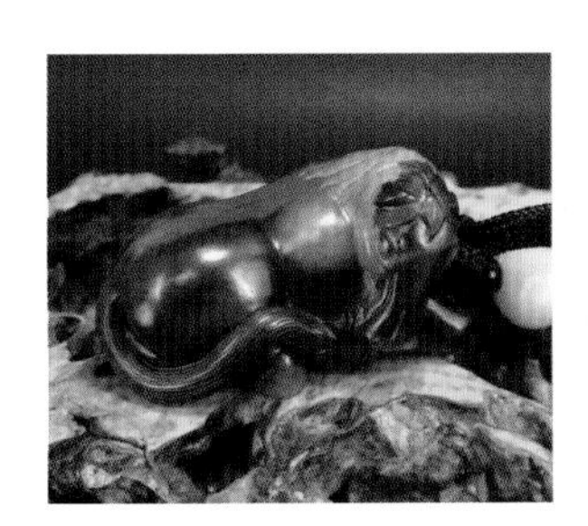

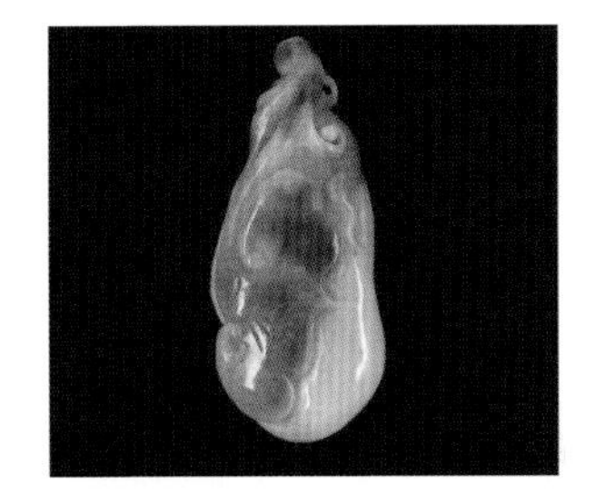

左圖為青花軟玉，中圖為煙青軟玉，右圖為糖玉

軟玉的產狀與成因類型

軟玉大致可分為超鎂鐵質火成岩 (Ultramafic) 或沈積岩 (如白雲岩) 變質而來。中國新疆或遼寧的白色軟玉是碳酸鹽質岩石受火山源熱液經換質作用而形成，台灣的綠色軟玉則是由蛇紋岩變質而來。已知鐵鎂質源岩的軟玉包含有台灣、加拿大、紐西蘭、西伯利亞等地，新疆天山的軟玉可能也屬這一種。這一類軟玉多呈現綠色，一般含鐵量及含鉻量較高，常可見大約 1 至 3mm 黑點狀的鉻鐵礦，有時還會出現鉻鈣鋁榴石、

綠泥石等礦物。這類軟玉通常會伴生黑色至深墨綠色蛇紋石，台灣不僅產出軟玉材質的台灣玉，且台灣市場甚至將台灣產的蛇紋石以「台灣墨玉」的商業名稱販售。

碳酸鹽質變質源岩成因的軟玉有新疆崑崙、遼寧寬甸、四川汶川、江蘇溧陽、甘肅臨洮、韓國春川、和南澳洲的科威爾礦山 (Cowell)。這些軟玉一般含鉻及鐵較少，顏色由脂白到微綠、微黃。目前發現這些軟玉含有較少量的鐵，且幾乎不含鉻，因此沒有濃綠色及翠綠色。這些軟玉經常可看到一些特殊結構，包括：圓礫狀、縫合線狀、水線、筋紋或棉絮狀結構等等。與這類軟玉共生的蛇紋石通常也呈現白至淺綠、淺黃，而且也比較透明。

天然和闐玉如帶有點狀的黃鐵礦，稱為金星墨玉

軟玉的產地

1. 台灣

台灣玉所雕製的擺件
台灣玉具有極高的韌性，花鳥蟲草很適合表現其雕工

台灣產的軟玉又稱為「台灣玉」，台灣主要生產軟玉的地方在花蓮的豐田，當地軟玉主要產在蛇紋岩和石墨質絹雲母石英片岩的接觸帶。台灣玉從 1965 年開始生產，在 1975 年時達到最高峰，年產軟玉 1461 公噸，佔當時全球產量的 90%。由於台灣的軟玉礦床特性，開採多不符開發成本，且另一方面開採技術採傳統鑽炸法，無法取得體積大的玉材，採出後也多破裂。因此近年來國內的軟玉飾品加工業多以進口軟玉為主要材料，包括韓國、加拿大或西伯利亞進口等產地所產之軟玉。目前台灣本土產軟玉幾乎全面停產，雖政府與業者大力推廣，但業者多轉型以觀光產業為主要客群。根據最新的研究，從綠色軟玉中的黑色鉻鐵礦檢驗其鋅含量可以判斷是否為台灣產軟玉，台灣玉與加拿大軟玉多具有黑色鉻鐵礦內含物。

2. 中國大陸

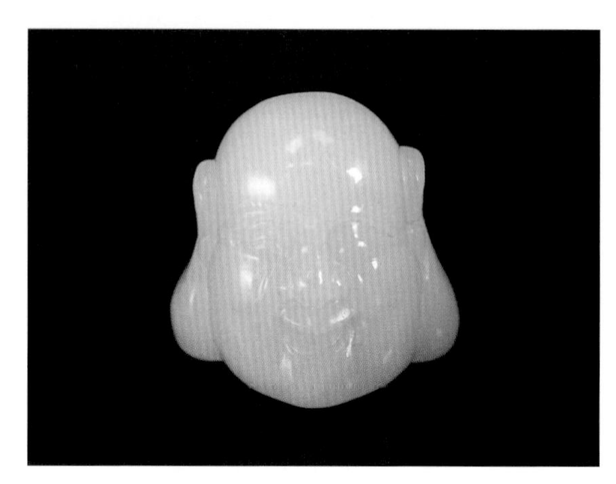

中國著名的羊脂白玉所刻成的彌勒小雕件，溫潤、潔白、細若凝脂為其特色

中國大陸軟玉主要產在崑崙山北麓新疆省和闐附近的于闐，主要高檔的羊脂白玉就是產於此，除了名聞遐邇的羊脂白玉外，青玉、黃玉與墨玉也十分豐富。近年遼寧、青海、貴州甚至廣西等新產地的軟玉也逐漸在市場上佔有一席之地。

3. 俄國

西伯利亞七號礦產出的翠綠色碧玉

俄國主要軟玉產在貝加爾湖區。貝加爾湖區的軟玉分布很廣，因此軟玉顏色也有許多種，最常見的是菠菜綠，其綠色軟玉曾出現過如翡翠般翠綠的品種，據說為七號礦所產，此外俄羅斯產白玉也相當出名，以白玉著稱。俄料白玉視覺特徵上呈現高白度，脂度中上，質細密、少綹裂、少棉，且俄料常帶糖色。

4. 韓國

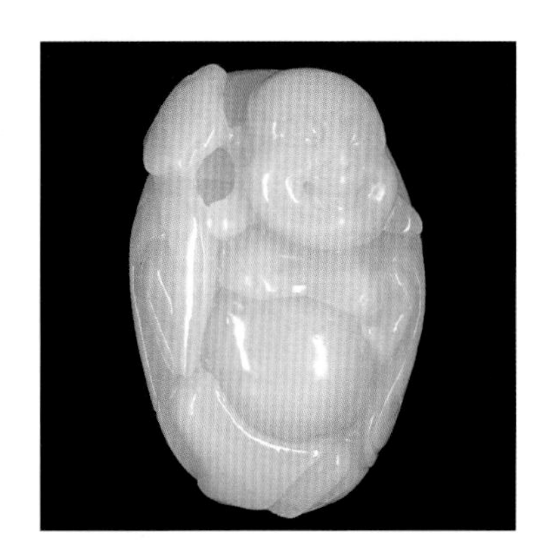

韓國所產白玉彌勒把件，結構較粗，脂度中等且略泛黃

韓國軟玉主要產在江原道春川附近的內坪。近幾年來一直是國內主要進口軟玉的國家之一。韓國軟玉主要產在滑石礦中，顏色多呈白色或淡黃色，普遍而言，韓料白玉視覺特徵呈現脂度差，色微黃，顆粒較粗，透光觀察紋理明顯 (俗稱蘿蔔絲紋)。

5. 美國

美國的懷俄明州、加州與阿拉斯加州都有軟玉出產。自 1940 年代以來，美國軟玉市場主要來自懷俄明州的藍德附近，這裡出產大部份各種綠色軟玉，另外也出產黑色軟玉。加州主要產在蒙特里縣南方的海灘上，軟玉主要產在礫石堆中。阿拉斯加州主要軟玉產在距科伯克河口 175 英里處的匈納克河 (Shungnak)。該礦覆蓋面積很廣，多數呈鱗片狀，不透明。

6. 澳洲

澳洲主要的軟玉產在南澳洲省。顏色有黃綠色、淺綠色與深黑色。

7. 加拿大

帶有綠色粉點的加拿大軟玉

加拿大也盛產軟玉礦。近年來一直是台灣石主要軟玉原石進口國家之一。由於礦源產地在冰川漂礫地區，不需要炸藥開採，很少有裂縫，因此深受台灣加工業者的喜愛，加拿大所產的軟玉顏色通常較台灣軟玉淺，但並非絕對，根據台灣玉加工業者所述，加拿大產綠色軟玉常帶有大量綠色粉點狀礦物(鉻鈣鋁榴石)，此特徵台灣玉也有但相對少見。

8. 其它產地

除了以上產地之外，生產軟玉的國家還有紐西蘭、印度、阿富汗、巴西、瑞士、德國、義大利及墨西哥都有軟玉發現。

軟玉仿品與優化處理技術

軟玉的主要仿品以礦物及玻璃類玉材質為主，例如：綠色軟玉常見砂金石(東菱石)、蛇紋石(岫玉)與玻璃仿製品；白色軟玉則常見石英岩、大理岩、白色強化玻璃仿製品；黃綠色系仿品則是以蛇紋石(岫玉)最為常見；黑色軟玉最常見黑色蛇紋石(卡瓦石；台灣墨玉)以及染色黑玉髓等仿品。

軟玉一般而言較少見優化處理，因為結構緻密不需要灌膠-酸洗等處理步驟，染色也少見。軟玉最常見的優化處理有二：一者為仿古軟玉的做舊，二者為軟玉的假皮。因為軟玉的籽料遠比山料價高，基於「籽料迷思」，山料作假皮仿籽料應運而生。

台灣對軟玉的學術分類

台灣學界稱軟玉為閃玉，且依據光澤與外觀將其區分成三大類：

一.普通玉(Common Nephrite)

是最常見的軟玉，不透明至半透明，呈一系列的綠色，具有玻璃光澤，顆粒大小約在40至150微米。

二.蠟光玉(Waxy Nephrtie)

其光澤似蠟，不透明至微透明。台灣的蠟光玉大多淡藍色或灰藍色。蠟光軟玉通常與滑石伴生。產生蠟狀光澤主要原因是因為這種軟玉顆粒較細(15微米以下)，當光線進入此結晶微細的蠟光玉後，便產生漫射，造成如蠟狀光澤的視覺效果。一般認知的中國羊脂玉結晶顆粒遠比蠟光玉更細小(僅數微米至小於1微米)，而產生綿密的脂狀光澤。

三 . 貓眼玉 (Cat's-eye Nephrite)

台灣軟玉貓眼

這種軟玉具有很長的纖維，在薄片下纖維至少有 2 公分長，在野外露頭纖維可長達 100 公分。貓眼玉為一般大眾所喜愛，顏色有綠色及蜂蜜色。所呈現的貓眼沒有錫蘭貓眼那樣銳利，但品質好的貓眼玉，若不仔細觀察還不容易與錫蘭貓眼石 (金綠寶石貓眼，Chrysoberyl) 區分，目前市面上已經很難得看見台灣玉貓眼，多為進口西伯利亞軟玉貓眼。

第三節
硬玉概說：翡翠的性質、仿品介紹、優化處理判別

翡翠(Jadeite Jade)，台灣學界稱之為「輝玉」，大陸普遍使用「硬玉」或「翡翠」兩名詞，由於寶石級的硬玉主要來自於緬甸產地，所以市場上也稱它為「緬甸玉」。「硬玉」一詞的由來是因為，長久以來學術界認為硬玉硬度普遍比軟玉高，直到台大地質譚立平教授發現部分台灣軟玉的硬度可能比硬玉更高，因此建議國立編譯館將「硬玉」一詞更正為輝玉。

「翡翠」這個名詞，在珠寶業界也存在許多爭議，早期台灣市場僅稱綠色的硬玉為翡翠，但是在中國大陸及香港則是將所有顏色的硬玉統稱為翡翠。「翡翠」一詞的來由有二說法：一是來自紅色羽毛的翡鳥和綠色羽毛的翠鳥，紅翡綠翠名稱相應而生 (東漢《說文解字》說：『翡，赤羽雀也；翠，青羽雀也。』)；其二為非中國產之翠玉。現今中國大陸已將「翡翠」一詞列入中國國家珠寶玉石質檢標準之中。

物理和化學性質

晶系：單斜晶系	折射率：1.66~1.67
硬度：6.5~7	雙折射：0.01
比重：3.33~3.34(壓手，二碘甲烷)	螢光：通常無螢光
光澤：油脂至玻璃光澤	解理：屬聚晶體結構，看不見解理
透明度：透明至不透明	特性：翠性、高韌度、不入刀、掂重沈
顏色：綠、白、紅、紫、黃、黑色	仿品：蛇紋石、鈉長石、染色石英岩、獨山石、水鈣鋁榴石

緬甸玉內鈉鉻輝石、硬玉與伴生礦物

老坑色冰種翡翠

在寶石學上，「玉」是指硬玉與軟玉這兩種礦物。目前中國大陸國家標準對於「翡翠」的定義是，硬玉或硬玉及其他共生礦物如鈉鉻輝石、綠輝石等等。鈉鉻輝石為主要成分的翡翠通常色深綠、比重與折射率偏高，透明度低，市面上最常見的是鐵龍生翡翠或乾青翡翠。如果含有大量的角閃石或鈉長石雜質，就可形成摩系系 (Maw-sit-sit)，瓜地馬拉與哈薩克產翡翠常有較多的伴生礦物，例如：鈉長石、鋯石、榍石等。瓜地馬拉產的濃綠色翡翠有一種情況是很純的綠輝石成分為主，幾乎沒有硬玉成分，以中國國標定義而言尚屬於模糊地帶，濃綠且微透明，做成薄片具有很高的透明感及翠綠色，市場上當作冰種老坑翡翠販售。不論是翡翠的成分或產地鑑定，拉曼光譜儀等高階儀器是必需手段。

翡翠的產地

硬玉主要產地在緬甸北部密支那地區，距密支那 30km 遠，莫各鎮西北方的 Pakchan(帕敢)小鎮及其周圍 50km 範圍內。緬甸帕敢(Pakchan)礦區是最早開挖的，據說已有 3000 年歷史，後期開挖的新礦區很多，也有百年歷史，例如:緬甸北部的大馬坎、後江、香洞、雷打等地產翡翠，另外，緬甸西北部的緬甸的龍肯礦區也出產高品質的翡翠。除了緬甸以外，其他生產硬玉的國家有日本、瓜地馬拉、哈薩克、墨西哥與美國加州等地，瓜地馬拉的硬玉在三四千年前極為重要，近年更有大量寶石級瓜地馬拉翡翠進入到珠寶市場中。另外，哈薩克產翡翠在國際珠寶展中亦曾經有廠商販售，顏色濃綠，但通常為不透明且多裂隙雜質，大抵而言尚無法與緬甸翡翠匹敵。整體而言，全世界以緬甸所生產的硬玉品質最好，量也最多，具有不同的顏色、透明度和伴生礦物。

翡翠的主要加工區

早期，硬玉主要的加工區在香港，從緬甸拍賣會所賣出或走私出口的硬玉大部份都運到香港加工，如今翡翠原料多轉往廣州、平洲、揭陽等地。質色俱佳的翡翠盤成手鐲，中間鐲心料可以作成玉佩、雕件及戒面，邊角料還可做雕件與戒面等。廣州是珠寶翡翠的零售批發重鎮，華林玉器街、華林玉器城、荔灣廣場攤商數以萬計，每天一大早許多外地來的遊客或珠寶商滿懷希望來淘寶；平洲則是以翡翠手鐲最為著名，從數千萬到數千元的翡翠手鐲應有盡有；四會天光墟最遠近馳名的就是天還未亮就開始淘寶的翡翠早市；揭陽則是高檔翡翠的加工與集散地。台灣的玉商大部份都是在中國補貨，除非遠到雲南緬甸邊境，不然前述集散市場可謂是貨色齊全、應有盡有。

翡翠原石交易市場

翡翠的結晶構造 (Texture)

細到中顆粒的晶體結構，顆粒間的接觸以交織鑲嵌狀結合。在緬甸尚未發現有良好晶形、單一結晶產出的硬玉，通常以緻密塊狀和粒狀集合體產出，通常翡翠的晶粒粗則豆性重，外觀上可以發現粒狀、柱狀結晶或纖維狀集合體礦物；結晶顆粒細則透明度高，質地細，不可見其顆粒狀、柱狀或纖維狀集合體礦物。未拋磨的翡翠上，見到交織纖維狀的結構 (纖維狀交織的晶體與解理面)，一般稱之為翠性，其外觀上類似朵朵蒼蠅翅膀。

偏光顯微鏡下的翡翠結晶體，呈現交織鑲嵌狀晶體

翡翠學上常見的專有名詞術語

●翡翠的 A 貨 /B 貨 /C 貨 /D 貨

天然的翡翠沒有經過酸洗、灌膠或染色處理者，一般稱 A 貨。「A」是指 authentic，「真」之意，意指完全天然。當品質低劣的翡翠，經過酸洗後又灌膠 (Bleached and impreganated)，透明度與淨度明顯提升，稱之為 B 貨翡翠。如果翡翠經過染色處理，稱之為 C 貨，意指經顏色優化 (Color enhanced)。市場上大部分灌膠充填的翡翠，同時也經過顏色優化，這一類的翡翠稱之為「B+C 貨翡翠」。針對市場上有一些賣家將「非翡翠」的類玉材質當作翡翠販售，根本不是翡翠的

A 貨翡翠，表面光滑細緻

假翡翠通常稱之為D貨。B貨與C貨翡翠，市面上統稱為「優化處理翡翠」。

●翡翠的酸蝕網紋

酸蝕網紋是B貨翡翠的表面特徵，為什麼B貨表面會有酸蝕網紋呢？翡翠經過酸洗去除雜質後，裂隙多且疏鬆，而後利用真空充膠，翡翠的裂隙中填入環氧樹脂硬度比礦物顆粒低，在硬度差異影響下，形成下凹的溝槽，形態像乾裂土壤的網狀裂紋，即所謂的酸蝕網紋。用酸蝕網紋判斷翡翠B貨存在不失為一好方法，但是有些情況下天然的翡翠也會有類似的特徵，例如靠近玉皮的翡翠通常風化嚴重、紋理多，再者顆粒粗的翡翠，豆性重，常會被誤認為B貨，寶石學上，B貨的認定還是以膠的存在為主要依據，而不是裂隙多寡的問題。

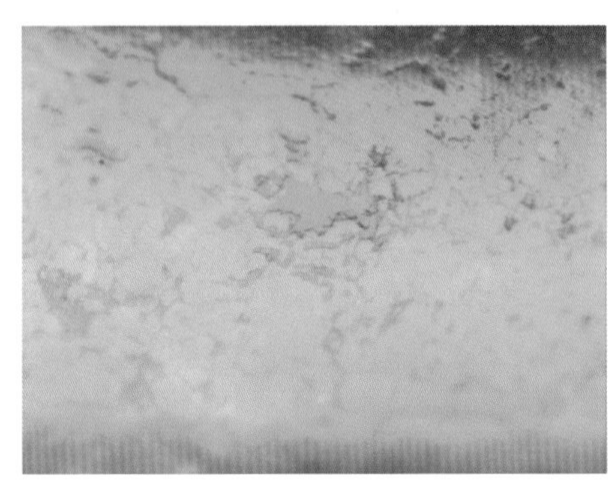

B貨翡翠表面的酸蝕網紋

●翡翠的豆性

硬玉的晶體結構是否緻密、透明度是否高與晶體大小有很大的關係，通常晶粒粗的翡翠透明度較低且質地鬆散，一般稱為豆種翡翠，豆性明顯即指粒粗、鬆散且表面多裂紋，這類翡翠容易誤判為B貨翡翠。

顆粒粗且質地疏鬆的豆種翡翠

●翡翠的種

關於翡翠「種」的說法眾說紛紜，有人說種指透明度，也有人說種跟地是一樣的。統合市場上所有關於翡翠種地的說法，筆者的看法是，翡翠的種指的是根據「顏色、水頭、地子」的整體條件的商業分類。玻璃種翡翠透明度高且地子乾淨；冰種透明度與淨度稍遜於玻璃種；糯冰種透光性好，但影像穿透性低，帶有朦朧感；豆種顆粒粗，水頭一般較差；鐵龍生種泛指滿綠但幾乎不透明的鈉鉻輝石翡翠。

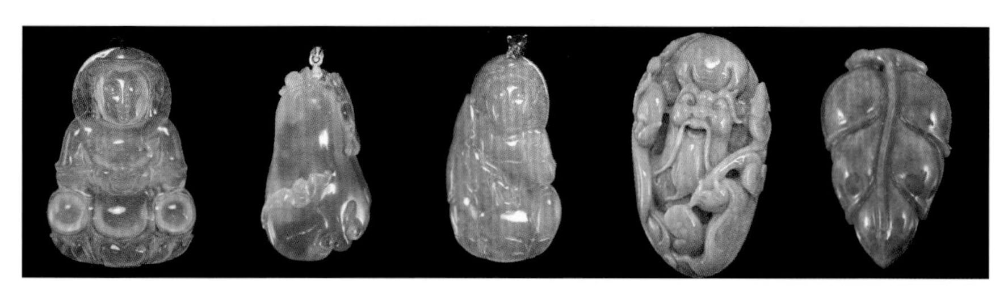

由左至右為玻璃種、冰種、糯冰種、豆種、鐵龍生種

●翡翠的色

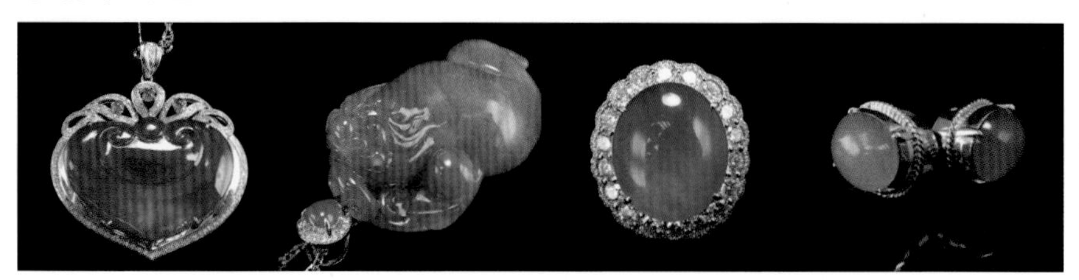

由左至右為紅翡翠、紫羅蘭翡翠、老坑綠翡翠、蜜糖黃翡翠

色指顏色，有別於中國的軟玉，翡翠以顏色見稱，有濃郁的紅、美麗的紫、陽豔的綠、深沈的黑以及糖蜜般的黃等。寶石學上，顏色的分級描述以 GIA 所發展的色彩分級比對系統為主，包含色相 (Hue)、色調 (Tone) 與色度 (Saturation) 三要素。色相指色彩定義，色調指濃淡深淺，色度指顏色的鮮豔飽和程度。翡翠因為不均勻的多晶質體，所以顏色上除了上述原則以外還需考慮「均勻度」。色彩三要素加上均勻度就是所謂翡翠的「正、陽、濃、勻」。

●翡翠的水或水頭

翡翠的水頭 (或稱水) 指的就是翡翠的透明度 (Transparency)，翡翠可從高度的透明至完全不透明。原石買賣的術語上，常以水的長短表示透明度高低，水長指透明度高，水短反之。商業上的翡翠品種判別，也是主要根據透明度高低 (水的長短)，玻璃種一般 6-9mm 影像可穿透。

放光玻璃種白翡翠，當玻璃種翡翠清澈透明甚至底部可反射入射光而產生起瑩的感覺，一般稱放光或泛光玻璃種

●翡翠的地與底

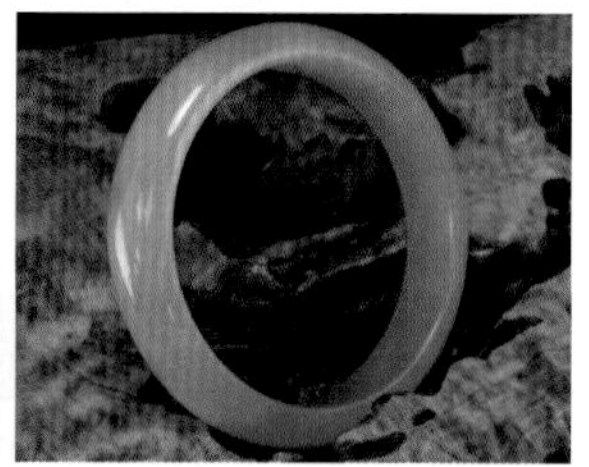

由左至右為白底青翡翠、花底青翡翠、冰芙蓉種翡翠

在講到翡翠種質好壞時，常聽聞翡翠「地」與「底」的名稱。「地」等同於「底」，或稱為「地子」、「底子」，指的是翡翠除去綠色部份的基礎底色、紋理，有時會連同透明度一起納入「地」的形容詞，是一種直觀視覺上的判定，常見的形容詞有玻璃地、冰地、藕粉地、糯地、芙蓉地、冬瓜地、豆地、瓷地、油地、牛奶地、花底、白底。舉例來說，玻璃地需淨透如玻璃、冰地則指清透如冰稍遜於玻璃地、芙蓉地則是微透帶有淡芙蓉綠、豆地則粒粗如豆、牛奶地則質細色乳白。

●翡翠的山料 / 水料 / 山流水或半山半水

原生礦的類型稱為山石或山料；次生礦床 (沖積礦) 的類型則稱為水石或水料。山料有稜有角且多裂多雜質，水料磨圓度高且少裂少雜質；山流水又稱半山半水，介於二者之間。水料通常有明顯的風化外皮，厚度一般介於 0.5-1 公分，黃翡與紅翡大部分生成於靠近風化外皮的位置。

●翡翠的皮殼

皮殼是指翡翠原石的石皮外殼，通常依顆粒粗細分類為沙皮子，細皮子與粗皮子，在賭石的領域上，皮殼表徵是獲得玉石內部訊息的常見手段，常見的皮殼類型如：白鹽砂、黃鹽砂、黑鹽砂 (烏砂皮)、紅皮殼、灰皮殼等。

黃鹽砂翡翠原石，風化外皮呈現黃色砂粒狀，通常皮殼顏色深淺與玉石內部顏色深淺及質地有關，此原石內部玉質為淡綠、淡紫與白色

●翡翠的開窗 (色眼、開門子)

翡翠賭石除了看皮殼辨高低以外，透過切磨工具磨去皮殼的小區域切口，稱為開窗、開門子或色眼。這個動作是為了讓買家觀窗鑑玉，推測翡翠內部質色。

翡翠原石上開窗 , 透過窗就可看到岩石內部的顏色、透明度和質地

●翡翠的明貨 / 賭石 / 鐲心料 / 邊角料

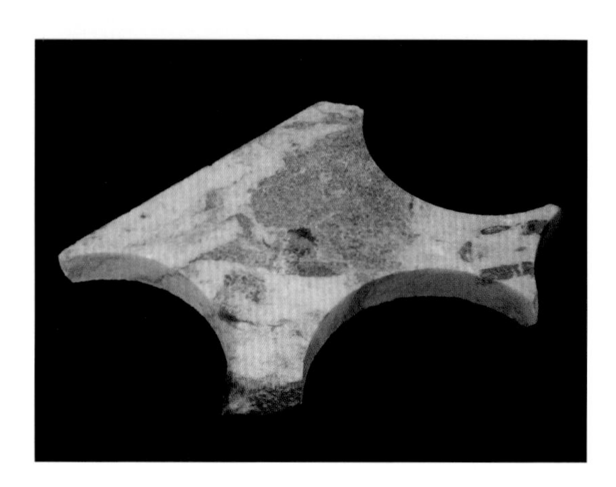

翡翠手鐲取料後所剩下的邊角料

翡翠買賣除了手鐲、掛件、蛋面等成品以外，尚有一部份是針對未雕琢原石的買賣。市場上這類原石的買賣包含有完全保留石皮的原礦和已經取材後的剩料。原礦若沒有切開，無法獲得玉石內部材質的完整訊息，稱之為「賭石」；若已經切開，則稱為明貨；取鐲剩餘的中心圓形玉料稱為鐲心料；鐲子或掛件取料後，周圍的不規則材料稱為邊料或角料，統稱邊角料。

●翡翠的黑癬（黑花）、石紋、夾棉

翡翠是硬玉及其他共生礦物的集合體，有時存在大量黑色的斑晶狀共生礦物，稱為黑癬，黑癬與黑色翡翠是不同的，有人說是癬與肉的差別。翡翠中常多石紋，石紋通常指翡翠當中原生的紋理，或白、或黃或黑，如果出露於表面且有摳感，也被當作翡翠玉石的裂紋瑕

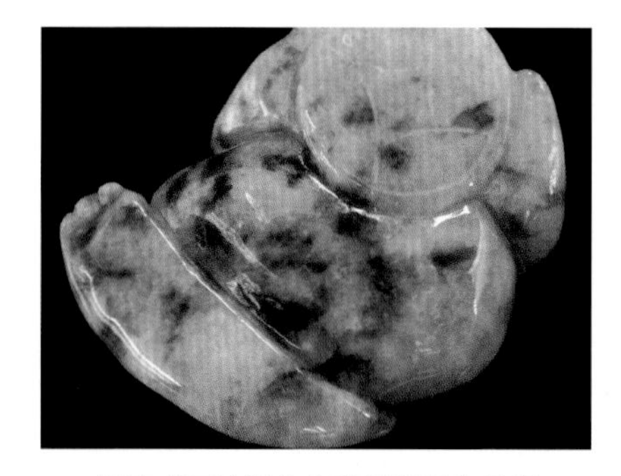

黑癬或石紋過多會影響翡翠的品質

疵。夾棉指的是翡翠中的點狀、團狀如雲霧、棉團一般的內含物。高品質的玻璃種或冰種翡翠常可見到微細白點，即稱之棉點或夾棉，夾棉量多則視為淨度瑕疵。

●翡翠的橘皮現象

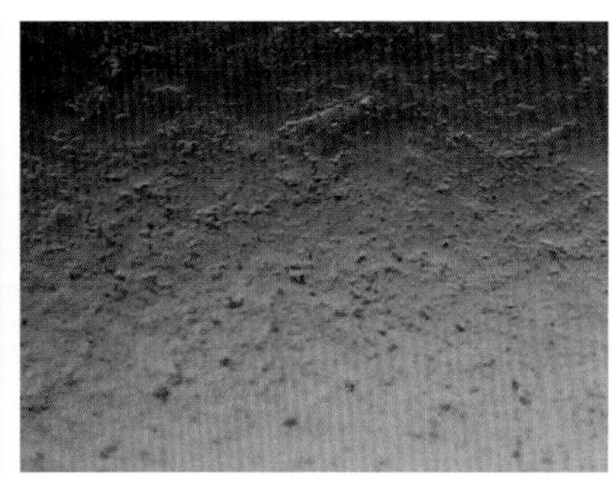

圖左橘子皮與圖右 A 貨翡翠的橘皮結構

翡翠的橘皮現象主要是由於硬玉礦物在不同結晶方向的硬度差異所引起，由於翡翠中呈集合體狀的硬玉礦物結晶排列方向不一，導致拋光過程中軟硬程度也不同，低硬度方向的硬玉相對凹陷，高硬度方向的硬玉相對凸起，從而出現了一個個凸起和凹陷的相對不平整面，由此構成 " 橘皮現象 "。因此，從翡翠的橘皮現象上也可以看出硬玉礦物集合體的大小和相互組合關係，某種程度上也是 A 貨翡翠的特徵。

●翡翠的翠性 / 蒼蠅翅膀

翠性是指在翡翠表面可以直觀看到的硬玉中礦物顆粒的解理面反光閃爍，俗稱“蒼蠅翅”。嚴格地說，翡翠的“翠性”應當是指翡翠中主要組成礦物硬玉的顆粒大小和相互組合關係在肉眼觀察下的直觀表現形式。

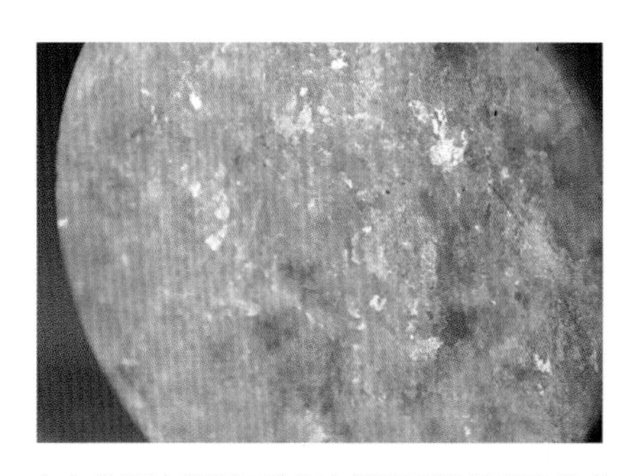

在未拋光的翡翠平整面上觀察到片狀閃光的現象稱為翡翠的翠性，為翡翠的鑑定特徵之一

翡翠的場區／場口

市面上所稱的木拿翡翠，指的是由緬甸木拿場口所產出，高冰種至玻璃種的透明度，通常帶有棉點，圖為木拿玻璃種觀音翡翠

緬甸翡翠產地也稱礦區或場區，一般有分為六個場區，每個場區又有許多場口。場口就是產出翡翠的礦場。各個場區所產翡翠，外觀、質量、顏色都有各自的特點。

根據場區場口所產翡翠的特殊性，來觀察判斷這塊翡翠是否可賭。場區又分老場區、新場區及新老場區。六個場區分別為：

一、帕敢場區：著名場口有木那、帕敢等 28 個以上場口。

二、馬坎場區：著名場口有大馬坎等 14 個以上場口。

三、南其場區：著名場口有南奇、莫罕等 9 個場口。

四、後江場區：著名場口有後江、雷打等 5 個以上場口。

五、新場區：著名場口有磨西沙、凱蘇等 11 個以上場口。

六、新老場區：著名場口有龍塘場口等。

翡翠的質地與產狀迷思

緬甸硬玉礦床主要由原生礦床及次生礦床所組成，原生礦床通常是指寶石生成後未經侵蝕、搬運與沈積之過程，直接於母岩上開採的類型。原生的硬玉是在高壓與中低溫環境下經過熱液作用、接觸交代作用和區域變質等地質作用而形成。因為成因與溫壓環境複雜，其組成礦物成分、結晶程度、晶體形態、晶粒大小等特性皆有所差異，也直接影響了翡翠的品質與價值。次生礦床是原生礦出露地表經過風化與侵蝕作用

(經年累月風吹日曬雨淋)，硬玉產生破裂後被河流搬運至中下游堆積所形成。由於經過風化 - 侵蝕 - 搬運 - 沈積等作用，硬玉中低硬度的礦物及破裂的結構被磨蝕殆盡，所留下來的硬玉通常質地較純，且表面較為光滑。如果在河床上堆積久了，受到水的作用，便產生「玉皮」，通常為赤鐵礦或褐鐵礦沈積作用，產生紅褐色或黑色的玉皮。原生礦的類型稱為山石或山料；次生礦床 (沖積礦) 的類型則稱為水石或水料。一般認知，水料質地比山料好，但水料的風化玉皮質地多鬆軟，黃翡或紅翡多生成於靠近玉皮位置，所以大部分黃翡與紅翡質地較為鬆脆 (鏡下多表面裂隙)。

翡翠會不會越戴越綠、越帶越透？

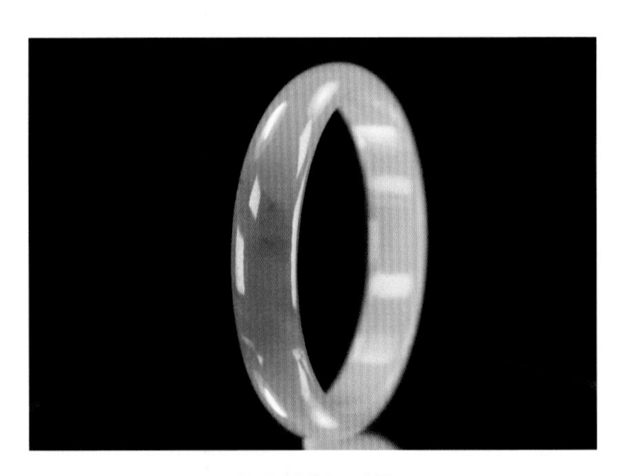

糯冰種翡翠手鐲

很多消費者都問過這個問題，科學上，翡翠自生成後，經開挖、雕琢，其性質穩定且成分也不會產生變化，不可能變的更綠、更透。但是翡翠的表面即使拋光精良，也可能存在細微孔隙，因此佩帶時，長期與皮膚接觸，體油便會滲透進入孔隙中，便會使玉看起來較有光澤，甚至原先玉中有些綠絲，則此時會更加明顯看出來，所以會有越戴越綠、越戴越透的感覺。這也是為何玉商常在玉的表面上玉油或嬰兒油。

如何鑑定優化處理翡翠

優化處理翡翠指的是酸洗灌膠或染色的翡翠，以鑑定所的標準而言，儀器檢驗是唯一選項，尤其是高階儀器對於翡翠的品種與優化處理鑑別能有更高的準確性與效率。一般買賣人或消費者如果沒有花鑑定費的打算，只能用簡單的方法判別，經驗豐富者，雖無法務求百分之百，至少達六到八成以上的準確性。

簡易工具鑑別法

除了到鑑定所用精密儀器檢驗以外，一般消費者更常用基本工具或快速徒手鑑定，基本鑑定工具如放大鏡、觀玉燈與紫外燈等，採用基本工具的簡易判斷口訣為「色、透、勻、形、敲、照、觀」：

- 色指觀其「色」也，翡翠的天然顏色來自鉻、錳或鐵等離子。天然色與人工染料上色，顏色上可能有異，且染色物件染料會集中於裂隙中，整體觀察會發現顏色缺乏色形、色根。另外經過酸洗的翡翠，通常底色較白沒有帶黃或褐色。
- 透指觀其透明度，灌膠優化目的是為了改善玉的外觀透明度，但是天然翡翠與優化處理翡翠，即使都有相似的透明度，B 貨翡翠的膠感通常較明顯。
- 勻指的是均勻度，以顏色而言染色的翡翠要不就是沒有色根色形，要不就是染得很均勻。
- 形是指觀其形，本指觀其器形。這點無助於 ABC 貨判別，但是有助於價值評估，一般而言，同品質的翡翠手鐲，其價格優於蛋面和掛件。
- 敲指敲擊法聽聲音，通常針對手鐲類物件，吊起鐲子以敲擊法聽音辨別 AB 貨，很受一般賣家的青睞，但此法不嚴謹，容易誤判，而且高檔翡翠手鐲建議不要使用敲擊法以免破損得不償失。一般認知 A 貨翡翠聲音較灌膠翡翠為清脆，但是實際上敲擊聲音受手鐲粗細、厚薄、種地與材質的影響，所以並不一定 A 貨都很清脆，B 貨都很沈悶。

●照指燈光照或紫外燈照，燈光照射可觀其裂紋、玉紋及染色痕跡；紫外燈照射則可觀察翡翠的螢光反應，通常翡翠不具有螢光反應，膠或蠟具有明顯的螢光反應，某些狀況下，翡翠的共生礦物會具有螢光反應，也因此螢光觀察要很謹慎，以避免蠟當作膠、共生礦物當作膠的狀況。

●觀指的是觀察，肉眼直接觀察或放大鏡觀察，通常 A 貨的光澤度較好，B 貨較差；若透過放大鏡觀察，B 貨的表面多為裂紋滿佈，C 貨則是常見染料集中於裂隙之中，外觀上類似蜘蛛網狀紋理。

比重液法

將質地純的翡翠比重多介於 3.33 以上，丟進二碘甲烷比重液中，通常會沈於比重液下。浮於比重液上的有可能是 B 貨或是其他材質仿品。若翡翠中含有其他共生礦物而導致密度降低，則會影響判斷結果。

翡翠的紅外線光譜與拉曼光譜

比較科學且正確的方法是「紅外線光譜」及「拉曼光譜法」。此兩種方法利用膠與硬玉之差異所產生不同的吸收峰，加以判斷，兩者是目前針對翡翠鑑定的最佳輔助工具。以紅外線光譜而言，通常天然 A 玉在 2800 ～ 3100 波數 (cm-1) 之間無吸收峰，B 玉則在 2800 ～ 3100 波數之間有數個吸收峰，因此可以證明翡翠中是否有膠。拉曼光譜儀則是看 1100-3300 波數之間，是否存在有機膠的光譜特徵。

擦拭法

利用清水、酒精、乙醚或丙酮等有機溶劑擦拭硬玉外表，有些染料會掉在棉花棒上。

查氏濾色鏡法

這是市面上所說的照妖鏡，這種濾色鏡會讓黃綠色光或深紅色光通過。綠色硬玉具有綠色及黃綠色波段，因此我們可以看到黃綠色。而經鉻鹽所染的硬玉，綠色波段被濾色鏡吸收，紅色波段穿過濾色鏡，因此我們便看到紅色的現象。使用濾色鏡要非常小心，要注意其光線的強度，最好以白熱燈觀察 (不可用 LED)。使用查氏濾鏡需注意一點，其他種染料不見得有紅色反應。

B 貨翡翠可否購買？

經優化處理，B+C 灌膠染色翡翠手鐲

早期由於消費者偏好購買漂亮、乾淨、濃綠又便宜的翡翠，所以市面上幾乎到處充斥 B 貨、C 貨優化處理翡翠。台灣屬亞熱帶氣候，熱漲冷縮之下樹脂會漸漸老化脫落，影響其品質，表面看起來會逐漸失去光澤。便宜的優化處理翡翠多當作飾品配戴，但是目前的消費者傾向於只接受 A 貨翡翠，道義上業者需主動告知消費者，但是並非所有業者都誠實告知，以致於消費糾紛頻傳，若考量耐久性與保值性，筆者不建議購買優化處理翡翠。

翡翠類似石

「玉」這個定義通常是指特定的兩種礦物 - 硬玉或軟玉。不符合寶石學定義但市場上稱為「玉」的類玉材質，通常會在名字前面冠上地名，這些地方玉石也各自有其特色和收藏性，例如「南非玉」通常指水鈣鋁榴石，「瑞士玉」則指玉髓等。硬玉與軟玉相對知名度高，所以才有各種地方玉石也以「玉」之名販售，在此簡單舉出幾種類玉的地方玉材質的礦物學名和商業俗稱：蛇紋石 - 岫玉、蛇紋石化大理岩 - 藍田玉、變輝長岩 - 獨山玉又稱南陽玉、斜長石含綠色鈣鋁榴石 - 菲律賓玉、鈉長石 - 水沫玉、鎳綠玉髓 - 澳洲玉、鉻綠玉髓 - 翡翠藍寶。

深綠色的天然鉻綠玉髓，顏色如帝王綠翡翠或祖母綠，是目前市場上炙手可熱的翡翠替代品

第四節
翡翠鑑賞：學說流派、等級判別與商業品種分類

常見的翡翠學說派別

市場上對於翡翠的品種名稱與基礎理論派別眾多，早期兩岸三地翡翠行業專家輩出，如雲南地礦專業的翡翠達人摩太，以身處雲南地質探勘局之地利優勢，深入瞭解翡翠學問，發表許多翡翠的文章與專書，有名著作如摩太識翠與翡翠級別標樣集等書；香港則有翡翠教母 (Jade Lady) 之稱的歐陽秋眉女士一派，歐陽也是香港寶石鑑定所與香港珠寶學院的創辦人，其翡翠著作眾多如翡翠鑑賞、翡翠 ABC、翡翠選購、秋眉翡翠與翡翠全集等書；台灣早期的知名翡翠玉石前輩如寶虹珠寶公司董事長鄭永鎮，其著作翡翠寶鑑亦為研究翡翠者必讀之著作。現今，翡翠交易量日增，市場訊息發達，新的翡翠派別專家與日俱增，如武漢地質大學寶石學院院長袁心強 (著作有應用翡翠寶石學)，及珠寶暢銷書作家湯惠民老師 (著作有行家這樣買翡翠) 等皆有其各自的專業看法。所以，學翡翠要注意的是基本原則，亦要瞭解一些專有名詞、分類之所屬宗派以免混淆不清。

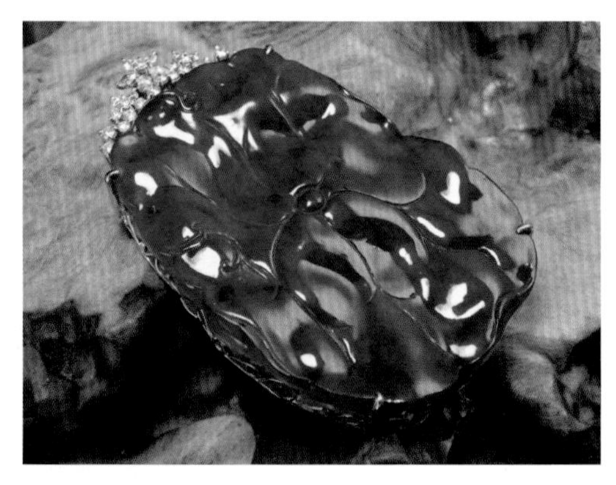

金絲種翡翠掛件，翡翠種地達冰種以上，可見綠色成絲狀平行且密集分布，稱為金絲種翡翠

一般而言不論何派別，對於翡翠的鑑定專業及寶石學描述大抵相同，差異的是術語用法及商業分類描述的部分，最常見的差異例如：種色水地的定義與描述，翡翠等級的看法以及估價的觀點等等。台灣市場普遍接受度最高的宗派為歐陽一派，中國雲南地區為摩太一派，其他派別也各有擁護者。不管任何派別，研究翡翠還是從「種、色、水、地」的觀點分類之，寶石學上的 4C 原則，應用到翡翠領域時必須再加上 2T 與 1V。4C-2T-1V 依序為顏色 (Color)、重量 (Carat Weight)、淨度 (Clarity)、車工 (Cutting)、透明度 (Transparency)、厚度 (Thickness) 與體積 (Volume)。

翡翠的淨度等級

玻璃種無棉　　玻璃種少棉　　冰種多棉

翡翠的淨度是指翡翠內部瑕疵多少的程度，瑕疵少則淨度等級高，而所謂的翡翠瑕疵包含有礦物晶體、結構和裂紋，以翡翠常見的術語來說，瑕疵指的是夾棉、黑癬、石紋 (石花) 與綹裂等。翡翠與其他彩色寶石一樣，淨度是價值評估的重要項目。淨度等級在某些翡翠的品種判別上也有相當程度影響，像玻璃種通常清透而少瑕疵，冰種雖透光性高卻通常較多夾棉或石花。

翡翠的車工

一般而言，彩色寶石所說的車工指的是切割的外型、角度、比例、對稱性和拋光，以及亮度與火光整體表現。翡翠玉石類的車工探討的項目則略有不同，畢竟玉石一般沒有刻面切磨，只有蛋面和其他器形如掛件、手鐲等。一般翡翠車工的觀察重點分為下列幾部分：

- 形 - 指形制，即器形，如鐲、蛋、掛件、把件、雕件。每一種器形的特色與要求不同，鐲取料大而無裂，蛋面取其勻透精巧，雕件取料因材適形不忌種裂，掛把件用料需求則介於鐲、蛋和人雕件之間。
- 紋 - 指紋飾，即雕刻細節。好料未必有好工，對掛把件而言，雕刻工藝體現僅在方寸之間，俗話說魔鬼藏在細節中，工匠的用心時常在細部紋飾上表露無遺。
- 巧 - 指巧色巧雕，玉的紋理、顏色、種地是天注定，工匠如可順其紋理、顏色分布和種地變化雕刻成器，才能達到因材適形的最高境界，讓雕工表現依循玉材天然的顏色紋理變化而改變。
- 拋 - 指翡翠的拋光修飾，也是最後玉石車工的一道工序。拋光好，翡翠的光澤度才會表現好。通常翡翠的品質也會影響拋光光澤，豆性重多裂紋的翡翠，光澤度不會太好，但即使種好質佳，拋光精細度不足，無法得到最佳的光澤表現。

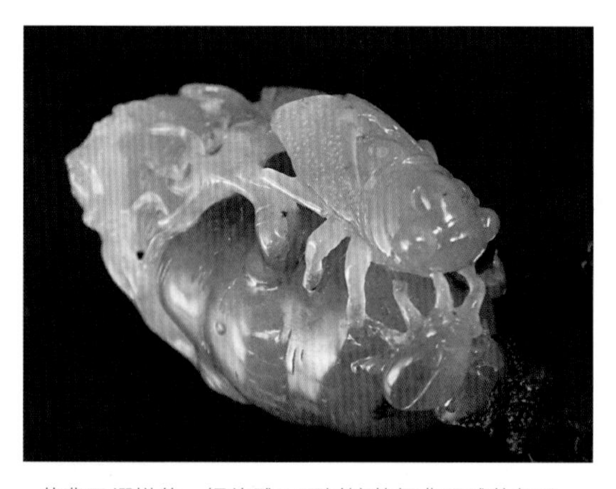

黃翡玉蟬掛件，好的雕工可以讓整個翡翠雕件加分

此尊玻璃種乘龍觀音，其雕工精細且紋理清楚，不論法相、龍鱗都表現無疑，實為工料俱佳的典範

雙彩翡翠「人生（蔘）如意」巧色巧雕擺件

陽綠色冰種翡翠蛋面耳環，精細的拋光使其水頭與顏色更上層樓

翡翠透明度等級

寶石學中定義的透明度在翡翠學中又稱為水頭，本指可見光穿透寶石的能力。業界以水頭“長短”來形容透明度好壞，透明度高稱為水長，反之，透明度差稱為水短。翡翠的透明度變化很大，從接近玻璃般的透明程度到完全不透明，透明度的不同對翡翠外觀有直接影響。水頭高低好壞是直接觀察而非儀器測量的結果，不同翡翠流派說法略有差異，以歐陽秋眉老師一派，認為 3mm 距離的光穿透性稱為 1 分水，2-3 分水 (6-9mm 光穿透性) 稱為玻璃種，1.5 分水稱冰種。實務上，因為翡翠物

件厚度無法均一化比較，所以必須根據物件的厚度與透明度表現來修正水頭表現。

市場上有時對於「玻璃種」、「冰種」、「糯種」與「豆種」等種地表現認定不一，但是這些根據「水頭」高低與「結晶顆粒度」大小所定義出來的商業品種，其實是很視覺形象化的名詞，玻璃種顧名思義即指透明如玻璃，冰種則指清透如冰，糯種則有如糯米糊般乳濁而微透，豆種則粒粗如豆。因此，有時候業者會將玉石「削薄」以營造出透明度高、水長的假象，而誤導消費者是冰種以上品種。真正的冰種通常需 4.5mm 以上影像可穿透，但若翡翠物件薄至 2mm，即使很清透也可能僅達到糯種。

顏色濃而豔綠的老坑色冰種翡翠

翡翠的重量、厚度與體積

鑽石和大多數彩色寶石買賣中，克拉數重量是相當重要的評估項目。在翡翠交易傳統上，除非是蛋面重量大小錙銖必較，其他的物件很少稱重論價，所以重量項目影響較小。厚度與體積對於翡翠而言重要性可能更高，在翡翠的行話中常用「厚樁」一詞形容厚度夠厚的物件，厚度厚，體積也大。種好、水長如果再加上厚度夠厚、體積夠大則價值倍增，且耐久性也更好。翡翠最忌諱太薄，不管是鐲、蛋、掛件，太單薄的物件，價值與市場接受度會降低很多，通常 5-8mm 是蛋面或掛件的厚度基本要求，手鐲寬度通常需 10mm 以上才不單薄。

翡翠的顏色與色彩分級

濃豔綠色的翡翠在市場上極受歡迎，市場以老坑翡翠的名稱形容這類翡翠

就如同翡翠的名稱由來，紅色的翡鳥與綠色的翠鳥，象徵紅紅綠綠、紅翡翠玉。翡翠為什麼會深受消費者所喜愛，豐富的色彩想當然爾是主因。翡翠顏色受過渡元素 (致色因子) 和伴生礦物影響，存在各種色相、色調與色度的色彩變化，市場上有「色差一分，價差十分」的說法。

同時有紅、黃、綠、白等色的四彩翡翠，又稱福祿壽喜

純的硬玉應為白色；綠色是由於含有鉻；含有錳時，會變紫顏色；若翡翠中含有綠輝石成分，顏色會變黑或暗綠色；含有赤鐵礦及褐鐵礦時，呈現橙紅色至棕紅色；黃翡則是以褐鐵礦為主。翡翠的顏色通常並不是單色，時常會有兩種以上顏色混合。兩種稱雙色或雙彩，如果是紫帶綠色又另稱春帶彩；三種顏色在一起，市場上稱為三彩或福祿壽；四色翡翠則稱為四彩或福祿壽喜。翡翠的顏色是其身價主要評估因素之一 (種、色、水、地)，相對於其他顏色，翠綠色 (正陽綠) 是最為尊貴的色彩。同樣透明度種地條件下，不同色彩的翡翠價值可相差十倍甚至百倍以上。以手鐲為例，質地中上的棕紅色或紫色翡翠手鐲約數百萬台幣，但綠色的翡翠可能上千萬。白色標準玻璃種翡翠手鐲可能數百萬台幣，但若綠顏色佔整個手鐲三分之一，市價可能上一兩千萬；綠顏色佔整個手鐲約三分之二的話，價格還可能再翻倍。近幾年中國大陸曾有過兩只滿綠冰種手鐲開價台幣近 10 億之高價。厚椿的翠綠色蛋面戒面，玻璃種滿綠，約為數百萬台幣之譜；冰種翠綠蛋面也可能要百萬台幣。黑色與墨綠色翡翠近年大受歡迎，價格也是每每攀升，高等級的墨綠色墨翠，一塊玉牌掛件開價也高達數十萬元之譜。

拍賣會的綠紫黃三彩翡翠白菜擺件

正因為翡翠顏色與價位息息相關，色彩分級就非常重要。翡翠顏色分級的基本原則為「正、濃、陽、勻」四字訣。正即指色相，色相越純正通常等級越高；濃指色調，意指濃淡深淺，濃淡適中最好；陽指色度高，夠飽和，夠鮮豔，陽同豔也，顏色越豔麗等級越高；勻指色彩均勻度，100% 色彩均勻者通常稱「滿色」，10% 帶色稱一分色，依此類推。

翡翠的種 - 依顏色、水頭與地子劃分的商業性分類

市場上針對翡翠的商業分類，也就是一般所說的「種」，正如前述，翡翠流派眾多所以「種」的分類五花八門，常常是「商家說到天花亂墜，消費者聽得一頭霧水」。而礦物學與寶石學的分法也大不相同。依筆者看法，「種」即指色、水、地的綜合分類，也就是說，從翡翠的顏色、透明度和質地 (地子) 的特性劃分之。

糯冰種紫羅蘭翡翠，配上天然鑽石與陽綠色翡翠做點綴

表 4.4.1 翡翠商業種名舉例表

水 頭	地 子	顏 色	商 業 種 名
2-3 分水 6-9 mm 穿透性	玻璃地水長 地子乾淨 少棉	黃色	玻璃種黃翡
		老坑綠色	老坑玻璃種
		紫羅蘭色	玻璃種紫羅蘭
		大紅色	玻璃種紅翡
		白色	玻璃種白翡
		三色	玻璃種三彩
		四色	玻璃種四彩

有部分翡翠專家認為「種」指透明度 - 水頭之變化，若將顏色納入「品種」分類則是「種色不分」的結果。以市場現況來看，紫羅蘭翡

翠、蜜糖黃翡翠等以顏色為主的商業分類也為消費者所接受。所以進一步說，將翡翠的「種」定義為商業分類時，應該綜合考量色、水、地的變化，例如豆地翡翠 + 陽綠色 = 豆種陽綠翡翠，但若為豆地翡翠 + 灰藍綠色 = 豆青種翡翠。所以價格與品質或商業品種有關 (顏色、水頭與地子)，以玻璃地的翡翠為例，分類命名上可依循表 4.4.1 模式列出水頭、地子與顏色結合的商業種名。

一般所說的玻璃種翡翠，就如同玻璃般潔淨透明，若顏色又是翠綠色或帝王綠色就是極高價值的頂級翡翠了。玻璃種無色的手鐲在西元 1990 年左右一隻市價大約在 3 萬元左右，如今此品種越來越少，市價甚至喊到 100-200 萬元之間，其漲幅比起不動產或股票、期貨都是有過之而無不及。冰種的透明度為像冰一般的半透明感，稍遜於玻璃種，通常是棉或雜質稍多，一般而言冰種翡翠在市場上已經算高品質翡翠了，至於水頭差、顆粒粗、雜質多、顏色遜的翡翠手鐲，市場價值可能僅 1 千元，翡翠的好壞真的有天壤之別。

拍賣會上的冰種飄花翡翠，玉質為冰地，帶有斑狀或帶狀顏色分布稱為飄花

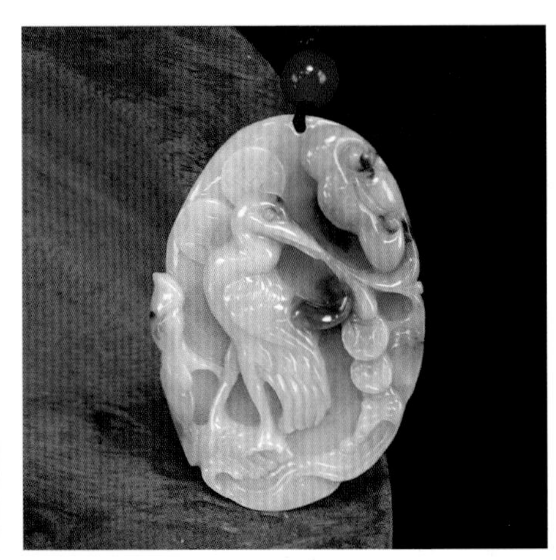

糯種白底青翡翠，玉質為糯地，底色近純白，帶斑狀或帶狀綠色分布稱之白底青，若底色為深綠、淺綠、白色、黑色間雜但整體顯綠，則稱為花底青

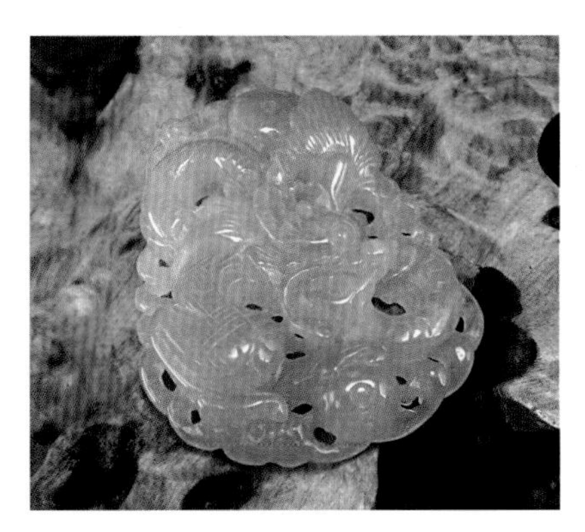

芙蓉種翡翠，玉質為糯地近冰地，顏色呈現淡芙蓉綠，接近冰地的芙蓉翡翠市場上稱為冰芙蓉或冰地芙蓉

冰種蜜糖黃翡翠，玉質為冰地，顏色如蜜糖色

烏雞種翡翠，翡翠中黑白相間的品種，黑色由碳質物所組成，色如山水潑墨般，又稱山水畫種

墨翠，主要由綠輝石所組成，含有硬玉及其他共生礦物，薄片呈現墨綠色，直接觀察為黑色的翡翠品種（0.5 分水以下）

鐵龍生翡翠，外觀濃郁且均勻滿綠，幾乎不透光（0.5 分水以下），成分含有大量鈉鉻輝石

冰種紫羅蘭翡翠，玉質為冰地，顏色為中等淡茄紫色，紫色翡翠質地鮮少達到冰地以上，坊間有「十紫九豆」的說法

第五節
鑽石 Diamond

鑽石是眾多寶石之中為大家所公認的王者。等軸晶系的鑽石具有地球上最高的硬度，這也是它為何如此價值不斐。鑽石除了自然界最高硬度以外，成就它的美麗和珍貴的還有它閃亮而富有七彩火光的外表。鑽石在目前的台灣市場中，算是最受喜愛的寶石，由於消費者普遍認為鑽石象徵愛情的「永恆」所以鑽石戒指也是定情信物的首選。既然如此，我們就不得不知道鑽石如何辨真假以及鑽石的價值評斷標準 (4C)。

火光閃爍的圓形明亮式車工鑽石以及特殊光源下拍攝可見其絕佳的邱比特車工與對稱。

鑽石物理化學性質：

晶系：等軸晶系	折射率：2.417
硬度：10	雙折射：無
比重：3.52	螢光：無至黃、藍白色
光澤：金剛光澤	解理：解理發達
透明度：透明至不透明	特性：高導熱性、高硬度、中高色散
顏色：綠、白、紅、紫、藍、黃、黑、橙、無色	仿品：蘇聯鑽、合成金紅石、碳矽石、鈦酸鍶、鈮酸鋰

鑽石與類鑽材料

鑽石有很多仿品，要辨識這些類鑽材質通常是根據物理化學性質的差異來鑑定。鑽石的高色散和高折射率導致外觀上有很強的閃光和火彩，此光學表現即稱為金剛光澤。鑽石的合成仿贗品共有五種，一般而言，方晶鋯石 (蘇聯鑽) 與碳矽石 (莫桑石) 最為常見，其性質比較如下表所示：

合成碳矽石 (莫桑石)

以下為鑽石和常見的幾種模擬品之區別：

	鑽石	方晶鋯石 / 蘇聯鑽	鍶鈦石	釔鋁榴石	合成金紅石	碳矽石 莫桑石
成分	C	ZrO2	SrTiO3	Y3Al5O12	TiO2	SiC
折射率	2.42	2.15	2.41	1.83	2.60-2.90	2.65-2.69
雙折射	無	無	無	無	0.29	0.04
色散	0.044	0.065	0.19	0.028	0.28-0.30	0.104
比重	3.52	5.40	5.13	4.57	4.22	3.22
硬度	10	8.5	6	8.5	4.25	9.5
親油性	是	否	否	否	否	是
解理或裂紋	腰部毛髮狀	無	無	無	無	無
內含物	礦物晶體	無	氣泡	無	氣泡	針狀物

圖由左至右為合成金紅石、鍶鈦石、釔鋁榴石、蘇聯鑽

早期鑽石類似石的可能品種很多，例如：合成金紅石、鍶鈦石、釔鋁榴石、蘇聯鑽等，近期因為生產成本、材質特性與技術門檻等因素，市場上常見的主要為大家所熟知的蘇聯鑽 (立方晶系氧化鋯石) 與莫桑石 (合成碳矽石) 兩種。針對仿鑽材質，一般採用簡單的直線測試、紙字測試、重量尺寸對照或直接觀察等方法即可快速辨別。由於兩者折射率與色散的差異，直接觀察會發現：鑽石的閃光較強但火彩稍弱，蘇聯鑽則反之。

除了上述簡易方法以外，要鑑別鑽石及蘇聯鑽，最簡單的儀器就是鑽石導熱探針。鑽石探針對於大部分仿鑽材質均可快速鑑別，但是莫桑石則因熱傳導係數太過接近而會被誤認為真鑽。

莫桑石的成分為碳化矽，因為折射率比鑽石高，所以外觀上與真鑽相仿，且熱傳導係數與鑽石相近，以致一般的導熱探針 (測鑽儀) 無法辨識。辨識真鑽與莫桑石可採用比重液法、直接觀察與顯微觀察等幾種方法。比重液法其實就是將鑽石與莫桑石浸泡到常用的二碘甲烷比重液，因為二碘甲烷的比重為 3.32(剛好介於鑽石與莫桑石之間)，因此鑽石會下沈而莫桑石會浮於比重液上。

直接觀察法主要是觀察莫桑石的超強火彩，由於色散為鑽石的兩倍多，正面觀察七彩火光會較鑽石更強烈且明顯。在莫桑石的辨識上，顯微鏡觀察方法其實是筆者大力推薦的好方法，主要是因為大部分的珠寶銀樓同業都備有顯微鏡或手持放大鏡，且莫桑石有兩個極易觀察的顯微特徵：

圖左部分莫桑石會出現特有的管狀內含物由外側向中心略呈放射狀延伸、圖右所有莫桑石都具有強雙折射，因此顯微鏡下可觀察到稜線雙重影像（紅圈處）

由於莫桑石在車工時桌面方向都會平行 C 軸，所以若以顯微鏡從桌面正上方觀察則無法觀察到稜線雙重影像，必需偏離桌面軸心 15-30 度，從風箏刻面方向觀察底部刻面稜線。顯微觀察對於鑑定莫桑石而言是快速且辨識率很高的方法。

由於鑽石具有最高硬度與熱傳導能力，是極重要的工業材料，也由於稀少性和美麗的火彩與光澤，在眾多寶石之中堪稱王者鑽石。由於高價值性，仿品充斥是一大問題，除了蘇聯鑽與莫桑石以外，其他鑽石類似石仿品也可從各項性質加以判別。

鑽石賞析與估價實務

鑽石 4C 評價原則絕非兩三天可速成 4C 原則除了用於鑽石分級與鑑價外，也是評估寶石等級的重要依據。寶石鑑價沒有標準答案，消費者在交易過程中若能明確判斷寶石的品質，就不難比較出市場上同類型商品的價格。如此一來就算無法精確估價，消費者至少不會落於人為刀俎我為魚肉的處境。

所謂鑽石的 4C 指的就是一顆鑽石的顏色 (Color)、克拉 (Carat)、淨度 (Clarity)、切工 (Cutting) 等四個評價標準。此四個標準中，除切工是後天人為決定的以外，其餘三種皆視寶石自身先天條件而定。當然，所謂的 4C 也適用於一般寶石，但是原則上 4C 的使用以鑽石較為嚴謹，一般的有色寶石若使用 4C 來加以估價時，也不會像鑽石那樣嚴格分類評級。

1.4C-Color 鑽石的成色等級

鑽石市場以白色鑽石為主流，白鑽多帶有黃色調，且鑽石的產量也以黃色為多，所以相對而言鑽石的黃色調越深，其評級越低。而寶石界以「成色」一詞來代表鑽石的顏色等級，也可說是黃色調的深淺程度。成色一詞本用於礦業，是代表金銀礦和銀金礦 (帶有金的銀礦或帶有銀

的金礦) 中，金的含量多少，因為金的含量多則成色偏黃，所以在礦業中，金的成色越黃，價值越高，在鑽石上則反之。

鑽石的成色是利用一套「標準比色石」作為比對基準，例如當某鑽石介於顏色等級為 E 比色石和顏色等級為 G 比色石之間時，我們可以說該鑽石為 F 等級，比色石分為真鑽比色石與蘇聯鑽比色石，所以正確的比色石選用會影響鑽石的成色判斷，需注意「真鑽比色石」是指 GIA 認證的比色石，而非 GIA 等級的鑽石湊成一套，比色石必須是每一等級的最高成色。雖然市面上有所謂蘇聯鑽比色石，但其實 GIA 等知名鑑定機構多不採用此種比色石，因為鑽石跟蘇聯鑽的成分、性質都完全不同，所以即使都有黃色調，二者黃色調的成因機制和特性是完全不同的，所以正確的比色石應選用具有一定大小的真鑽才可。

白色鑽石帶有黃色調的等級變低，但若黃色夠濃夠豔麗時 (成色超過 Z 色級)，這顆鑽石即躍升成為彩黃鑽 (Fancy Yellow Diamond)。目前的市場上，彩鑽已經成為當紅炸子雞，喜好度有趕上白鑽的趨勢。

圖左為濃豔的天然豔彩黃色彩鑽，圖右為濃郁的濃彩紫粉鑽

彩鑽的顏色眾多，最基本款為黃色、棕黃色與黑色，收藏價值極高的有紅、橙、藍與綠色天然彩鑽，少見的還有乳白色鑽石與變色龍鑽石。國際上有許多知名的鑽石鑑定單位如 GIA、HRD、EGL、IGI 等，其中美國寶石研究院 (GIA) 是目前市場接受度最高的鑽石鑑定與教學推廣機構，不論是白鑽或彩鑽交易，多以 GIA 證書所標示的等級為主。前面所述成色偏黃價格越低只適用於白色鑽石帶有黃色調的一般情形。鑽石有

一種特別的顏色等級，當顏色已經黃到具有彩鑽 (Fancy Color) 等級時，黃色調反而成為價格高漲的因素。所以黃色調越深價格越便宜的原則是有前提的，其前提就是黃色調尚未鮮豔到接近彩黃，通常是黃色中帶有褐色，較不鮮豔。彩鑽的顏色有紅色、粉紅色、綠色、藍色、黑色、灰色、棕黃色和彩黃色等等，紅色彩鑽是最稀有的類型，藍鑽、綠鑽、粉鑽也是價格不斐。鑽石有一種特殊的變色龍彩鑽，本色通常為黃綠色，加熱會變橙黃色，冷卻後顏色回覆為原色。

鑽石顏色分級

彩鑽的顏色分級與白鑽迴然不同。彩鑽是以顏色的色調和彩度不同區分為：淡彩鑽、中彩鑽、濃彩鑽、豔彩鑽、深彩鑽、暗彩鑽等。白鑽石成色等級多採人工以標準比色石進行比對分級，等級從 D-Z，以下提出鑽石成色等級的大致區分示意圖：

附註：若鑽石的成色超過 Z 則為黃色彩鑽

2.4C-Clarity 鑽石的淨度等級

淨度即瑕疵明顯程度，購買鑽石或任何寶石時，若不考量到價位，消費者所要求的必然是無瑕潔淨的寶石。不難想見，淨度高低對價格的影響相當大，一分錢一分貨，完美通常所費不疵，消費者其實未必要追求「完美無瑕」。台灣市場所交易的鑽石通常淨度等級要求多在 VS 等級以上，這也說明了購買寶石時，價位低固然重要，寶石自身美觀程度更是不可忽視。

淨度等級較差的鑽石（I3），羽裂紋過多有時會影響鑽石的堅固性

鑽石內部含晶，由於切割面反射，導致一個含晶卻有多個影像，明顯影響淨度特徵

淨度差的鑽石藉由玻璃填充來提高鑽石的目視淨度，此顆鑽石原為 I1 等級經由玻璃填充後變為 SI2，在顯微鏡下，由於所填充的玻璃與鑽石的折射率不同，因此產生閃現光的效應

鑽石淨度分級

淨度：即瑕疵等級，根據美國寶石研究院 GIA 的分級可以將鑽石的瑕疵分成以下等級：FL 裡外無瑕、IF 內無瑕、VVS 極微瑕、VS 微瑕、SI 瑕疵級、I 重瑕級。

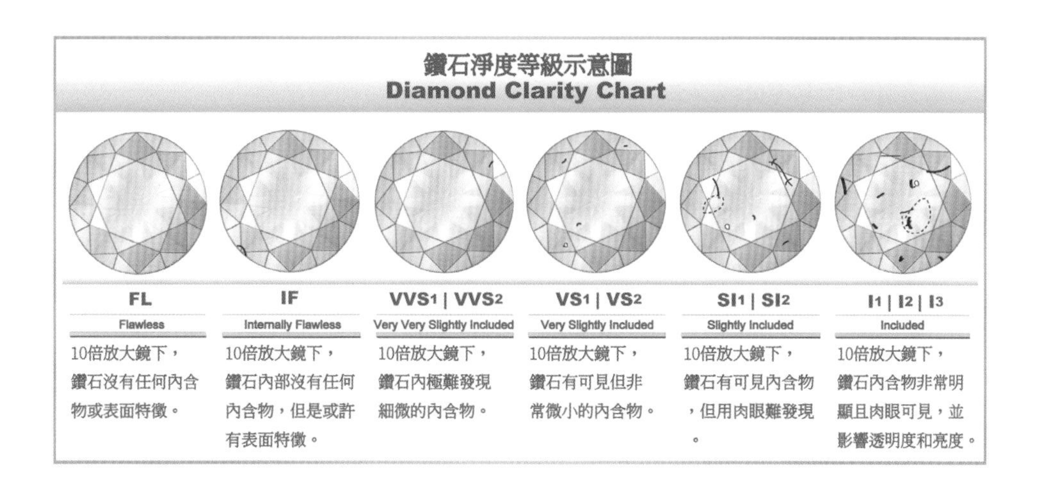

3.4C-Cutting 鑽石的車工

車工：

特定角度切磨的完美圓形車工鑽石，採用觀鑽鏡暗場觀察，正面反射光成像有如八枝利箭，背面有如八顆愛心，所以稱為八心八箭

依據鑽石原石的結晶型態(八面體或是板狀晶體)，在損失最小重量的情況下，如何能獲得更高的火光表現乃至於更好的淨度，這就倚賴精確計算的車工角度及比例，即所謂的「車工」。至於鑽石車工的描述分為兩部分：形狀和車工形式 (Shape & Cutting Style)。形狀指輪廓外型，一般以圓鑽式切磨 (Brilliant cut) 最為常見，其他形狀還有橄欖型、橢圓形、梨形、心型及長方形等。車工形式則是指車工的角度和刻面組數，

常見的如明亮式車工 (Brilliant cut)、階式車工 (Step Cut；或稱祖母綠車工 Emerald Cut)、千禧車工 (Millennium)，若冠部與亭部不同車工形式，則稱為混合式車工。

鑽石的車工好壞與刻面角度、面數、對稱性及拋光好壞都有相關。好的車工可以使鑽石的光亮、閃光和火彩完全表現出來，一般所說的圓形明亮式車工 (理想車工) 在光學上最能體現鑽石的美感，若該車工符合特定比例時 (桌面 53-58%、冠角 34.5 度，全深比 59-62%)，鑽石正面反光可見八枝箭，背面可見八顆心，此又稱為八心八箭或丘比特車工 (Heart & Arrow)。關於車工以下分兩點討論之：

冠部、亭部和腰部

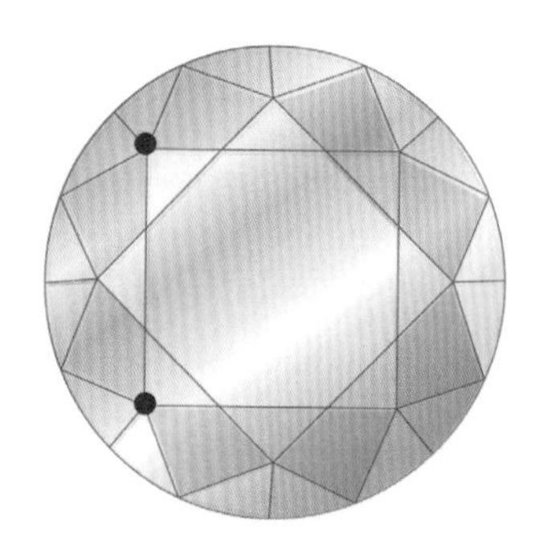

目視觀察對於珠寶買賣是最基本的實務鑑定手段，圖中鑽石冠部上的三角型星面頂端標示紅點，兩點連線若呈現直線則桌面百分比約末 60%，若微向內凹呈現如「)」的形狀則約為 57%，微向外凸呈現如「(」的形狀則約為 63%

〈冠部〉Crown

鑽石的冠部有幾個主要觀察的地方：

一、冠部角度

一般是 30° ~35°，但是最好的角度是約 34、35 度左右，32° ~34°還是算水準之上的，30° ~32°算是尚可，而在 29°以下算是不良的。

二、桌面百分比

桌面百分比越大則鑽石看起來越大顆，雖然會折損其火光和亮光，但是對於克拉數較小的鑽石而言，視覺效果放大也是不錯的選擇，以車工的角度觀之，桌面過大不宜，反而有損美觀，多數的鑽石桌面介於 58-65%，桌面太大會降低火彩。

〈腰部〉Girdle

鑽石的腰部主要觀察腰圍之厚薄情形，另外也可觀察其腰部的修飾情形。腰部的厚度以薄～中等較佳，有的鑽石腰部經過拋光，有的則是粗糙未修飾，關於腰部的修飾，一般而言不管是平滑、刻面或是拋光都是可以的，只要不是粗糙腰圍，粗糙腰圍算是車工瑕疵。至於鬚狀腰圍其實就是鑽石腰部上的鬚狀裂紋，可列入外部瑕疵。

〈尖底小面〉Culet

尖底小面一般可有可無，但若是沒有則易使得鑽石容易於尖底處毀損，然而過大則不恰當。

拋光和對稱

拋光與對稱對車工有絕對的影響，包括鑽石的火彩、閃光及亮光三者好壞都受其影響，拋光主要觀察是否有拋光缺陷 (燒灼痕、刮痕)。至於對稱則須注意到下列幾點：

第一、俯仰側視看各小面的對稱情形
第二、俯仰側三方向看各面稜線相交情形
第三、透過桌面垂直往下看尖底是否對稱 (在桌面中心點上)
第四、從側面看冠部跟亭部是否有完全對齊
第五、看有無天然晶面或表面有無其他瑕疵

整體拋光和研磨的觀察和評鑑也大概就是這些地方要注意而已。

形狀與車工樣式

鑽石的車工主要的考量就是重量的損失和呈現的美感這兩者間的權衡。從早期的切割樣式至今日的切割樣式來比較，在這兩者上都已經能夠盡量兼顧到。所謂魚與熊掌不可兼得，鑽石的車工形式中最節省材料且又有好效果的就是所謂圓鑽式車工或稱作圓形明亮式車工 (ROUND BRILLIANT CUT)。其他的花式車工則是較圓鑽式更消耗材料、浪費材料，但是由於珠寶設計時有特殊造型鑽石的需求，所以將鑽石施以各式切割還是大有人在。

一般來說，圓鑽式是最常見的切模樣式因為它是最節省重量而且最能表現鑽石火彩和亮光的一種切割法。此外常見的還有幾種切割法像祖母綠式切割、梨形切割、心形切割和橄欖形切割 (又稱馬眼形) 等等。以下為常見的鑽石車工樣式：

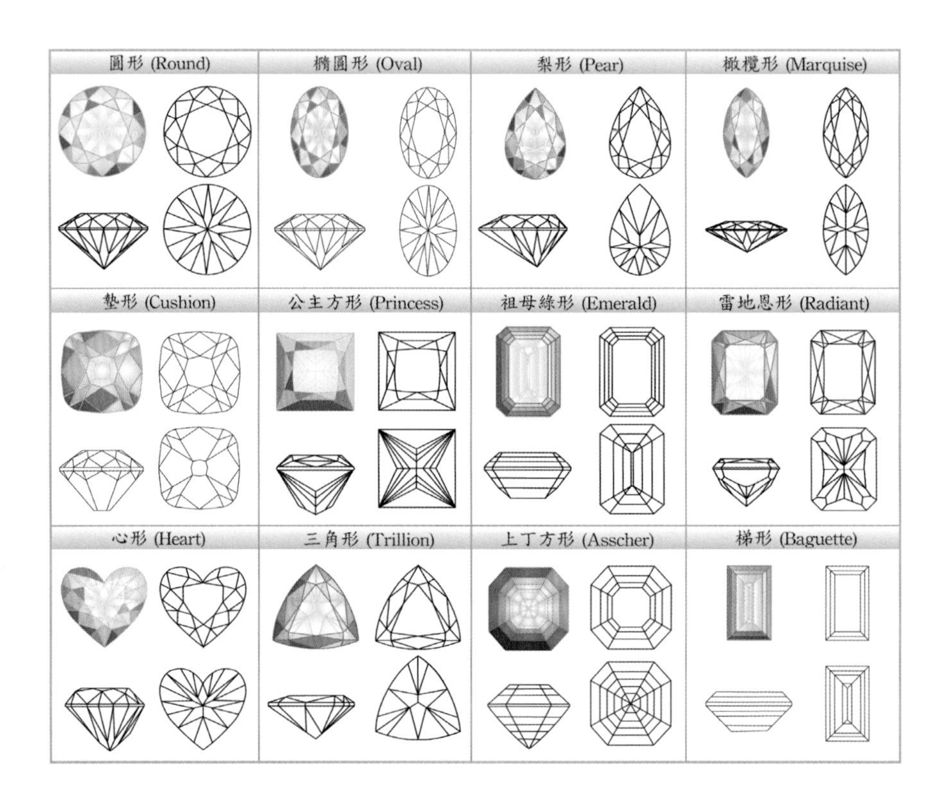

4.4C-Carat Weight 鑽石的克拉重量

克拉 (carat) 是寶石的重量單位【註】，1 克拉相當於 0.2 公克，且 1 克拉又可劃分為 100 分，小鑽以分為重量單位，1 分等於 0.01 克拉。由於鑽石單價頗高，所以每克拉還可分作一百分，如此這般錙珠計較，鑽石的價值可見一斑。鑽石或任何寶石都有一個共同點，重量越大就越為貴重，但是鑽石較特別，鑽石若大於五克拉時通常沒有公定之單價。而一般而言，鑽石的重量若倍增，則其價值絕對不只是倍增而已 (與重量平方正比)，不過價格仍須看鑽石報價表才能得知。

【註】實用寶石 Q&A

克拉原指一種長角豆樹 (keration) 的種子，該種子稱爲克拉豆，由於在中亞及歐洲極爲常見，且每顆種子大小重量相當一致，所以被珠寶商拿來作爲重量單位。現今，克拉成爲公制單位，1 克拉相當於 0.2 公克。

鑽石評估和鑽石證書

鑑定師對一顆鑽石的評價是要看它的色澤、切工、重量和淨度，但是即使有這樣的基本概念，一般消費者仍是無法輕易判斷一顆鑽石的好與壞。消費者在購買鑽石珠寶飾品時，常會聽到店家聲稱有附「保證書」，實際上保證書不代表「鑑定證書」，真正的鑽石鑑定證書必須是由消費者和店家以外的第三方鑑定機構來開立，才可保障消費者的最大權益。一般而言，國際上具公信力的 GIA(美國寶石學院) 鑑定實驗室所開立的證書普遍被消費者所接受，此外國際上還有 HRD、EGL 或 IGI 等鑑定機構，唯不同單位鑑定的鑽石等級可能有 1-2 級的落差，消費者需注意。

鑽石證書內容到底是什麼呢？簡單的說就是一張鑑定報告，裡面包含有這顆鑽石的顏色、重量、切工與淨度等級等基本訊息。因此，即使消費者自身沒有能力來評估或鑑定一個鑽石的好壞，也應該具備有看鑑定證書的基本能力，才是明智的消費者，以下列舉美國寶石學院 (GIA) 的鑽石鑑定證書具有的所有基本信息和閱讀證書注意的事項來加以說明：

GIA 美國寶石學院的鑽石鑑定區分為大證、小證和彩色鑽石證書。大證與小證是針對白鑽 4C 等級與特徵的描述，大小證的差別在於小證沒有針對鑽石的內含物特徵與位置作圖；彩鑽證書則是多了一個彩色鑽石色階圖示。一般 1 克拉以上白鑽都採大證，不足 1 克拉可選擇開立大證或小證。

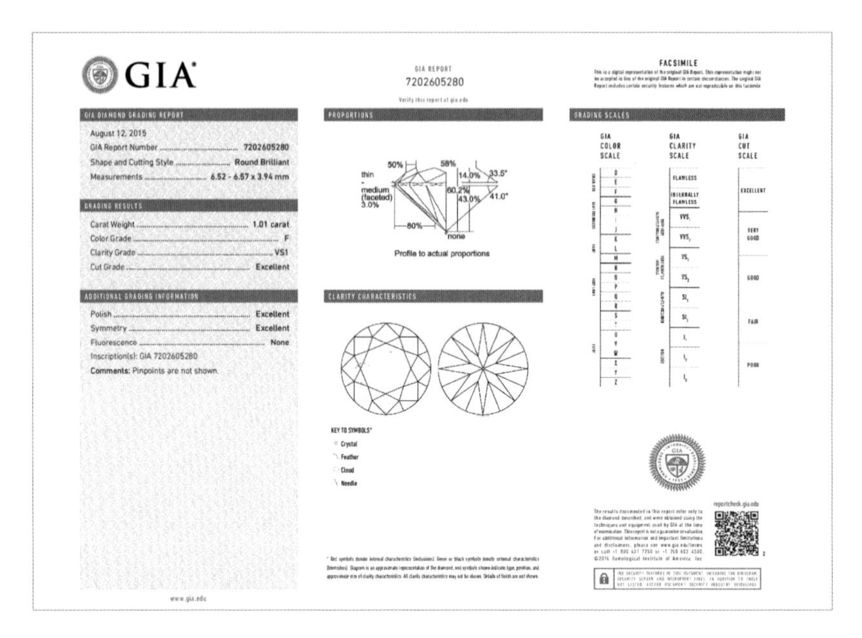

GIA

GIA REPORT
7202605280
Verify this report at gia.edu

FACSIMILE

GIA DIAMOND GRADING REPORT

August 12, 2015
GIA Report Number 7202605280
Shape and Cutting Style .... Round Brilliant
Measurements .... 6.52 - 6.57 x 3.94 mm

GRADING RESULTS

Carat Weight .... 1.01 carat
Color Grade .... F
Clarity Grade VS1
Cut Grade .... Excellent

ADDITIONAL GRADING INFORMATION

Polish .... Excellent
Symmetry .... Excellent
Fluorescence .... None
Inscription(s): GIA 7202605280
Comments: Pinpoints are not shown.

PROPORTIONS

CLARITY CHARACTERISTICS

KEY TO SYMBOLS*
Crystal
Feather
Cloud
Needle

GRADING SCALES

GIA COLOR SCALE
GIA CLARITY SCALE
GIA CUT SCALE

reportcheck.gia.edu

www.gia.edu

GIA 大證，這是一顆 F 色級，淨度 VS1 的 1.01 克拉鑽石，證書中有針對該鑽石的內含物種類及位置作圖註記，有助於辨識鑽石與證書真偽

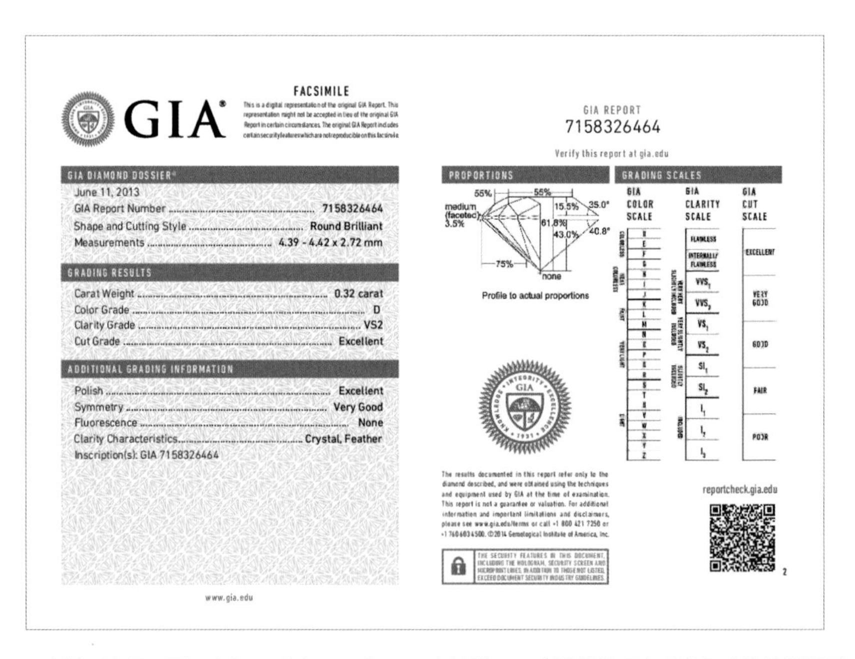

GIA®

FACSIMILE
This is a digital representation of the original GIA Report. This representation might not be accepted in lieu of the original GIA Report in certain circumstances. The original GIA Report includes certain security features which are not reproducible on this facsimile.

GIA REPORT
7158326464
Verify this report at gia.edu

GIA DIAMOND DOSSIER®

June 11, 2013
GIA Report Number 7158326464
Shape and Cutting Style .... Round Brilliant
Measurements .... 4.39 - 4.42 x 2.72 mm

GRADING RESULTS

Carat Weight .... 0.32 carat
Color Grade .... D
Clarity Grade VS2
Cut Grade .... Excellent

ADDITIONAL GRADING INFORMATION

Polish .... Excellent
Symmetry .... Very Good
Fluorescence .... None
Clarity Characteristics........ Crystal, Feather
Inscription(s): GIA 7158326464

PROPORTIONS

GRADING SCALES

GIA COLOR SCALE
GIA CLARITY SCALE
GIA CUT SCALE

The results documented in this report refer only to the diamond described, and were obtained using the techniques and equipment used by GIA at the time of examination. This report is not a guarantee or valuation. For additional information and important limitations and disclaimers, please see www.gia.edu/terms or call +1 800 421 7250 or +1 760 603 4500. ©2014 Gemological Institute of America, Inc.

THE SECURITY FEATURES IN THIS DOCUMENT, INCLUDING THE HOLOGRAM, SECURITY SCREEN AND MICROPRINT LINES, IN ADDITION TO THOSE NOT LISTED, EXCEED DOCUMENT SECURITY INDUSTRY GUIDELINES.

reportcheck.gia.edu

www.gia.edu

GIA 小證，這是一顆 D 色級，淨度 VS2 的 0.32 克拉鑽石，小證僅註明有哪些內含物特徵類型

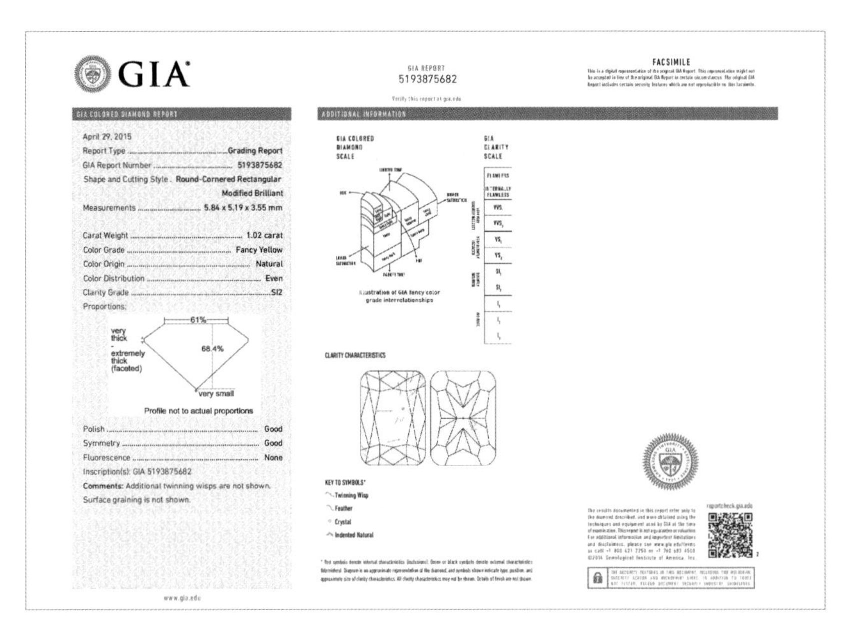
GIA

GIA REPORT
5193875682

FACSIMILE

GIA COLORED DIAMOND REPORT

April 29, 2015
Report Type .... Grading Report
GIA Report Number 5193875682
Shape and Cutting Style .. Round-Cornered Rectangular Modified Brilliant
Measurements .... 5.84 x 5.19 x 3.55 mm

Carat Weight .... 1.02 carat
Color Grade .... Fancy Yellow
Color Origin .... Natural
Color Distribution .... Even
Clarity Grade SI2
Proportions:

61%
very thick
-
extremely thick (faceted)
68.4%
very small
Profile not to actual proportions

Polish .... Good
Symmetry .... Good
Fluorescence .... None
Inscription(s): GIA 5193875682
Comments: Additional twinning wisps are not shown. Surface graining is not shown.

www.gia.edu

ADDITIONAL INFORMATION

GIA COLORED DIAMOND SCALE

GIA CLARITY SCALE

FLAWLESS
INTERNALLY FLAWLESS
VVS1
VVS2
VS1
VS2
SI1
SI2
I1
I2
I3

Illustration of GIA fancy color grade interrelationships

CLARITY CHARACTERISTICS

KEY TO SYMBOLS*
Twinning Wisp
Feather
Crystal
Indented Natural

reportcheck.gia.edu

GIA 彩鑽證書，這是一顆 1.02 克拉的中彩黃鑽，淨度 SI2，除了內含物特徵圖示以外，證書中間上方有彩鑽色階圖示，輔助讀者瞭解此彩鑽之顏色評等

證書的內容

1.Shape and cutting style 形狀和切割款式

此項記載了鑽石的車工外型或款式，例如：圓鑽式 (brilliant cut)。一般除了圓鑽以外比較受歡迎者為心形、梨形和公主方形。

2.Measurements 直徑和深度 (直徑以最大和最小差之再乘以深度)

例如 :6.78-6.83x4.18mm

3.Weight 重量，鑽石的裸石重，以克拉計算。

4.Proportions 車工比例

Depth 全深百分比 (指的是深度除以平均直徑) 一般而言市場上認為較好的比例為 57%~63%。ex:4.18/6.805=61.4%

Table 桌面 (指的是俯視時桌面佔冠部全面積的比例) 比較標準的桌面百分比為 57%~64% 左右。

Girdle 腰部 (指的是鑽石的腰部厚度) 過薄或過厚都是不當的，過

厚影響其美觀，過薄會導致脆弱易碎。一般形容腰部有極薄、薄、中等、厚、極厚，其中以薄和中等較佳。

Culet 尖底小面 (指的是小面的面積大小) 有分無、極小、小、中等、大、極大等，其中以無到中等較佳。

5.Finish 外觀修飾

Polish 拋光

有分為四等 :Excellent(極佳)、Very good(很好)、Good(好)、Fair(普通)、Poor(很差) 五等，通常鑽石的拋光等級都在 Good 左右，Very Good 一般是較好的拋光，Excellent 算是最好的拋光。

Symmetry 對稱

切工的好壞也要看鑽石整體對稱是否完整，鑽石是否磨圓，桌面與尖底是否偏離中心，桌面左右兩邊是否對稱，每一條相鄰稜線是否交於一個點，不管哪個方向看都是完整的幾何對稱，面也都是對稱的大小和數量，那就是車工的好。其分級同於拋光也分五級。

6.Clarity grade 瑕疵分級

就如同在上述 4C 分級時所說的，分為 FL(無瑕疵)、IF(內部無瑕疵)、VVS(極微瑕疵)、VS(微瑕疵)、SI(瑕疵級)、I(嚴重瑕疵)。

7.Color grade 顏色分級

顏色等級從 D 級開始到 Z 級，D 到 F 級是指無色的，G 到 J 則是近乎無色，但是在側面看時會微黃。K~M 從正面看就略帶黃色，而 N~Z 級的黃色則是非常的明顯。一般價位鑽石大約為 H 級上下。

8.Fluorscence 螢光

就是暴露在紫外線下時有無螢光，和其螢光的顏色。

9.Comments 備註

除了上面已經紀錄下的各個檢定，GIA 他們會對此顆鑽石作一個其他性質或特徵的大略評論，像是冠部角度大於 35° 等。

10. 瑕疵符號圖示

以一些圖形符號來表示鑽石在何位置有什麼瑕疵，並且會有註解說明圖示是指何種瑕疵。

如何讀懂鑽石報價表 (Rapaport)

1978 年以前，市場上並沒有業界認同的鑽石公定價格表或計價公式，鑽商通常只能依照進價成本自行定價。由於市場自訂價格混亂，鑽商或消費者都缺乏比較基準，影響鑽石價格的 4C 條件複雜，導致買賣的過程中價差大而有爭議。

馬丁 · 拉帕伯 (Martin Rapaport) 先生，將鑽石依其重量、淨度與成色等級整理列表，訂出標準化的報價單每週發行，即為現今市場上所稱的「國際鑽石報價表」(Rapaport Diamond Report)。該報價表原僅供業者使用，且使用者需付費訂閱。每份鑽石報價表都有國際鑽石市場的最新資訊 (價格和漲幅)，表中收錄 0.01 到 5.99 克拉、成色由 D 至 M(GIA 標準)、淨度從 IF 到 I3(GIA 標準) 的鑽石行情。

RAPAPORT : (1.50 - 1.99 CT.) : 08/26/11 ROUNDS

	IF	VVS1	VVS2	VS1	VS2	SI1	SI2	SI3	I1	I2	I3
D	350	260	230	190	160	118	94	73	59	33	19
E	260	230	195	170	145	112	90	70	56	32	18
F	225	195	170	150	130	107	85	66	54	31	17
G	175	160	145	130	118	100	79	63	51	30	16
H	144	134	123	112	102	91	75	59	49	29	16
I	118	112	107	96	88	78	67	54	46	27	15
J	102	94	89	82	75	67	60	48	40	25	15
K	79	76	73	70	65	59	51	43	36	22	14
L	68	65	62	59	55	51	46	40	33	21	13
M	59	56	52	49	44	42	39	34	30	19	13

W: 176.12=0.00% T: 83.98=0.00%

上圖的鑽石報價表是 2011 年 8 月 26 日所發佈的圓鑽報價 (Rounds Rapaport)，表中的 1.50 克拉至 1.99 克拉鑽石報價表。左列是鑽石成色等級，上排是鑽石淨度等級。左下方的 W: 176.12 是較佳的前 25 顆鑽石 (D~H、IF~VS2) 的平均價，而 0.00% 是此 25 顆本期跟前期比較的價格成長。T: 83.98 為此表中每個等級和成色的鑽石總平均價格，而 0.00% 是指此表所有鑽石等級較前期的平均價格成長。表格中的每一組數據是以「百美元 / 克拉」為單位，且對應到不同的淨度與成色等級，由於鑽石報價表係以美金報價，故計算價格時需乘以美元匯率換算之。舉例來說，以上表中的 D，IF 等級，如果一顆鑽石 1.5 克拉，則其美金價位為 35000 x 1.5 = 52500，換算台幣單價則乘以匯率。

第六節
剛玉家族 Corundum

在眾多寶石中，有四種寶石被列為貴重寶石。居其冠者可想而知就是恆久流傳的鑽石，其次則為紅寶石、藍寶石和祖母綠。其中紅寶石和藍寶石同樣是屬於「剛玉」的礦物種，且分居貴重寶石的第二及第三名。

剛玉莫氏硬度 9，主要成分為六方晶系的三氧化二鋁結晶，在自然界中硬度僅次於金剛石，古代用來琢磨玉石的解玉砂就是剛玉這類的高硬度礦物。剛玉應用於寶石方面需要高品質的晶體，一般呈現為透明至半透明，紅色寶石級剛玉稱為紅寶石 (Ruby)，紅色以外的寶石級剛玉都稱藍寶石 (Sapphire)。剛玉家族的顏色有無色、白色、藍色、綠色、黃色、橙色、紅色、紫色與黑色等，最罕見的顏色是粉紅與橙色雙色藍寶石，又稱為「蓮花藍寶石」(Padparadscha, Padamagara)，此外剛玉家族有兩類特殊

顏色半粉半橙的剛玉，又稱為蓮花藍寶石

現象寶石：變色剛玉與星光剛玉，前者在不同燈源下呈現變色效應，後者則是在凸面寶石表面可見三道星線，呈六芒星狀。

純的剛玉應為無色，彩色剛玉的顏色來自於不同過渡元素，黃色源於鐵或鎳、紅色源於鉻、藍色源於鐵和鈦、藍紫 - 紫紅變色者源於釩。

剛玉物理化學性質

晶系：六方晶系	折射率：1.762~1.770
硬度：9	雙折射：0.008
比重：4.00	螢光：長短波橙紅色螢光
光澤：玻璃光澤	解理：兩組完全解理
透明度：透明至半透明	特性：高硬度、高比重、色帶
顏色：紅、粉紅、橙、黃、綠、藍、紫、黑、無色	仿品：合成剛玉、合成尖晶石、藍晶石、玻璃、石榴石

剛玉寶石的產狀

剛玉的成分為三氧化二鋁，原生的剛玉來自於岩漿型礦床與變質型礦床中，如高鋁質的鹼性玄武岩會產出紅藍寶石，且這種來源類型的紅藍寶通常含有較高的鐵含量；最著名的緬甸紅寶則是產於接觸變質的大理岩 - 花崗岩接觸帶中，這些不同產狀來源的紅藍寶石可從顏色、螢光特性、吸收光譜或內含物特徵辨識之。非洲產出的區域變質岩型紅寶石常與黝簾石、綠簾石共生，通常透明度低、色偏深紫紅且少見寶石等級。世界上主要的寶石級剛玉有大部分還是來自沖積砂礦床。

剛玉寶石的星彩效應

當一個蛋面寶石具有兩條或以上的像貓眼光一般的光芒交叉，即稱之為星彩效應 (Asterism)，具有星彩效應的寶石稱之為星石。寶石的星彩通常是因為寶石晶體內有纖細且多個方向平行排列的針狀晶體 (內含物；包體)。

圖左為顯微鏡下所觀察到，導致星彩效應的三方向交織針狀金紅石內含物
圖右為拍賣會的天然紅寶星石戒指，高品質的紅寶星石比一般紅寶石更珍稀

以著名的剛玉星石來說，在剛玉的晶體之中有平行菱柱面方向排列的針狀包體，而細小針狀晶體的三個排列方向又恰好呈現 120 度，由於那些方向性結晶包體反射光的結果，所以蛋面垂直 c 軸才會出現一個六芒星。星彩一般常見四芒星、六芒星，若有雙晶也可能形成十二芒星或十八芒星等。如果寶石內部有缺陷無法良好的反光，致使星芒缺少幾道或是部分不明顯，也可能出現三芒或五芒等不對稱的星芒。除了紅寶與藍寶星石以外，尚有多種寶石具有星石品種，且不同的星石品種可能有不同的星芒線數目。

星石中最知名者是剛玉家族的紅、藍寶星石，但是其他星石亦是不在少數，如尖晶石、石榴石、石英等都有可能出現星石。如果寶石中的針狀晶體內含物不夠細密有可能不會產生星芒，若針狀體細密且能夠均勻分布時，星石就可以非常明顯。星彩效應已經可以透過鍍膜產生或直接以火熔法合成製造出剛玉星石晶體，市面上常見的仿製品即此二類。

合成剛玉星石的特徵在於星線太深 (幾乎到達蛋面寶石的底部)，且內部有大量點狀氣泡內含物，另外從底部觀察合成星石通常會看到圓弧形生長線。天然或合成剛玉的蛋面寶石經過氧化鈦鍍膜處理，也會形成銳利的星芒，此兩類仿品皆不具有天然剛玉星石中的三方向金紅石針狀內含物。

◆ **紅寶石 Ruby**

古印度人認為紅寶石的紅是寶石內燃燒且永不熄滅的火焰所發出的顏色，也認為紅寶石才是真正的寶石之王。紅寶石有別於鑽石，沒有戴比爾斯等壟斷性公司從中上游控管供應量，也沒有每年數億元的行銷推廣費用，卻仍得以維持其身價，在國際市場或拍賣會上屢創天價。有很多珠寶業者認為，紅寶石才真的是產量稀少、供不應求。紅寶石除了是七月份的誕生石外，也是結婚四十週年的紀念石。

淨度高且顏色豔麗火紅的紅寶石戒指，高品質的紅寶石稀有且價高

依筆者觀察，華人市場對紅寶石的喜好遠超過藍寶石。紅寶石非常珍貴稀有，因此有許多的替代寶石或仿贗品。外觀顏色與紅寶石相似的天然紅色寶石不下十種，且在過去的數個世紀中，甚至有許多名貴的「紅寶石」實際上並非紅寶石，如著名黑王子紅寶石，經現代寶石學證明為重達 170 克拉的優質紅尖晶石 (Spinel)，這些美麗的錯誤更深化了紅寶石在人們心目中的地位。

紅寶石鑑定與賞購

紅寶石的顏色有橙紅 - 正紅 - 紫紅的不同色相，在 GIA 美國寶石學院的認定上，只要符合主色為紅色且中等淡色調以上，即使帶有橙色調或紫色調都仍可認定為紅寶石。市場上對紅寶石的顏色有一些描述性的名稱，通常「牛血紅」代表顏色濃而色度低，帶棕的暗紅色；「鴿血紅」則用於形容美麗、濃郁且嬌豔的正紅色。

挑選賞購紅寶有幾個重點：

第一、要先確認是否為天然紅寶石，畢竟市場上充斥著大量合成紅寶石與其他紅色寶石類似。

第二、確認是否經過優化處理，以及到底經過哪一種優化處理類型。

第三、考慮 4C 原則評估紅寶石好壞。

第四、最後才是進一步要求特定產地 (對鑑定所而言，產地不是必然可確定)。

1. 寶石品種與天然合成確認

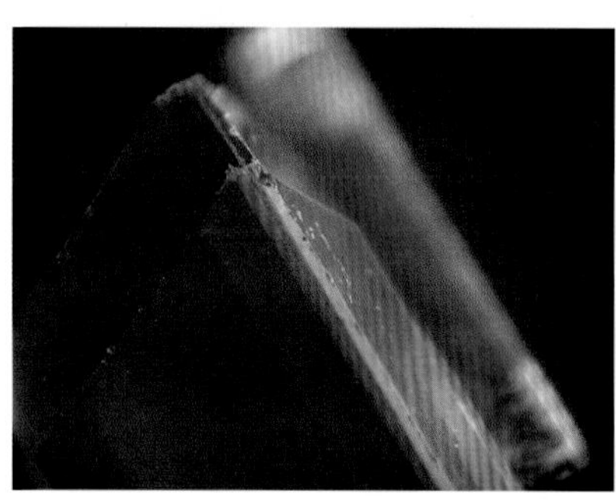
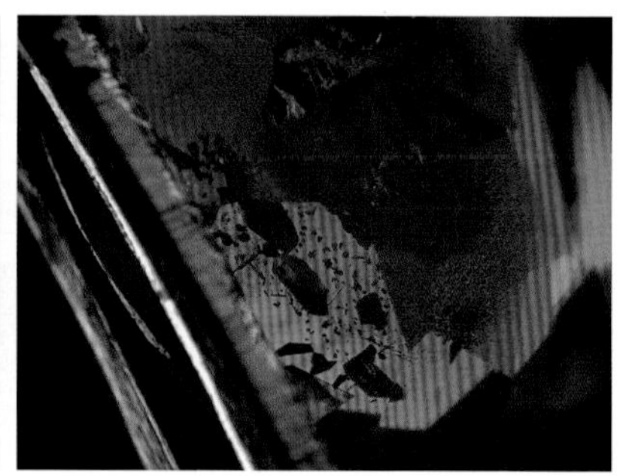

圖左冠部為天然藍寶石與底部合成紅寶石拼合石，在腰部有明顯膠合處、圖右為助融劑合成紅寶石，含有三角型與六角型鉑金屬片內含物

只要是天然的紅色寶石都可能與紅寶石外觀相仿，例如：紅色石榴石類、紅尖晶石、紅電氣石、紅綠柱石、紅中長石、菱錳礦等寶石，這些紅寶類似石因為折射率、雙折射或比重等寶石學特性都明顯不同，很容易區別。合成紅寶石成本低廉且外觀與性質與天然紅寶完全相同，遠比前述天然類似石更難鑑定。此外，有一種少見的仿品是將天然剛玉作為寶石的冠部，合成紅寶石作為寶石的底部，稱為夾層石或拼合石。

天然紅寶石、合成紅寶石與拼合石的最明顯區別就是在於所包裹的內含物特徵。天然紅寶石多包裹礦物含晶、針狀物、羽裂紋、指紋狀物等內含物；合成紅寶石則視合成方法不同而分別包裹氣泡、弧形生長線、助融劑 - 紗狀物、鉑金屬片等等；拼合石則通常兼具天然與合成剛玉的特徵，且腰部有一明顯拼接黏合痕跡。

2. 紅寶石優化處理確認

紅寶石常見的優化處理類型有浸紅油、熱處理、玻璃填充、擴散或鈹擴散處理。浸紅油多在發生於寶石產地，當珠寶商收購整批紅藍寶沒有仔細檢查，不管是原石或裸石，裂隙多的寶石可能浸泡紅色油料以達增色、染色的效果。這類寶石不難檢驗，一是觀察裂隙是否有顏色加深的情形，二是以棉花棒或衛生紙沾少量酒精、丙酮擦拭之，看是否有褪色情形。

熱處理就是市場上所稱的「一度燒」，意指一般常見的熱處理，未添加玻璃或其他外來擴散物質 (氧化鉻、氧化鈦等)，熱處理可能改變剛玉的透明度或顏色，最經典的是斯里蘭卡產的「牛奶石」(富含金紅石絲狀物的乳白色剛玉) 加熱後會轉變為豔麗的藍色。國際上普遍認為紅寶石的熱處理是可以接受的，但是一般會在報告上註記熱處理過程中所伴隨的殘餘物質量多寡，通常包含無殘餘物、微量殘餘物、中量殘餘物到明顯殘餘物等等。殘餘物質多寡代表寶石的裂隙多寡，所以市場上一般偏好無殘餘物或伴隨微量殘餘物的熱處理紅寶石。

熱處理會使紅寶內的礦物內含物產生次生變化，所以可鑑定出其是否經過處理，例如：針狀的水鋁礦會斷裂而不連續、鋯石等礦物晶體會燒熔或產生繞晶裂紋、液包體產生爆裂等。

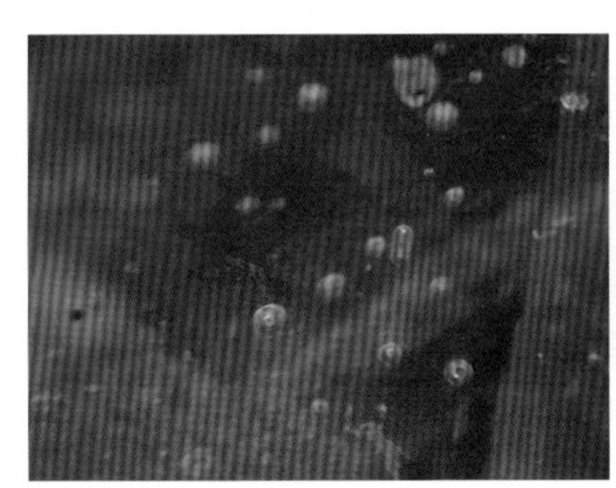

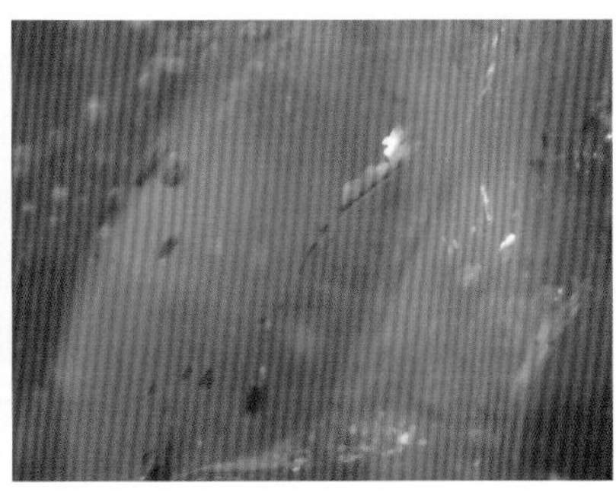

圖左為玻璃填充紅寶石中常見的氣泡內含物，外型有如甜甜圈
圖右中間白色反光薄片為玻璃填充紅寶中的閃光玻璃小片

玻璃填充是指裂隙多的劣質紅寶石，添加鉛玻璃燒製，提升紅寶透明度、顏色及目視淨度的處理方法。玻璃充填紅寶在概念上有點像紅寶石中的「B 貨」，且玻充紅寶若接觸到酸液可能會溶蝕而現形，所以市場上較為排斥。玻璃物質的多寡會影響鑑定書開立的結論，當玻璃物質僅少量存在於裂隙中，認定為熱處理伴隨殘餘物，但如果玻璃量多，顯微鏡下明顯易見則判定為「紅寶石與玻璃複合寶石」，一般也稱為「玻璃填充紅寶石」(Glass-filled Ruby)。國際級鑑定所對玻充紅寶的認定除了顯微鏡觀察以外，還有使用拉曼光譜儀和 EDXRF 等高階儀器確認鉛玻璃含量；一般消費者可以用放大鏡觀察紅寶的表面和內含物藉此區別。

玻充紅寶石透過放大鏡或顯微鏡在反射光下觀察可見玻璃處與寶石處的光線反射情形有所差異，且填補處有明顯的玻璃與寶石交界，且表面可觀察到許多裂隙，因填完玻璃後拋磨時玻璃硬度低而會相對凹陷所致。另外，在玻充紅寶內部可能產生氣泡或是閃現光效應，氣泡需搭配放大鏡或顯微鏡於穿透光下觀察，閃現光效應是指反光的玻璃小片，若顯微鏡配合反射光源則可清楚觀察。

比較典型的玻璃充填是應用於紅寶石中有大量的裂隙或是大量的平行裂理 (由於雙晶及離溶作用產生的平行裂面)，如馬達加斯加安地拉美納地區所產的紅寶由於此特性，非常適合於玻璃充填。此類型的玻璃充填紅寶石，透過顯微鏡反射光下觀察通常有大量的平行裂理或不規則狀裂隙，此外也常出現閃現光效應及氣泡。

擴散處理則是指將氧化鉻、氧化鈦等致色元素氧化物包裹於無色及淺色剛玉外，透過接近溶點的高溫加熱，過程中外面包裹的鉻或鈦會擴散至剛玉晶格中，在剛玉表層形成紅色或藍色的薄層。擴散處理在業界也不受消費者青睞，主因是這種處理等同加色紅寶，有如紅寶中的「C 貨」。再者，如果擴散處理的寶石重新琢磨，顏色薄層可能被磨去而變回無色，擴散處理即市場上所說的「二度燒」。二度燒紅藍寶石鑑定上可採浸液觀察法或顯微鏡檢查。浸液觀察是將寶石以二碘甲烷液體浸泡，若稜線和腰圍色澤較深則為二度燒寶石。顯微觀察也是觀察稜線上的顏色分布是否較深。

鈹擴散處理在鑑定上非常困難，因為「鈹」的擴散深度可達整個寶石，是一種深度擴散，不僅止於表面薄層。稜線沒有特徵可觀察，且鈹這種輕原子無法用 XRF 或拉曼等儀器檢測。顯微鏡下觀察，鈹擴散的黃寶石常有一些熱處理特徵，如藍點、溶解晶體等，但卻未必代表鈹處理之證據。

3. 紅寶石 4C 評估與挑選

天然紅寶石與鑽石套練

天然紅寶石的最重要條件是顏色，紅色越濃 (中等至中深色調)，顏色強至鮮豔 (色度 5-6) 且色正紅是最好的紅寶。顏色偏紫、偏橙或色調太淡，色度太低 (偏棕色)，價值都會大打折扣。市場上的紅寶石淨度通常多為目視微瑕或重瑕，目視無瑕的若搭配高檔色澤，價值通常不斐。紅色看起來不夠深時，商人口中的「紅寶」有可能只是顏色較深的粉紅剛玉 (中等淡 - 淡色調)，其價值與紅寶相差兩至三倍，消費者要小心。

圖為濃淡深淺各異的天然紅寶石刻面裸石，紅寶石的色調、色度都會影響紅寶石的優劣評價，濃淡適中且鮮豔的正紅色是紅寶石最頂級的顏色，亦即俗稱的「鴿血紅」

以一般熱處理紅寶石 (非玻充、非二度燒) 的克拉數而言，建議至少購買 1 克拉以上，品質好的紅寶石鮮少超過 5 克拉，每增加 1 克拉，價值增幅都會提高許多。紅寶石車工上多以混合式車工為主，挑選上只需注意寶石不要太薄且形狀要對稱，拋光光澤佳即可。

紅寶石如果具有大量金紅石絲狀物，切磨蛋面寶石後會出現星光效應，此時稱為星光紅寶石或紅寶星石 (Star Ruby)。紅寶星石評估時，以星光效應表現為優先考量，符合「正、亮、直、細、活」五要件，再根據一般紅寶石的 4C 評估之。頂級的紅寶石若有明顯的星芒，其價值更甚於一般刻面或蛋面紅寶石。

4. 紅寶石產地特性與鑑別

因為鑑價節目的影響，消費者對寶石常有產地迷思，認為緬甸產紅寶石一定比較好。實際上，比較產地稀少性需以「同等級」紅寶石才有比較意義。簡單說，要一樣的優化處理條件與顏色、淨度、克拉數與車工等級，比較產地才有意義。一般而言，緬甸、斯里蘭卡、喀什米爾等經典產地所出產的紅藍寶石，消費者的購買意願高，所以要價有別。寶石級紅寶石的主要產地有緬甸、泰國、斯里蘭卡、越南、尚比亞、剛果、坦尚尼亞、莫三比克、馬達加斯加等。

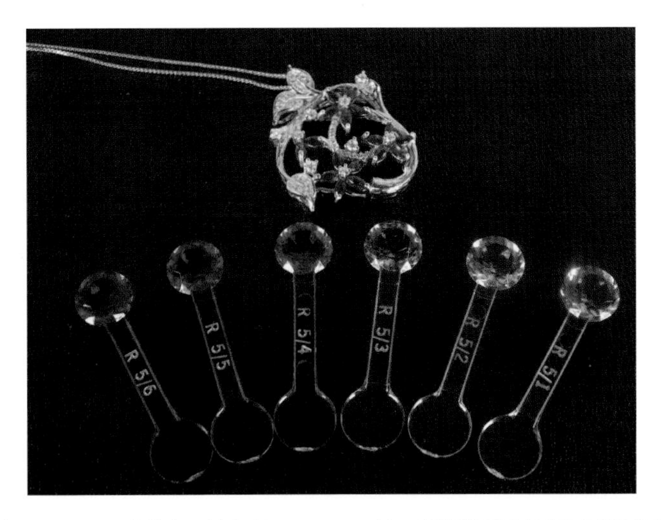

GIA 與 Pantone 研發的寶石比色組 Gem Set，是一種塑膠製成的寶石專用色票，可用於對比寶石的顏色、色調與彩度，鴿血紅紅寶石的認定可以此為標準

緬甸產紅寶石以顏色純正為名，色正紅而鮮豔，主要有莫谷和猛速兩個礦區，莫谷的顏色從淡到濃都有且呈現豔紅色或豔粉紅，猛速的紅寶多有藍色色心，加熱後呈現濃郁的中等至強紅色，緬甸最著名的就是產出濃豔「鴿血紅」的紅寶石。猛速的紅寶中有大量的紗狀癒合裂隙，外觀上與助融劑法合成紅寶石特徵紗狀內含物很相似。

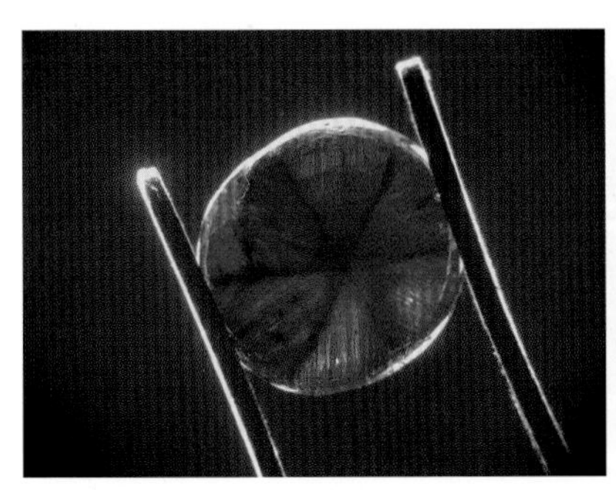
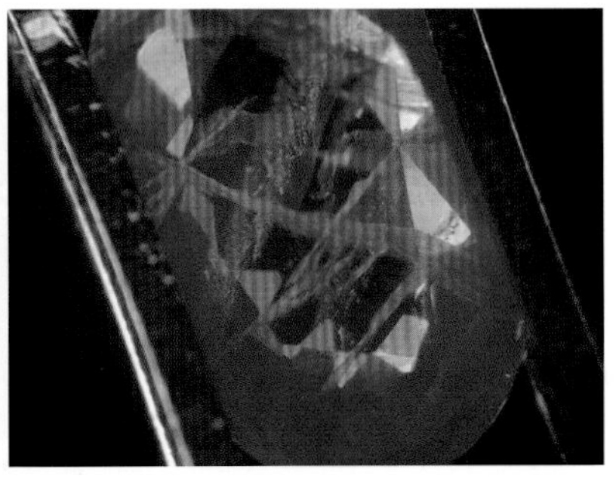

圖左為達碧茲 - 磨盤紅寶石，紅寶中存在著六角米字形的碳酸鹽質內含物狀似磨盤因而得名，此類紅寶多來自緬甸。圖右為緬甸紅寶中常見的紗狀癒合裂隙內含物

泰國紅寶石顏色較深，透明度較低，呈暗紅色調且色度不高，市場上以牛血紅稱之；斯里蘭卡以藍寶石著稱，但也產出紅寶石，斯里蘭卡的紅寶石透明度高，但顏色上較不濃郁，常有中等偏淡色調的微紫紅；越南紅寶石是顏色鮮豔，略帶微紫的紅色，其礦床成因及寶石顏色與緬甸相似，但目前已絕礦停產；中國產出的紅寶石雖然色澤濃郁，但裂理發達且雜質多，難以製作刻面寶石。

非洲地區有很多新產地，早期寶石業界認為非洲產出的紅寶石色澤普遍偏暗且偏紫。現今有大量非洲產區都產出高品質的紅寶石，如馬達加斯加、尚比亞、莫三比克、坦尚尼亞或剛果等。這些區域產出的紅寶石，顏色普遍較為濃郁，橙紅 - 正紅 - 紫紅等色相都有，色度變化也大，有黯淡如牛血紅，也不乏亮麗如鴿血紅者。市場上認知鴿血紅是中等色調以上，鮮豔的正紅色，通常帶有明顯橙色調或紫色調者不判定為鴿血紅。

莫三比克紅寶石由於聚片雙晶形成發達的平行裂理面，
這類寶石很適合做玻璃填充處理

紅寶石的產地鑑定極為困難，以目前市場上常見的紅寶產地而言，其常見的內含物可供鑑定參考。較新的產區，因為資料量少則尚未歸納至下表。

產地	內含物種類
柬埔寨	指紋狀物、生長色帶
中國	方解石、指紋狀物、鈦鐵礦、雲母、負晶、裂理、金紅石、尖晶石、鋯石
緬甸	生長色帶、粗短金紅石針狀物(莫谷)、榍石、糖漿狀內含物、癒合裂隙、負晶(少見)、白雲石、磷灰石、深藍色色心或色域(猛速)、達碧茲
斯里蘭卡	黑雲母、液包體、黃鐵礦、長金紅石針、稜柱狀金紅石、鋯石晶體與張力環(鋯石暈)、自形負晶(六方柱狀、六方雙錐)
泰國	負晶、癒合裂隙、液包體、聚片雙晶、鋯石、針狀水鋁礦
坦尚尼亞	稜柱狀磷灰石、稜柱狀鋯石、鋯石暈、生長色帶、針狀或絲狀金紅石、八面體尖晶石、相交聚片雙晶裂理面
馬達加斯加	雙錐狀鋯石含晶、鋯石暈、癒合裂隙(指紋狀物)、短針狀金紅石、稜柱狀金紅石晶體
莫三比克	聚片雙晶裂理面發達(1-3組)伴隨離溶水鋁礦、針狀與片狀金紅石、稜柱狀磷灰石、鋯石、癒合裂隙
越南	磷灰石、方解石、三水鋁石、藍色色帶、金雲母、負晶、裂理、柱狀金紅石、鐵染裂隙

◆ 藍寶石(Sapphire)

古人認為藍色是天和海的顏色，所以對藍寶石有一種崇敬之心，甚至認為藍寶石有如精靈般的魔力。藍寶石雖中文譯名中有「藍」一字，實際上卻是指剛玉家族的寶石中，紅色以外其他所有顏色者稱之，包含了藍、紫、綠、黃、橙、灰、黑、粉紅及無色等。

藍寶石顏色源於成分中所含的鈦、鐵、鉻、釩等微量元素造成，以藍色藍寶石在世界各地最為流行，在過去還沒有鈹擴散處理的時候，黃色藍寶石也極為罕見，價格與藍色藍寶石不相上下。當剛玉晶格中，所含的鉻離子濃度偏低時，顯示出淡紅色，此時不會稱為紅寶，而必須稱為「粉紅藍寶石」。藍寶石最上等的藍色是一種號稱「絲絨藍」

藍寶石與鑽石耳環，顏色濃且強豔的藍色又稱為皇家藍

的色彩 (濃而飽和的藍)，當然這樣的藍寶石相當稀有，有時還是必須倚賴擴散處理加色 (二度燒) 才能產生這等色彩。

藍寶石在西方國家相當受歡迎，也許是東方文化喜好的差異，台灣普遍偏好紅寶多於藍寶石。高品質的藍寶石在市場上依然很受歡迎，也因為藍寶石的珍稀，藍色類似寶石的替代品種類繁多，最著名的如蒂芬尼 (Tiffany) 寶石公司積極推廣的丹泉石或是價廉物美的藍晶石、堇青石等。除了藍色以外，各色藍寶石不乏喜愛者，尤其是粉紅色藍寶石，嬌而不濃，粉而亮麗的外觀，很受女性消費者喜愛。藍寶石類別的現象寶石，除了星光藍寶石 (Star Sapphire) 以外，還有變色藍寶石 (Color-changing Sapphire)。目前市面上更有一種新類型的藍寶商品，透明度低，呈現乳濁的外觀，做成雕刻品有如玉的質感，卻有著紅 - 粉紅 - 藍 - 紫 - 黃 - 菊 - 白等顏色變化，商業上稱為「五彩剛玉」。

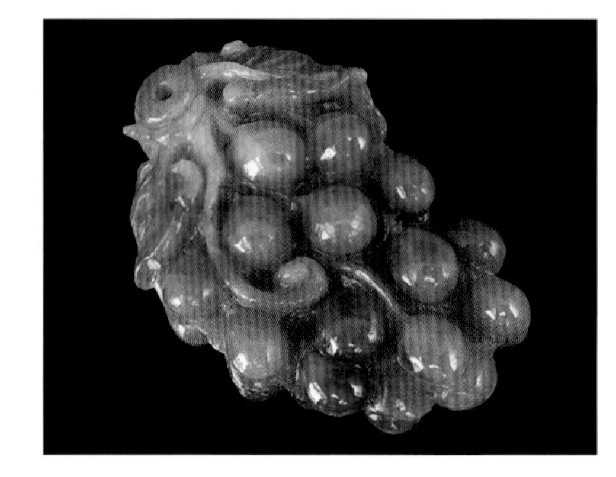

五彩剛玉葡萄雕件

藍寶石鑑定與賞購

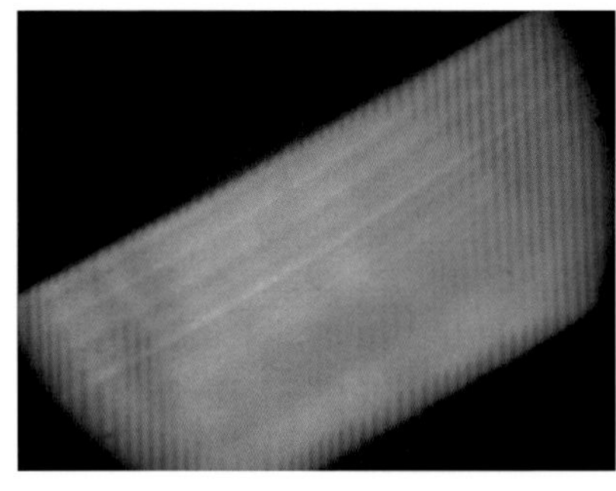

圖左為合成剛玉橫跨刻面的弧型生長線、圖右成群的點狀氣泡也是合成剛玉常見的特徵

藍寶石的賞購或鑑定要訣其實跟紅寶石的邏輯是一樣的，只要掌握四個原則：1. 確認是否天然藍寶、2. 優化處理情形確認、3. 以 4C 原則評估挑選、4. 鑑定區別其產地。

1. 寶石品種與天然合成確認

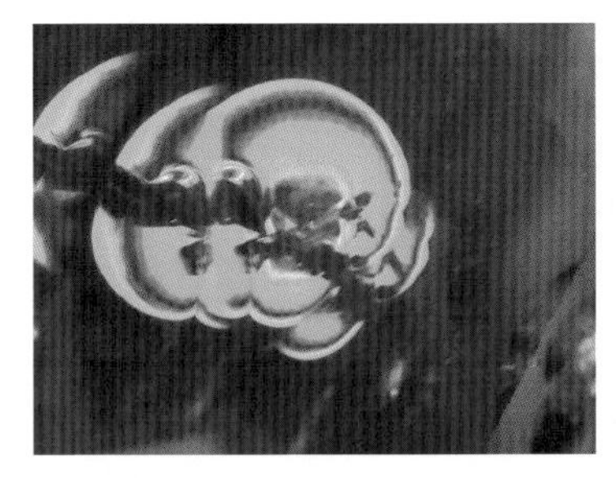
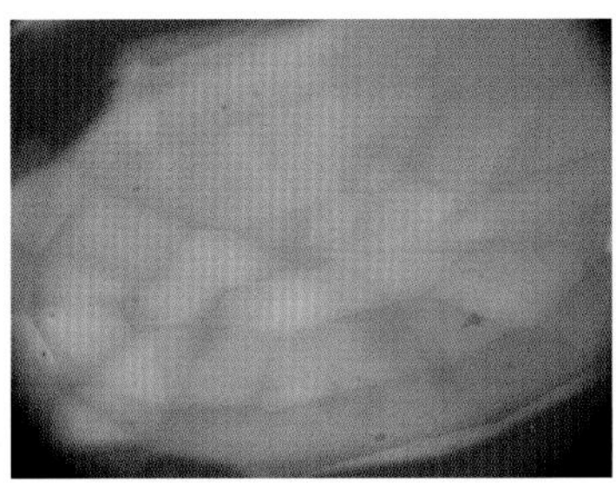

圖左為藍寶石在熱處理過程中，含晶遇熱所產生的張力裂紋（盤狀裂紋）、圖右為擴散處理的藍寶石表面稜線顏色加深的現象，擴散處理也就是俗稱的二度燒，目的是為了加深藍寶石的顏色或替無色藍寶上色，一般消費者較無法接受這類處理

藍色系且與藍寶石相似的寶石很多，常見的如丹泉石、電氣石、尖晶石、藍晶石與堇青石等，即使顏色外觀類似，寶石學特性如折射率、雙折射、比重、硬度等性質很容易區別，因為藍尖晶石為等軸晶系，還可以用偏光鏡區別。合成藍寶石的仿品必須透過顯微鏡觀察內含物區分：火熔法合成藍寶通常有弧形生長線與氣泡；助溶劑法合成藍寶石常有紗狀助融劑和三角與六角型鉑金片。

2. 藍寶石優化處理確認

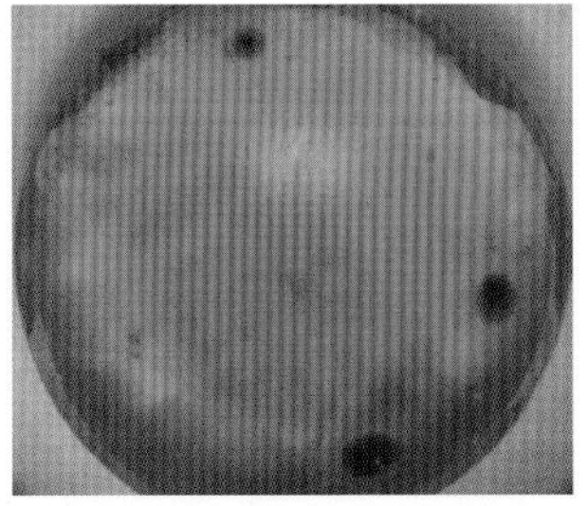

圖左藍寶中的含晶，加熱後產生盤狀裂紋（外圈）與晶體溶解（內圈），是藍寶經加熱處理的有力證據。圖右為浸液法觀察鈹擴散處理藍寶石中的藍點內含物，藍點的中心是金紅石含晶，加熱後外圈產生一層藍暈

藍寶石的優化處理較為常見的是熱處理、擴散處理與鈹擴散處理，浸染料色油和玻璃填充較為少見。藍寶石的優化處理特徵上與紅寶石大抵相同，但是天然藍寶石中的內含物種類或特徵皆與紅寶石有些許差異，例如，紅寶石中的金紅石針狀物常是短而粗，藍寶石中的金紅石針狀物卻多細而長有如絲線。剛玉類寶石的優化處理除玻璃填充屬相對低溫以外，其餘類型多需高溫加熱，通常會導致各種內含物產生變化，此歸納如下表：

優化處理類型	原特徵	處理後特徵變化	診斷性
熱處理	礦物含晶	繞晶裂紋、溶解晶體	中等
	金紅石晶體	形成藍點、藍暈	明確
	針狀物	形成藍管或斷斷續續	明確
	負晶、液包體	加熱爆裂	明確
	色帶、色域	加熱後邊界模糊	不明確
	羽裂紋、表面裂隙	硼砂加熱後癒合	中等
擴散處理	表面與腰圍稜線	稜線顏色加深，亦可見一般熱處理特徵。	明確
鈹擴散處理	礦物含晶	常見溶解晶體、藍點	中等
玻璃填充	裂理面，雙晶面、裂隙	藍色閃光(片狀玻璃)、氣泡	明確
	寶石表面坑洞	玻璃質填入，差異磨蝕，邊界明顯。	明確

3. 藍寶石 4C 評估與挑選

藍寶石的顏色以鮮豔的正藍色為首選，微紫藍次之，綠藍色則價值性大減。藍寶石最受歡迎的顏色如矢車菊藍、絲絨藍或皇家藍等往往供不應求，墨水藍、倫敦藍等色彩就相對冷門，天空藍、海水藍等色彩廣受年輕族群喜愛，市場上常以描述性的名詞形容各種藍色。

藍寶石的淨度要求普遍比紅寶石高，目視無瑕最好，目視微瑕還可接受，瑕疵級的藍寶石除非顏色正而濃豔，或是具有特殊光學現象(星光或變色效應)，否則多不受消費者青睞。藍寶石關於克拉數與車工的挑選評估原則與紅寶石相同，同等級的紅寶石與藍寶石，價格普遍是紅寶石較高，且高達 2-3 倍。

4. 藍寶石產地特性與鑑別

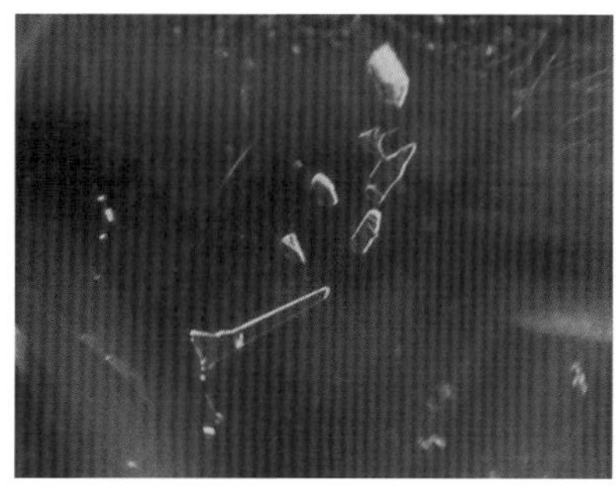

圖左為藍寶石中最為常見的色帶內含物
圖右為藍寶石的液包體，若液包體具有晶型，則稱為負晶，此內含物是未經熱處理的極佳佐證

藍寶石的產地眾多，包含泰國、緬甸、斯里蘭卡、馬達加斯加、喀什米爾、寮國、柬埔寨、中國等，其中最罕見的產地為喀什米爾產藍寶石。高品質的藍寶石多來自緬甸、斯里蘭卡、泰國、馬達加斯加等地；非洲的坦尚尼亞與斯里蘭卡產出少量變色藍寶石；緬甸、斯里蘭卡、印度、泰國和非洲產區都產出星光紅寶石與星光藍寶石，其中緬甸與斯里蘭卡產星石最為知名。

產地	內含物種類
澳洲	色帶 (常見藍色與黃色間雜)、鋯石暈、長石晶體、水鋁礦、癒合裂隙、次生液包體
柬埔寨	磷灰石、斜長石、燒綠石
中國	色帶 (常見藍色與黃色間雜)、柱狀或雙錐狀鋯石、針狀金紅石、柱狀金紅石、輝石、常見兩相物、三組聚片雙晶裂理面、定向排列的點狀金紅石
美國蒙大拿	褐紅色金紅石晶體、短針狀或離溶金紅石、盤狀裂紋、罕見色帶、金紅石藍暈 (熱處理產生)
克什米爾	癒合裂隙 (霜狀)、色帶、電氣石、鋯石晶體、細針狀金紅石、階梯狀內含物、離溶金紅石微粒 (絲絨狀)
緬甸	短柱狀磷灰石、鋯石、鋯石暈、癒合裂隙、液包體、針狀或點狀金紅石、片狀雲母
泰國	稜柱狀斜長石、磷灰石、石榴石、黃鐵礦、多種含晶與繞晶裂紋、癒合裂隙 (常見干涉色)、液包體、盤狀裂紋

馬達加斯加	鋯石、鋯石暈、癒合裂隙(氣液兩相物)、負晶、針狀金紅石、柱狀或片狀金紅石、長石含晶、片狀雲母、聚片雙晶裂理面發達(安地拉美納)
坦尚尼亞	鋯石(偶見張力裂紋)、生長色帶(通杜魯礦區)、柱狀與針狀金紅石、磷灰石、黃鐵礦、長石、盤狀癒合裂隙、負晶、金紅石藍暈(熱處理產生)
斯里蘭卡	癒合裂隙(指紋狀、網狀)、黃鐵礦、雲母、自形與他形負晶、粗針狀或細絲狀金紅石、稜柱狀磷灰石、鋯石暈、色域或色帶

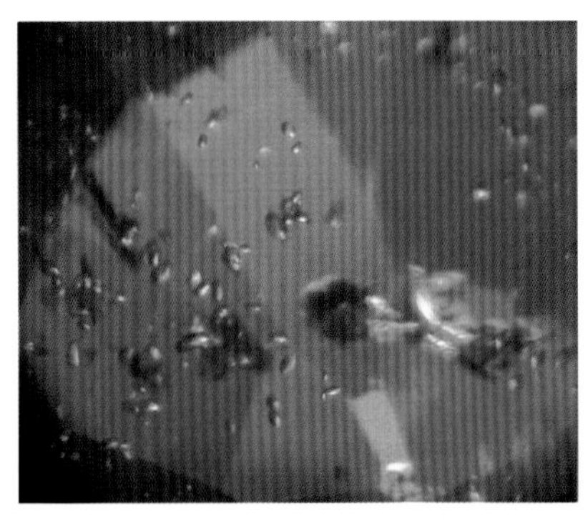

藍寶石中含有許多外型如米粒的正方雙錐狀鋯石含晶，晶型明確且銳利，可作為未經熱處理的佐證，此類型內含物常見於馬達加斯加與坦尚尼亞產藍寶

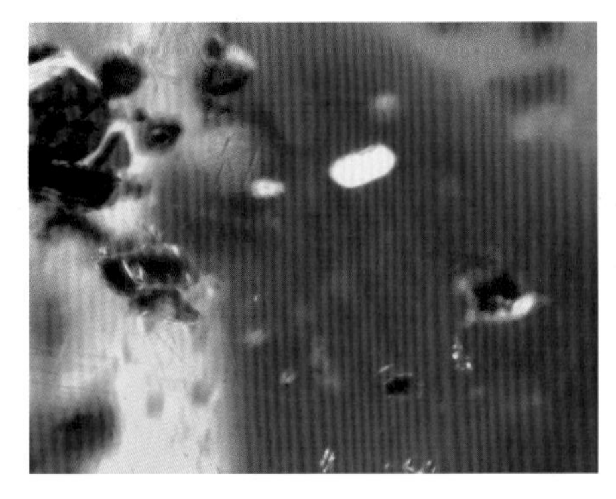

馬達加斯加產藍寶石中的金紅石絲狀物與褐紅色稜柱狀、片狀金紅石含晶同時出現，不但有助於產地判定也可佐證未經熱處理

斯里蘭卡藍寶星石中的金紅石絲狀物，細而長且無斷裂顯示未經熱處理，緬甸藍寶星石也具有類似的金紅石針狀內含物

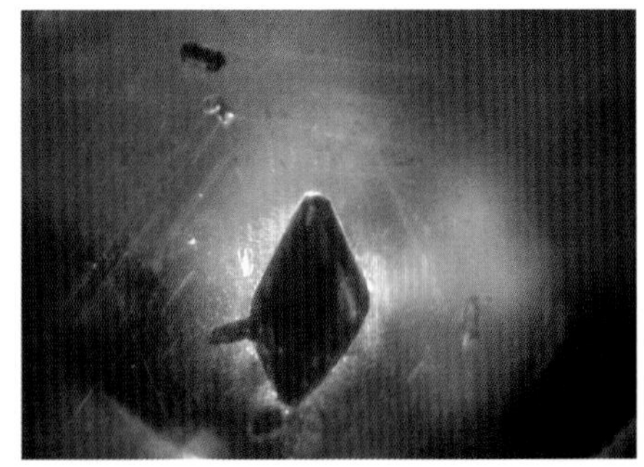

未經加熱處理的坦尚尼亞產松佳變色藍寶石中的金紅石晶體及針狀物

第七節
綠柱石 Beryl

綠柱石代表了一整個系列的珍稀寶石家族，其中最著名的是名為「祖母綠」的綠色綠柱石，不但是貴重寶石品種之一，更是綠色寶石的代表品種；粉紅色的綠柱石又稱為摩根石，是粉紅色寶石中極受歡迎的一員；鼎鼎大名的海水藍寶是藍綠色系的綠柱石；黃色的綠柱石稱為金黃綠柱石，是黃寶石的替代品之一；深藍色的綠柱石是非常少見的藍色寶石之一；深紅色的綠柱石相當罕見，市場又稱之為紅色祖母綠。

綠柱石通常為透明至半透明，屬六方晶系，晶體通常呈六角柱形，柱面上有平行生長紋，硬度為 7.5-8，比重為 2.63-2.80。綠柱石理論成分應是無色，因為含有鉻、錳、鐵、釩等不同離子，所以可能出現綠色、綠藍色、黃色、粉紅色、深紅色、深藍色等不同色彩。綠柱石類寶石中最常見顏色為綠及綠藍色，黃綠、黃、粉紅等色也常見，此外還有其他如深藍色、深紅色的較少見色彩類別。綠柱石家族中，有兩個比較特殊的品種，其一是帶有貓眼現象的綠柱石貓眼，其二是帶有特殊的磨盤形狀的達碧茲祖母綠，若貓眼顏色濃綠甚至可能成為祖母綠貓眼石，其稀有度並不亞於金綠寶石貓眼。

海水藍寶的顏色通常為淡藍色，如此顆海水藍般濃郁的品質較為少見

綠柱石物理化學性質

晶系：六方晶系	折射率：1.57~1.59
硬度：7.5	雙折射：0.009
比重：2.63~2.80	螢光：無螢光
光澤：玻璃光澤	解理：不完全解理
透明度：透明至不透明	特性：兩相物、三相物
顏色：粉紅、黃、綠、藍、藍綠、無色	仿品：玻璃、合成綠柱石、合成尖晶石、YAG、GGG

綠柱石寶石家族成員

品種	體色	致色因素
祖母綠 Emerald	濃郁、豔麗綠色或帶微藍	鉻或釩
海水藍寶 Aquamarine	綠藍色：天空藍、海水藍	二價鐵
無色綠柱石 Goshenite	無色	幾乎不含致色過渡元素
粉色綠柱石 Morganite	粉紅色 - 粉紅帶橙 - 淡橙色	含錳或銫
紅色綠柱石 Bixbite	濃郁紅色	錳致色
金黃綠柱石 Heliodor	黃 - 金黃色	三價鐵
綠色綠柱石 Green Beryl	較淡的綠 - 綠藍 - 黃綠色	鐵和釩
深藍綠柱石 Maxixe	藍色	色心致色，不穩定

1. 無色綠柱石 Goshenite Beryl

橢圓形無色綠柱石刻面

綠柱石的基本成份是矽酸鈹鋁，而純的矽酸鈹鋁是完全無色的，所以綠柱石內若無鐵、鉻、釩、錳、鉋等致色離子時，則成透明的無色綠柱石。在人造仿鑽材質發明前，無色的綠柱石常做為鑽石的替代品，其折射率雖高，亮光與閃光強，但不具有鑽石的強火彩。

2. 海水藍寶 Aquamarine Beryl

海水藍寶，顧名思義是指它具有海水般淡淡的藍色，海水藍寶是綠柱石家族的寶石。綠柱石家族中最出名者為祖母綠，雖說有很多寶石為綠色，但是「綠寶石」一詞已經跟「紅寶石」、或「藍寶石」一樣，成為專有名詞，專指祖母綠(Emerald)。綠柱石如果綠色非常淡，我們仍會稱之為綠柱石或是海水藍寶。海水藍寶的顏色一般都是一種淡藍色，有點像是藍色黃玉的顏色，有時會淡至接近無色，有時為淡藍綠色。19 世紀時淡藍綠色的海藍寶是最受歡迎的，但是現在則以天空般的藍色最為討喜。

中等色調以上的海水藍寶相當罕見，市場常見淡色調以下

海水藍寶一般產出時顏色都不盡人意 (太過於淡以至於接近無色，或是帶有綠色調)，所以目前市面上的海水藍寶多半有經過人工熱處理以增色，使藍色加深。海藍寶石除了其天空藍 (海水藍) 的特徵顏色以外，尚具有一特色，那就是「低比重」。綠柱石家族的寶石一般而言比重都較其他貴重半寶石低，連綠寶石 - 祖母綠也是如此。以熱處理淡藍色黃玉和其相混，最易於鑑定出來的方法就是比重，因為黃玉比重比海藍寶石大的多。

3. 金黃綠柱石 Heliodor Beryl

金黃綠柱石是綠柱石族家族中的一員，顏色有綠黃色、橙色、褐黃色、金黃色等，其英文名來源於希臘語的「太陽」，綠柱石若為三價鐵致色，則會形成不同色調的黃色綠柱石。以 GIA 的分類法是將黃綠色、黃色、褐黃色等不同類型的綠柱石一併歸納為金黃綠柱石。

高品質的金黃綠柱石色如其名，常呈現鮮豔飽滿的金黃色澤，深受藏家喜愛

4. 摩根石 Morganite Beryl

摩根石是指錳或銫致色的粉紅色綠柱石，算是祖母綠和海藍寶石的近親，亮麗嬌嫩的粉紅色或粉紅帶橙色澤使其成為祖母綠和海水藍寶之後，最受歡迎的一種綠柱石類寶石。摩根石的顏色有橙紅和紫紅色兩類，其名稱源自美國一位著名的寶石收藏家 - 約翰．皮爾龐特．摩根。

橢圓紫粉紅和梨型橙粉紅摩根石，偏紫和偏橙兩種色系均有擁護者，純粉紅色摩根石較為少見

5. 紅色綠柱石 Bixbite Beryl

紅色綠柱石是錳致色的深紅色綠柱石，20 世紀初在美國猶他州的流紋岩被發現，一開始被珠寶商稱為紅色祖母綠，後來在國際寶石學會議中才被正名為紅色綠柱石。紅色綠柱石身價不輸祖母綠，甚至可能超過紅寶石。因為其產狀與成礦環境特殊，其晶體生長於流紋岩氣孔中，通常寶石級的

不同形狀的紅色綠柱石刻面裸石，紅綠柱石極為稀有，迷人的紅色絲毫不比紅寶或尖晶石遜色

紅色綠柱石通常不超過 1 克拉。因此如果寶石及紅綠柱石超出 2 克拉以上時，價格遠超過頂級紅寶石。紅綠柱石是所有綠柱石寶石中產量最稀少的類別，所以對大多數消費者而言可能甚至聞所未聞。天然紅色綠柱石是如此稀有珍貴，所以市場上充斥著大量合成紅色綠柱石，例如水熱法、助融劑法等方法皆可合成，可透過內含物或紫外可見光吸收光譜儀 (UV-VIS) 等儀器鑑別。天然寶石仿品則應注意避免與紅色尖晶石、紅色石榴石與紅色電氣石等同色系寶石相混淆。

6. 藍色綠柱石 Maxixe Beryl

近年市場上出現一種呈現類似寶藍色的深藍色綠柱石，由於晶格缺陷 (色心) 致色，顏色相對不穩定，遇光或遇熱極可能褪色。有別於海水藍寶的淡綠藍色，這種深藍綠柱石的色澤不帶綠且通常呈現較濃郁的正藍色，發現於巴西且產量稀少。市場上所出現的深藍色綠柱石多為輻照處理所得，顏色極不穩定，消費者購買時要注意褪色風險。

梨形深藍色綠柱石刻面

祖母綠 (Emerald)

1984 年有一部著名的好萊塢電影綠寶石 (譯名，原文為 Romancing the Stone) 勾起了人們對於神秘綠寶石的幻想，在眾多綠色寶石之中，祖母綠堪稱是歷史最悠久古今中外皆知名的寶石品種，乃至於今日「綠寶石」一詞依然是祖母綠的代名詞。祖母綠是綠柱石家族中最重要的成員，且以四大貴重寶石之姿在業界享負盛名。

祖母綠，系出名門又與鑽石、紅藍寶石並列四大貴重寶石，在珠寶世界中的地位自然不言而喻。早期西方寶石學家甚至曾經誤認祖母綠就是東方最重要的寶石品種——玉，因此坊間流傳著一種說法：「祖母綠是西方的翡翠，翡翠則是東方的祖母綠。」祖母綠的價值與重要性由此可見一斑。

顏色濃郁鮮綠的梨形祖母綠刻面，美麗的綠色與火光使其無愧於綠寶石之名

1.祖母綠物理化學性質

晶系：六方晶系	折射率：1.566~1.600
硬度：7.5~8	雙折射：0.004~0.010
比重：2.67~2.78	螢光：無螢光
光澤：玻璃光澤	解理：不完全解理
透明度：透明至不透明	特性：多色性、偶見貓眼、內含物豐富
顏色：綠色	仿品：玻璃、合成綠柱石、合成尖晶石、YAG、GGG

祖母綠屬綠柱石的一種，其主要成分為鈹鋁矽酸鹽，因為含有少量鉻離子呈現豔麗的綠色或綠帶微藍的色彩。由於生成於高溫氣液礦床中，祖母綠的內含物種類，變化之複雜為其贏得了「內含物的花園」這個美譽。相對於鑽石的愛好者喜愛鑽石的無瑕、乾淨，祖母綠的收藏者反而不乏沈醉於其豐富多變內含物的玩家。在貴重寶石中，祖母綠的折射率相對較低，其做為寶石的最主要魅力來自於迷人的綠色而非閃耀的火光，因此不論是切割面或是凸面的祖母綠在市場上都頗受歡迎。同是綠色系寶石，祖母綠與翡翠都含鉻，但是祖母綠的綠或多或少帶點藍色調，高等級的祖母綠，通常是濃豔的正綠色或綠帶微藍。雖然市場上有許多可替代的綠色寶石，但深邃濃郁的祖母綠色 (Emerald Green) 還是鉻電氣石、沙弗來石與鉻透輝石等其他寶石所難以取代。

2.祖母綠市場觀察

筆者經營寶石鑑定所常接觸到往來兩岸的珠寶商，從同業朋友所回饋的消息發現，最近十年翡翠的價格翻了又翻，然而不論炒作也好、市場供需所致也好，翡翠的價格與交易熱絡度已由高峰漸趨緩和，市場上開始發生微妙的變化。

亞洲最重要的珠寶消費市場是中國大陸，這一兩年翡翠的投資趨緩，相對的軟玉以及四大貴重寶石鑽石、紅寶、藍寶與祖母綠的投資卻屢創新高。在這之中，同是綠色寶石之最的祖母綠，某種程度上似乎成了取代高檔翡翠的另一種選擇。佳士得 2012 年秋季拍賣珠寶類別的拍賣目錄是以祖母綠的耳環作為封面，這一對耳環分別為兩顆梨型混合式車工的哥倫比亞祖母綠 (23.34 與 23.18 克拉)，搭配兩顆枕墊型車工 3.01 克拉的鑽石，該對耳還的拍賣估價為港幣 2800 萬 ~3800 萬。無獨有偶，日前珠寶拍賣會也出現一對哥倫比亞梨型祖母綠刻面耳環 (7.62 與 8.37 克拉)，拍賣估價為港幣 125 萬 -160 萬。

祖母綠的優勢主要來自於三點：

第一、含鉻的綠色，或濃豔或溫婉，可比老坑或陽綠翡翠一般。

第二、祖母綠淨度高者，其透明度佳，比翡翠多了各種花式車工的選擇性，淨度低者可凸面車工也可雕琢。

第三、世界級的市場知名度，名列四大貴重寶石與鑽石、紅藍寶石齊名。

祖母綠的市場知名度和接受度本來就高，雖然對中國的珠寶市場而言，翡翠、軟玉和鑽石算是最活絡的珠寶商品，身為世界主流的寶石品種，祖母綠也在這波中國經濟崛起下，成為兩岸三地珠寶市場中越來越炙手可熱的選項。

筆者曾在台灣業者手中看過許多凸面祖母綠的珠寶設計套件，利用祖母綠濃郁豔綠的色彩和凸面寶石淨度上較為朦朧渾厚的視覺效果，反而呈現出有如高檔翡翠的外觀。祖母綠廣泛的進入華人珠寶市場，在不久的將來可能形成一個趨勢。

3. 祖母綠消費陷阱 - 人工合成祖母綠

正如同翡翠市場有假貨、有 ABC 貨一般，祖母綠的市場也一直存在一些消費陷阱。市場上仿祖母綠的天然寶石不多見，玻璃塑膠仿品也很容易區分，但是水熱法或助熔劑法合成的人造祖母綠卻是很常見於市場。不時耳聞有旅客到外國旅遊購買回人工合成祖母綠的消費糾紛事件，對於祖母綠這類的珍貴寶石，合成品是低廉的替代品，但是不肖商人往往將低廉的替代品作為真品出售以牟取暴利。筆者對於消費者的建議是購買此類寶石最好有可信任的鑑定所開立鑑定證書以證明真偽。若以消費者在外國人生地不熟的情況下，要尋找可信任的鑑定所開立證明可能有困難，在此筆者以鑑定師的角度透露放大鏡簡易判別合成祖母綠的技巧：

第一、天然祖母綠內含物種類複雜變化多，多包裹天然礦物。

第二、人工合成的祖母綠，色彩濃豔、淨度通常也高，但內含物常有山脈狀、波紋狀、晶種片或釘頭狀物等特徵。

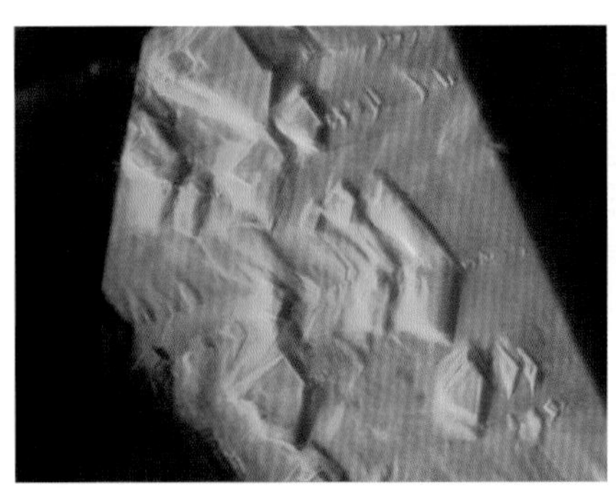
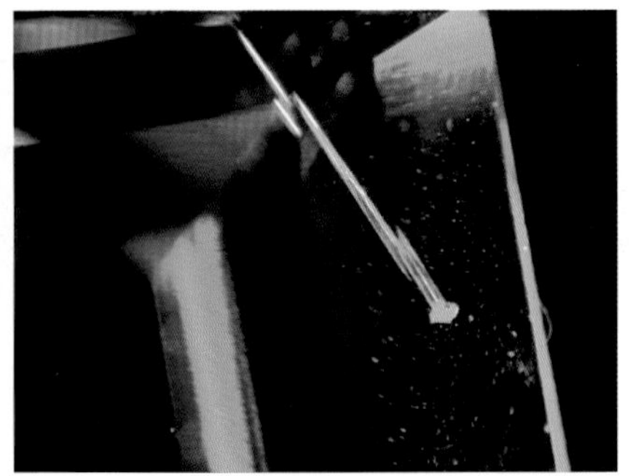

圖左丘陵狀的結構為山形生長記號，圖右白色針狀體是釘頭狀內含物，這兩者是水熱法合成祖母綠最常見的特徵

雖說筆者透露上述小技巧幫助消費者判斷祖母綠真偽，但為確實避免買到合成品，還是必須慎選商家以及具有公信力的鑑定單位，消費者才可高枕無憂。

4. 如何挑選祖母綠 - 品質、產地與處理情形

祖母綠的挑選想當然爾也依循著寶石界最重要的 4C 原則，包含克拉重量 (Carat weight)、淨度 (Clarity)、車工 (Cut) 和顏色 (Color)。克拉重量與淨度相當直觀，克拉數越高、淨度越高則價值越高，唯一需注意的是，祖母綠在美國寶石學院 (GIA) 分類中屬第三類淨度寶石 (意指通常都含有內含物)，所以一般而言對祖母綠淨度的要求相對較低。通常目視條件下，無瑕疵或微瑕疵已經算是品質相當好的祖母綠。車工部分評價的標準也很單純，通常淨度高的祖母綠多為刻面寶石，淨度差的則作為凸面寶石，刻面祖母綠需考量寶石的顏色、亮光、閃光的表現，凸面則以顏色表現為主。

顏色算是評價祖母綠的因素中，最重要的一項。在美國寶石學院 (GIA) 的分類中，寶石等級的祖母綠可根據其色彩由低至高分為三級：商用級、中價級與頂級等。一般而言，祖母綠顏色好與壞的差別在於，色彩是否純正 (Hue; 色相)、色彩是否濃淡適中 (Tone; 色調) 以及色彩是否鮮豔 (Saturation; 色度)。以最著名的「哥倫比亞」祖母綠而言，中至中深色調的濃豔綠色或綠帶微藍色遂成為優質祖母綠的象徵。實際上，市場上對於祖母綠的產地名稱已漸失去原始的產地意涵，而是作為一個顏色等級的象徵、一種商業性分類。例如：尚比亞祖母綠泛指顏色較哥倫比亞祖母綠稍深且偏藍；巴西祖母綠則指色調淺，淡綠色的祖母綠等。國際上的寶石鑑定證書仍有對於祖母綠產地判別的項目，但產地非絕對，筆者仍建議應以該寶石的 4C 條件當作考量的主要因素。

消費者選購祖母綠時要注意幾件事情，通常由於祖母綠淨度較差，部分祖母綠會經過「淨度優化」(Clarity Enhancement; CE)，包含浸油處理和灌膠處理，浸油處理若採用有色的油料，則會進一步歸類為染色處理。通常只要不是浸泡有色油料或灌膠填充，在珠寶市場上祖母綠含有微量至中等的無色殘油是普遍且可以接受的。

浸油有別於灌膠處理，兩者雖然都是淨度優化，浸油處理的持久性較差，過一段時間油料揮發後，需再次浸油處理才會恢復淨度與外觀，然而灌膠處理雖然持久，若時間一久，樹脂變質以後反而因無法復原而

降低其價值。實務上，不同鑑定所表示祖母綠優化處理的方式略有差異，一般都以淨度優化的程度標示之，少量裂隙浸油或充填者稱之輕微 (Minor)，比少量稍多裂隙浸油或充填者稱之中等 (Moderate)，大量而且明顯裂隙浸油或充填者稱之顯著 (Significant)。實際上，消費者應該有的正確觀念是，優化處理的寶石並非不能收藏，只是買賣時雙方應就該商品的品質與處理程度有一致的認知，買賣時才不會產生爭議與糾紛。

5. 祖母綠鑑定與賞購

祖母綠的鑑定有一個最大的特徵就是「低比重」。在貴重寶石中祖母綠由於是綠柱石家族，所以具有較低的比重和折射率，這也可說是其特徵。另外還有一不成文規定，祖母綠必須含有鉻才有別於一般綠柱石。在外國曾經有一官司是關於祖母綠，買方認為他手中的祖母綠雖是綠色但卻不含「鉻離子」，因此只能說是綠色的綠柱石，結果他勝訴，可見祖母綠必須含有鉻才不等同於綠色綠柱石。

祖母綠已經成功利用水熱法和助熔劑法合成，其價位比天然祖母綠低很多，但是美麗絲毫不遜色。要鑑定天然與合成祖母綠最佳的方法還是要用顯微鏡觀察包體型態。但如果僅是要跟一般的其他寶石做區別，在此倒是可以提供幾個方法或特徵，第一、低比重，綠色寶石中具有這般比重的想必也不多了。第二、低折射率。第三、透過查爾斯濾色鏡可以看出祖母綠因為鉻離子存在而造成的紅色。

由助融劑法合成的祖母綠其內含物常有金綠寶石或矽鈹石，同時可

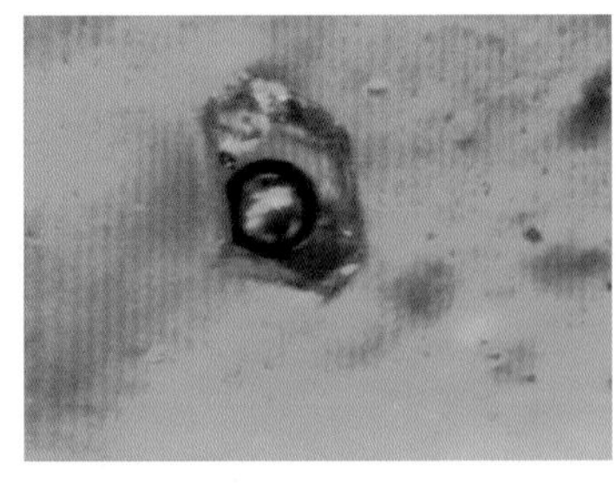
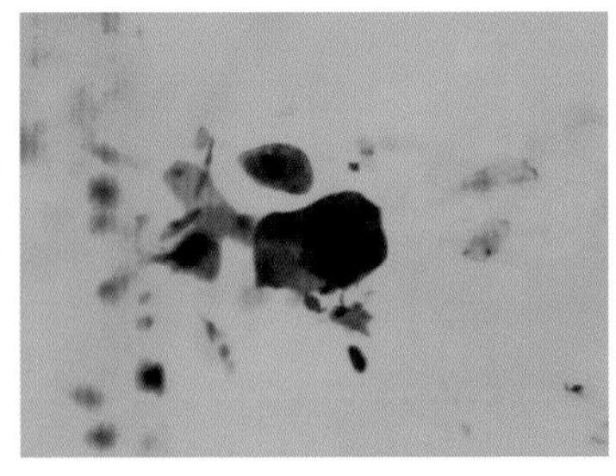

圖左為祖母綠中的氣液兩相物，六角型的液包體負晶中可見圓形氣泡
圖右為祖母綠中的黑雲母含晶，外觀呈現薄片狀黑色不透明至灰褐色半透明，偶見六角型

能有紗狀助融劑和白金坩堝的碎片；水熱法合成的祖母綠，則有波浪狀、山型記號、釘狀內含物。另外，可用折射儀測折射率，合成祖母綠的折射率一般較天然的祖母綠為低。比重方面，人工合成祖母綠也比天然祖母綠低。

另外，祖母綠通常具有較多包體或破裂，所以在鑑定時不適用，一般對寶石包體瑕疵程度之定義。另外需注意有時祖母綠商人會以浸油的方式掩蓋祖母綠的破裂或瑕疵。

市面上常見不同產地祖母綠的內含物類型

產地	常見內含物種類
澳洲	陽起石、氣液兩相內含物、錫石、毒砂
奧地利	陽起石、黑雲母
巴西	鉻鐵礦、石鹽、黑雲母、金紅石、尖晶石、三相物、黃鐵礦
哥倫比亞	方解石、長石、雲母、氟碳鈣鈰礦、八面體或五角十二面體黃鐵礦、三相物（他形）、鈉長石及雲團狀物
印度	逗點狀內含物、矩型兩相物、雲母片
南非	黑雲母、雲母、輝鉬礦、三相物
俄羅斯	短柱狀或竹節狀陽起石、黑雲母、螢石、電氣石
尚比亞	透閃石、黑雲母、金綠寶石、赤鐵礦、磁鐵礦、柱狀金紅石、兩相物（自形且排列）、逗點狀內含物

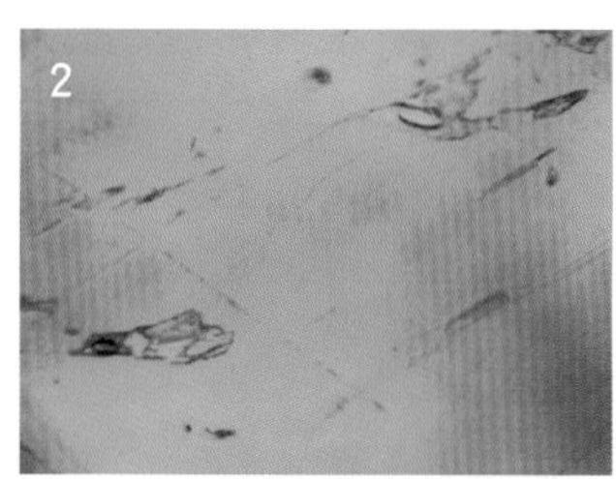

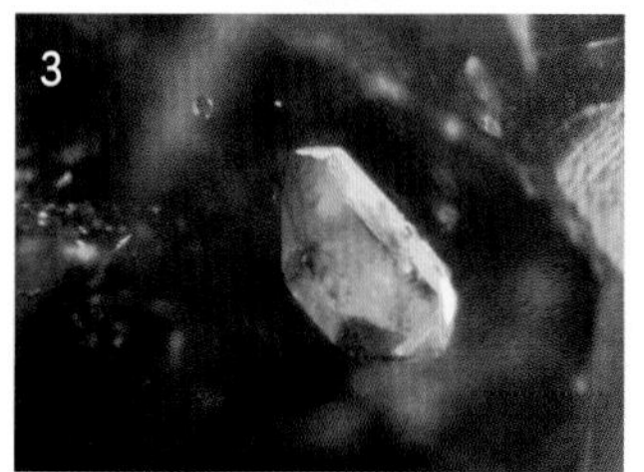

圖 1 為哥倫比亞產的達碧茲 - 磨盤祖母綠中，碳質內含物的六線星排列

圖 2 為哥倫比亞祖母綠的特徵三相物群，左下角和右上角各有一不規則液包體，同時有橢圓形氣泡和立方形狀鹽晶體

圖 3 為天然祖母綠中的礦物含晶

圖 4 為尚比亞祖母綠中的紅色片狀赤鐵礦含晶

第八節
金綠寶石 Chrysoberyl

黃色金綠寶石橢圓形刻面

金綠寶石 (Chrysoberyl) 英文學名源自於希臘語，本意是指「金色的綠柱石」，不過金綠寶石並非綠柱石，顏色上也不只金黃色一種。金綠寶石是一種鈹鋁氧化物寶石，化學式為 [$BeAl_2O_4$]，主要產於花崗偉晶岩、雲母片岩和沖積砂礦中。

金綠寶石一般具有玻璃光澤到亞金剛光澤，顏色有金黃色、黃綠色甚至棕黃色。黃色主要來源於鐵離子，而若含有微量元素鉻時會產生變色效應，具有變色效應的金綠寶石稱為變石 (或稱為亞歷山大石 , Alexandrite) 變石是一種非常珍貴的寶石，因其在日光和鎢絲燈光下顏色有顯著改變 (紅、綠二色) 而得名，最早於 1830 年在烏拉山發現，為了紀念俄皇亞歷山大二世而命名為亞歷山大石。金綠寶石中若含有金紅石絲狀物時，會產生貓眼效應，此類金綠寶石稱為貓眼石 (Cat's Eye)；假如金綠寶石同時具有變色效應和貓眼效應，即稱為變石貓眼 (亞歷山大貓眼 , Alexandrite Cat's Eye)；不具有任何特殊效應時，直接使用「金綠寶石」這一名稱。

金綠寶石物理化學性質

晶系：斜方晶系	折射率：1.74~1.75
硬度：8.5	雙折射：0.009
比重：3.71	螢光：無螢光
光澤：玻璃光澤	解理：不完全，柱狀
透明度：透明、不透明、半透明	特性：高硬度、變色效應
顏色：紅棕、黃綠、金黃色	仿品：合成亞歷山大變石、玻璃、蘇聯鑽

金綠寶石產狀與產地

金綠寶石產在花崗岩、偉晶岩和雲母片岩等原生礦床中，也可能經過侵蝕、搬運、沈積作用而富急於次生的沖積砂礦中。貓眼石以斯里蘭卡產的最負盛名，緬甸、巴西和馬達加斯加也產金綠寶石貓眼。俄國的金綠寶石通常顆粒較小，常和綠寶石與矽鈹石伴生。變石以俄國烏拉山所產最佳，緬甸莫谷 (Mogok)、巴西也產變石。

金綠寶石內含物與貓眼光芒

在顯微鏡之下，可以看見金綠寶石時常有許多貌似「纖維」的管狀、針狀或絲狀的內含物，與垂直的結晶軸呈直角平行排列，此類金綠寶石研磨成蛋面寶石時會顯出貓眼光芒 (垂直纖維方向)。在琢磨貓眼石的時候，纖維排列方向必須平行戒指的底面，貓眼光芒 (Chatoyancy) 才會在蛋面寶石的正中央出現，貓眼石琢磨的角度是一大學問，稍有不慎就造成眼線歪斜。

不同顏色的金綠寶石貓眼石，以眼線銳利著稱

「貓眼石」一詞是代表具有貓眼效應 (Effect of cat's eye) 的現象寶石，實際上軟玉、石英、綠柱石、電氣石、磷灰石、矽線石、方柱石和透輝石等寶石種類都有可能出現貓眼光，習慣上只有金綠寶石貓眼石 (Crysoberyl cat's eye) 才可被單獨稱為貓眼石 (Cat' s-eye)；其它品種的貓眼石需加上寶石品種，例如石英貓眼石 (Quartz Cat' s-eye)。金綠寶石貓眼石以深黃棕色至蜜黃色最為珍貴，且一般貓眼石呈現白色眼線，若眼線為金色則業界稱為「金絲貓眼」，更為罕見。如果同時具有變色效應和貓眼光芒，那就是現象寶石中的極品 - 變石貓眼，此種寶石可說是國際珠寶拍賣會上的常客。

俄國烏拉山產的變石常有羽狀裂紋或類似紅寶石中的指紋狀內含物。貓眼石中的管狀孔隙時常含液包體或兩相物，有時還可以看到一種階梯狀的雙晶面。

貓眼光觀察最好以筆燈照射，觀察其眼線是否符合「正、亮、直、細、活」五字口訣：眼線要正、要亮、要直、要細、要活；如果有一個以上燈泡同時照射，則貓眼石會出現多道眼線。品質好的金綠寶石貓眼，價值不亞於紅、藍寶石或祖母綠。(請參閱 p.113 現象寶石的評等)

變石 / 亞歷山大石

金綠寶石中若含有微量的鉻時，其光譜吸收特性顯示，綠光透射最強，對紅光透射次之，對其餘光線則多數吸收。然而在白天時由於陽光的照射，使其透過的綠光較多，故其呈現綠色(日光燈照明會呈現藍綠色)，若採用富含紅黃色光譜的白熾燈照明時，透射的紅光較多，故呈現紅色外觀，「變石」即因此而得名，若變色強烈顯著可謂上等珍品。

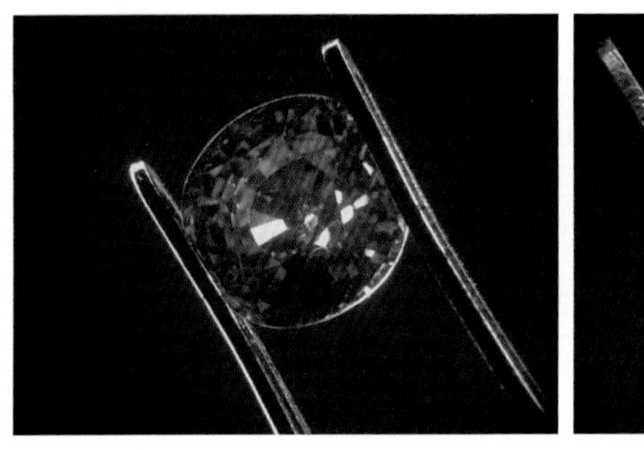
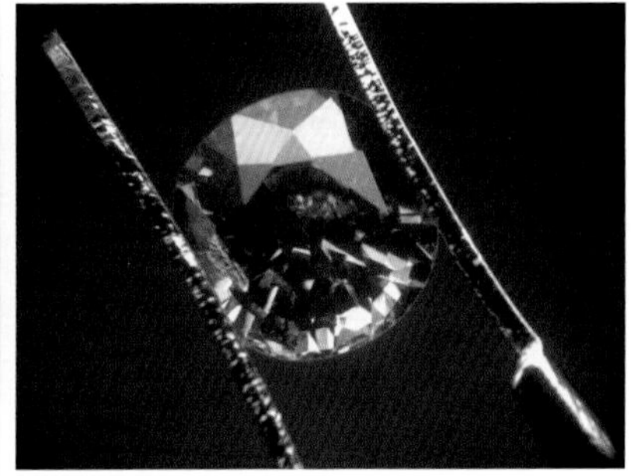

亞歷山大石在不同色溫下表現的變色現象，日光燈下通常呈現藍綠色，白熾燈下則呈現紅色

變石的等級評判以變色效應明顯度和色彩變化為主要考量因素，顏色變化以俄國的藍綠—紫紅最名貴，斯里蘭卡產的則呈純綠—棕紅變色效果。

金綠寶石合成與鑑定

變石已可以由助熔劑生長法和拉晶法兩種方法人工合成。合成的折光率及比重較天然變石低：

	折光率：低	高	比重
天然變石	1.744-1.759	1.747-1.764	3.71-3.75
合成變石	1.742	1.751	3.71

以助熔劑生長法造成的變石可能出現助熔劑、三角狀或六角狀的鉑金屬片內含物；以拉晶法合成的變石常有彎曲生長弧線和少量氣泡。合成變石以外的仿贗品還有合成變色剛玉和合成變色方晶鋯石等材質，這類仿贗品充其量只是變石的「類似寶石」，僅外觀上相似，寶石學性質如折光率、比重和吸收光譜等都完全不同。

金綠寶石貓眼的主要仿品或類似寶石包含一系列天然貓眼現象寶石以及人造纖維玻璃貓眼石。以天然的貓眼石而言，其比重、折射率等性質差異都足以辨識：金綠寶石貓眼比重 3.7，而軟玉貓眼比重約 3.0，石英貓眼則比重約 2.65 左右。

變石中的含晶與繞晶裂紋可作為天然而非合成的佐證

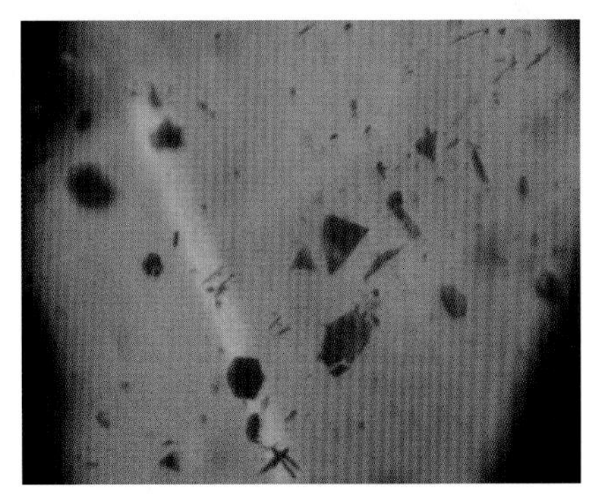

助融劑法合成變石中可見特徵性的三角及六角型狀鉑金屬片

第九節
琥珀 Amber

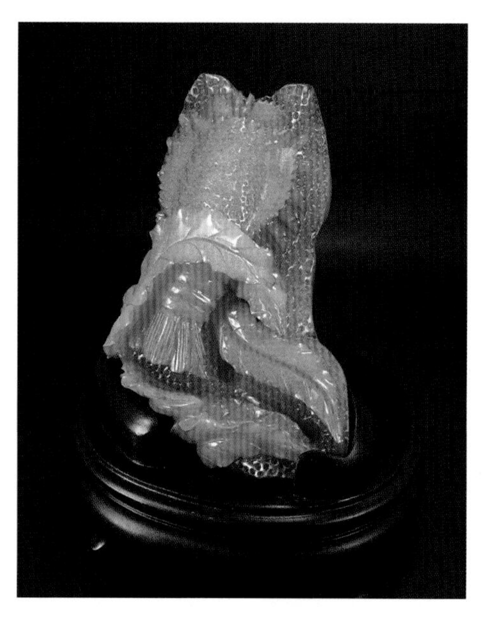

金黃色帶蜜蠟的琥珀擺件

琥珀英文名稱的來源，有一說認為是來自阿拉伯文 Anbar，意思是「膠」，且西班牙人將埋在地下的阿拉伯膠和琥珀都稱為 Amber，中文「琥珀」一詞的來由據說是因古人認為金黃色的琥珀是老虎之精魄匯聚而成。

琥珀不論在東方或西方，都是歷史悠久的生物性寶石品種。就在 1993 年一部暢銷科幻電影 - 侏羅紀公園問世以後，琥珀這種寶石又重新吸引人們的目光。在電影中，讓恐龍復活的秘密就在琥珀之中，以琥珀中的昆蟲化石作為恐龍基因來源，彷彿琥珀就像時空膠囊一般。

《本草綱目》中記載：「琥珀能安五臟、定魂魄、消蠱毒、生血生肌、安胎、明目、醒腦、預防結石」，不但可作為寶石，在中醫理論上琥珀還可入藥，又是佛教中相當重要的寶石，恐龍熱潮也重新帶動了琥珀的市場活絡度。

天然琥珀的地質成因很特殊，琥珀誕生於四千萬至六千萬年前，屬於地質學上所稱的始新世紀 (Eocene)，是遠古松樹脂經深埋且經過長時間的反應 (溫度和壓力作用) 而形成的化石。琥珀屬於非結晶質有機寶石，多呈現透明的外觀，顏色種類多變，以黃色最為常見，也有紅色、綠色和藍綠色等，黃色乳濁不透者一般稱之「蜜蠟」。

琥珀的迷人除了在其香氣與色澤外，琥珀中包裹的昆蟲、動物、花粉或流動構造都是琥珀藏家們爭相收藏的指標。由於其成因要件包含成分 (松樹脂) 與時間 (始新世)，除了塑膠類的人造仿品以外，即使成分同為樹脂，但未經過足夠長時間的地層深埋，也不能算是真正的琥珀。市面上最難以辨識的琥珀仿品為柯巴樹脂類仿品，其商業名稱為嬰兒琥珀「Baby amber」，其實就隱含著時間成熟度不足的意義。

蜜蠟雕花掛件：乳濁不透明的琥珀，稱之為蜜蠟

琥珀物理與化學性質

晶系：非晶質	折射率：點讀約 1.54
硬度：莫氏硬度 2~3	雙折射：無
比重：1.05 到 1.12	螢光：長波藍白，短波黃綠色螢光
光澤：油脂光澤至玻璃光澤	解理：無解理
透明度：透明至半透光	特性：松香味、低硬度、化石內含物
顏色：白、黃、紅、棕、黑，另有不透明之蠟黃色和藍綠色	仿品：柯巴樹脂、塑膠

琥珀分類

琥珀主要成份是樹脂、揮發油、琥珀氧松香酸、琥珀松香酸、琥珀銀松酸、琥珀脂醇和琥珀松香醇所組成，隨變質度的增加，琥珀含碳量越多，若達無煙煤之變質度，所有揮發性物質將全部消失僅剩下碳，所以琥珀不復存在。琥珀的成分隨不同產地的地質條件而有明顯差異，這也導致琥珀顏色變化頗大：有白、黃、棕、紅、黑、藍和綠等各種色彩。雖然寶石學上並未依顏色將琥珀進一步分類，但市場上普遍以顏色、透明度、內含物與螢光性等外觀差異來命名不同類型的琥珀。

血珀：指紅色琥珀，顏色如葡萄酒般。

骨珀：指如骨頭般白色的琥珀。

根珀：因含有方解石礦物成份而形成棕或黃色間雜白色紋理，外觀紋理像大理石般美麗。

金珀：指金黃色且透明的琥珀。

蜜蠟：指外觀乳濁，呈現半透明至半透光，蠟質光澤的琥珀。以黃色系為主，偶有棕紅色者稱老蜜蠟。

蟲珀：指包裹動植物、昆蟲內含物的琥珀。

花珀：多種顏色間雜、顏色不均的琥珀。

圖左為螢光性較弱的琥珀

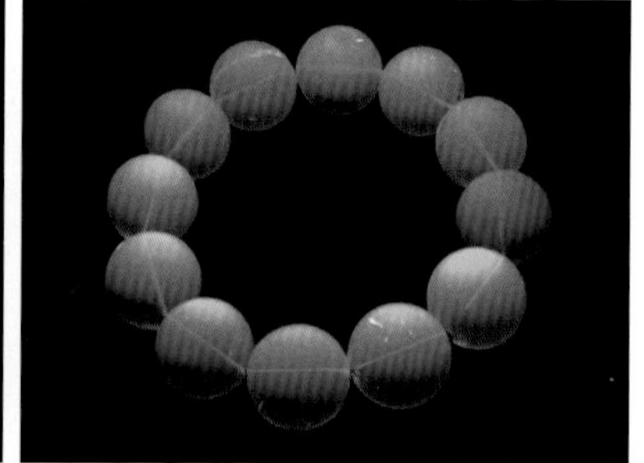

圖右為明顯帶強烈藍色螢光的琥珀，一般稱之為藍珀

藍珀：指一種淡黃色琥珀，因為具有強螢光特性，受陽光照射後的表面呈現明顯藍色 (螢光色) 的琥珀，主要產於多明尼加共和國。

綠珀：顏色為綠偏藍，顏色成因與藍珀類似，主要產於墨西哥。

翳珀：指反射光下呈現黑色，透射光下呈現暗紅色的琥珀。

翁珀：指幾乎不透光且顏色全黑的琥珀。

琥珀內含物

琥珀在形成的過程中所包裹的各類昆蟲化石，仿製物件雖也有仿蟲珀，辨識上不難，從外層仿珀材質和昆蟲的種類、型態皆可區分

琥珀形成過程是樹脂經地層深埋，在樹脂尚具有流動性時，有可能「捕捉」附近的生物或礦物質，所以琥珀中常含有昆蟲、樹葉、花粉甚至是天然礦物等內含物。有別於其他寶石以無瑕為貴，琥珀中若含有大量昆蟲、植物內含物，則價格更高。琥珀中內含物以蚊、蠅、蟻類為多，若包裹少見的動植物內含物如蠍子、蟲卵等會讓琥珀的價值倍增。據統計，大部分琥珀產地，蟲珀在所有琥珀之中的發現機率不到百分之一，可見蟲珀之彌足珍貴。

琥珀產地、產狀與地質成因

近代研究認為，當松香樹脂經過深埋後產生氧化、分解，使碳鏈變短甚至斷裂，即可形成琥珀酸類成分，原來的松香脂可轉變為醛醚等含氧化合物。地球歷史上，白堊紀之前為一溫溼氣候，松樹快速繁殖而產生大量松樹樹脂，為琥珀生成提供大量原料。琥珀的來源有許多產狀類型，波羅的海沿岸的琥珀礦層，經海浪沖刷和侵蝕，琥珀玻璃礦層，在海水上形成品質優良的琥珀飄礫，此稱海珀。在第三紀含琥珀的煤層中，所形成的原生琥珀礦，則稱為礦珀。

知名的琥珀產地如波羅的海沿岸諸國(波蘭最為著名)、緬甸、多明尼加、羅馬尼亞、義大利和中國等。不同產地的琥珀其顏色、外觀乃至於所包覆的動植物化石內含物都不盡相同。

琥珀的顏色與產地對照

顏色	產地
金黃色	波羅的海
紅色	波羅的海、羅馬尼亞、多明尼加、義大利、緬甸
黑色	波羅的海、緬甸、多明尼加
綠色	波羅的海、羅馬尼亞、多明尼加、墨西哥
藍色	波羅的海、多明尼加
白色	波羅的海

琥珀鑑定、賞購與保養

天然琥珀礦源稀少，市場上仿品眾多，人造仿品包含各類塑膠仿品，天然的仿琥珀材質則有松香樹脂與柯巴樹脂等仿品。人造塑膠類仿品通常可以透過比重法或掂重手感區分，因為塑膠類除了聚苯乙烯比重接近琥珀以外，大多比琥珀重很多。樹脂仿品很難用比重區分，但是硬度上較琥珀低，若以指甲按壓，琥珀較接近塑膠觸感，樹脂類較接近硬橡膠觸感，此外樹脂類仿品通常對有機溶劑的化學腐蝕較敏感，可採乙醚、丙酮等有機溶劑進行檢驗，但須謹慎因其為破壞性測試方法。

品種	折射率	比重	內含物與其他特徵
琥珀	1.54	1.05-1.09	動植物殘骸、氣泡、糖渦紋、燃燒松香味
酚醛樹脂	1.61-1.66	1.25-1.30	流紋狀構造、紫外線下褐色螢光
氨基塑料	1.55-1.62	1.50	雲霧狀、流紋狀構造
聚苯乙烯	1.59	1.05	雲霧狀、流紋狀構造、溶於甲苯
賽璐璐	1.49-1.52	1.35	易燃
安全賽璐璐	1.49-1.51	1.29	燃燒有醋酸味
酪朊塑料	1.55	1.32	短波紫外線下呈白色螢光
壓克力	1.50	1.18	氣泡、動植物、燃燒有臭味

鑑定琥珀邏輯上需先採比重、折射率、螢光性或顯微觀察等方法，將人造塑膠類仿品排除，再確認是否為天然樹脂類仿品。確認大部分塑膠可以採飽和食鹽水比重液體，這種液體是純水加食鹽 (氯化鈉) 飽和以後所得，其密度僅稍微高於琥珀，所以琥珀及天然樹脂類多浮於此液體之上，多數塑膠會沈入液體中。

要確認樹脂類仿品多需採破壞性測試方法，如熱針法、乙醚法等測試。乙醚法即將一滴乙醚滴於琥珀表面 1-2 分鐘，仔細觀察其溶解情形，琥珀難溶，樹脂則明顯溶解且形成侵蝕痕跡。熱針法即將一根針，在打火機下加熱後刺入琥珀，天然琥珀針頭不會沾黏牽絲，如果是未礦化的樹脂類仿品通常則會沾黏牽絲。筆者建議消費者別輕易採用這些方法，否則破壞了真正的琥珀得不償失。

除了前述人工塑料與天然樹脂仿品以外，琥珀還需考慮一種將細碎琥珀礦砂加工而成的材料，性質與琥珀幾乎完全相同，只是經過加壓加熱 (2.5MP，200-300℃) 重新熔聚成塊狀，稱為再生琥珀或壓熔琥珀 (Pressed Amber)。再生琥珀常可見扁平或拉長形狀，且定向排列的氣泡，也會出現流動狀、糖渦狀的構造。再生琥珀也易溶於乙醚，比重通常偏低 (1.03-1.05)。

天然的琥珀有時雜質多且透明度低，若經過隔油加熱處理，將提高其透明度。這種熱處理常會留下大量爆裂的氣泡，呈現圓盤狀如亮片般的內含物，一般稱之為「琥珀花」、「睡蓮葉」或「太陽紋」(sun spangle)。天然的琥珀也可能有這種特徵，但通常天然地熱不會讓所有氣泡爆裂，人為加熱則會全部轉變為太陽紋。

著名的太陽紋內含物，有如蓮葉狀的圓盤裂紋，常出現於熱處理琥珀中

挑選琥珀有很多選擇，可挑顏色，可挑特殊內含物，也可挑特殊螢光的琥珀。蜜蠟雖然是透明度較低，但卻是相當受歡迎的琥珀。蟲珀雖然雜質多，但是挑對蟲子琥珀價值翻十倍。筆者認為，琥珀挑選依據消費者的喜好即可，只要別買到假貨就好。

琥珀保養要注意的事項很多，因為硬度低、熔點低、化學穩定性低等三低特性，怕刮、怕磨、怕撞、怕曬和怕溫泉。即使清潔琥珀也要避免以化學性清潔劑清洗。

第十節
珊瑚 Coral

貴重的紅珊瑚株即使未雕刻，拋光後本身就是鬼斧神工且價值不斐的藝術品

寶石級的貴重珊瑚和珍珠、琥珀，三者一直以來在東方世界甚至在西方都是相當重要而且歷史悠久的寶石。相傳佛教七寶為金、銀、琉璃、硨磲、瑪瑙、琥珀、珊瑚；西方的文化中，紅珊瑚被視為是耶穌寶血蛻變而成。從宗教的觀點或東西方的角度來看，珊瑚都是不可多得的寶物。

珊瑚的英文名稱「Coral」是從希臘文 Corallium 一詞演變而來，在生物學的分類上，寶石珊瑚屬於腔腸動物門中的珊瑚綱，其中進一步細分屬於珊瑚屬 (Gen. Corallium)。美國寶石學院 (GIA) 將珊瑚分為鈣質珊瑚 (Calcareous Coral) 與角質珊瑚 (Conchiolin Coral) 兩大類，以生物學界而言，全世界共有近 3000 種珊瑚品種，其中絕大多數為造礁珊瑚，寶石珊瑚僅 27 種。一般常見的赤紅珊瑚 (阿卡)、桃紅珊瑚 (Momo)、沙丁珊瑚等都屬鈣質珊瑚，黑珊瑚、金珊瑚則為角質珊瑚。

寶石珊瑚的珊瑚蟲體小，生長速率緩慢，需要長年累積才能長成大型的寶石珊瑚。寶石珊瑚的生長分佈地區很少，生長深度比造礁珊瑚深 (水深 110-1800 公尺)，全球只有台灣、日本南方群島海域、中途島附近和地中海海域。

珊瑚物理化學性質

鈣質珊瑚主要是由霰石 (Aragonite) 所組成，但是在珊瑚蟲死後會漸漸變為方解石。珊瑚的主要成分除了方解石和霰石以外就是有少量的有機質和碳酸鎂，以及少量的鐵。珊瑚的比重和硬度甚至顏色等性質基本上也是受到其組成成分差異所影響，鈣質珊瑚 (如紅珊瑚及白珊瑚) 的比重一般介於 2.5~3 之間 (方解石 2.71、霰石 2.93)。角質珊瑚在成分上含較多的有機質所以比重稍低，以下就是珊瑚相關性質：

比重

鈣質珊瑚 2.5 ～ 3.1，角質珊瑚 1.34 ～ 1.45

市場上常見的珊瑚品種分類

1. 赤紅珊瑚（Aka Coral）

寶石珊瑚中最受歡迎的品種，分佈於台灣和日本海域，水深 110~360 公尺，呈現濃豔赤紅色，也有少數粉紅色、橙紅色或白色，質地具有微透明感。赤紅珊瑚中最著名的顏色是牛血紅，是濃豔而微暗的紅，鮮豔而亮的辣椒紅也頗受歡迎。

珠寶界最受歡迎的珊瑚為濃豔紅色的赤紅 (阿卡) 珊瑚

2. 桃紅珊瑚（Momo Coral）

桃紅珊瑚，顏色如桃紅色，故名為桃色珊瑚，分佈於台灣、日本，最主要產區為蘇澳外海以北。顏色由濃豔的桃紅到淺粉紅或白色。桃紅珊瑚不像赤紅珊瑚般具有透明感，但是給人一種細膩粉嫩的感覺，尤其是淡粉色的桃紅珊瑚，極受西方人喜愛，被稱為天使之面(Angel Skin)。

粉色的天使面珊瑚

3. 美都珊瑚（Midway Coral; 又稱中途島珊瑚）

色澤略帶粉橘，產於中途島附近，多分佈於 400-500 公尺水深左右。顏色屬淡橙紅色，粉紅色不多，白色更為罕見。美都珊瑚通常中心有明顯白心，但是珊瑚枝外緣一般多質地均勻，呈現濃郁的粉橘色。

4. 南枝珊瑚

南枝珊瑚與美都珊瑚皆生長於中途島海域，由於分佈的水深差異而有不同品種，南枝珊瑚一般是白色或淡粉紅色，前者稱為「南枝白」，後者稱為「南枝粉」，南枝白要比南枝粉更為常見。南枝白通常接近純白色，產於日本或台灣海域的白珊瑚通常是乳白色，甚至帶有粉紅色斑點，一般是桃紅珊瑚品種的淺粉色 - 白色珊瑚枝。

5. 深水珊瑚（Deep Sea Coral）

深水珊瑚主要分佈於中途島海域以及北緯 35-36 度 , 東經 170-180 度附近海域，生長的水深約 600-1800m 深。色澤是很亮麗的紅至淺紅色、較淡的粉紅色有紅斑點花紋，極淡粉色很少，幾乎沒有純白色。深水珊瑚也有明顯的透明感，但是因為生長於深海，捕撈上來時，珊瑚表面容易產生解壓破裂，反過來說，若深水珊瑚無解壓裂紋則價錢昂貴。

6. 沙丁珊瑚 (Sardinia Coral)

沙丁珊瑚原本是指生長於義大利沙丁島附近海域的深水珊瑚，現今「沙丁珊瑚」一詞泛指不同產區的地中海珊瑚，一般生長在海面以下 50 ～ 120m 左右，是在所有的寶石珊瑚中水深較淺的品種。沙丁珊瑚顏色與赤紅類似，常見橘色、橘紅、朱紅、深紅，但是能達到阿卡珊瑚最濃豔牛血紅顏色者亦極為罕見。

與赤紅珊瑚相仿的沙丁珊瑚

7. 黑珊瑚 (Black Coral)

黑珊瑚又稱為海樹，是柳珊瑚的特殊品種，在寶石學上歸類為角質珊瑚，一般分佈於水深 15 ～ 20m 處，色澤為棕黑色至黑色。黑珊瑚主要由硬蛋白質所構成，莫氏硬度、比重與折光率皆較鈣質珊瑚低，外觀呈現蠟狀光澤，且橫截面有樹輪狀構造，與鈣質珊瑚同為珠寶工藝品的珍貴原料。

鑲金黑珊瑚珠串

8. 金珊瑚 (Gold Coral)

金珊瑚是生長於太平洋海域的珍貴寶石珊瑚品種，屬八放珊瑚亞綱，金樹珊瑚科，外觀可呈現金黃色或褐黃色，並帶有暈彩或變彩等特殊光學現象。金珊瑚主要由碳酸鈣和硬蛋白質所構成，在傳統寶石學上的分類仍屬鈣質珊瑚，但近年寶石業界認為其應歸類為混和型珊瑚，其比重、硬度等性質也介於角質

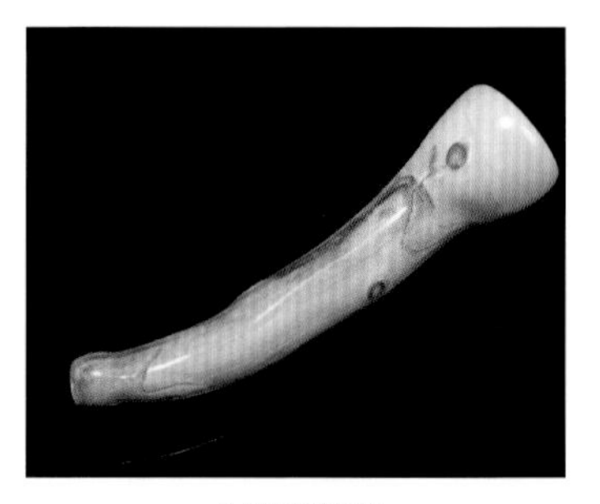
金珊瑚煙嘴

珊瑚和鈣質珊瑚二者之間。金珊瑚又可分為深水金珊瑚和淺水金珊瑚兩個品種。深水金珊瑚產於中途島海域水深約 900 ～ 2500m 之間；淺水金珊瑚則是生長在夏威夷群島與台灣西南部海域，水深約 350~600m 之間。市場上有一種常見的金珊瑚仿品是將黑珊瑚經過雙氧水漂白後塗上透明漆而製成，從比重性質與光譜分析很容易區分。

珊瑚成分

鈣質珊瑚以碳酸鈣為主，3% 左右的碳酸鎂，少量氧化鐵，1 ～ 4% 有機物質，角質黑珊瑚較其他珊瑚含有更多的有機物質，金珊瑚介於二者之間。珊瑚中的碳酸鈣主要礦物相是霰石和方解石 (方解石為主)。

	鈣質珊瑚	角質珊瑚
硬度	3.5~4	2.5~3.5
折射率	1.49~1.65	1.56~1.57
化學性質 (遇酸反應)	起反應發泡	不反應

珊瑚鑑定

珊瑚的仿製品主要有染色硨磲貝、染色海竹珊瑚、塑膠以及塑料石粉複合物四類。塑料仿品遇酸不反應，且比重低，手感較輕；硨磲貝仿品多染淡粉紅色仿粉紅珊瑚，硨磲貝的層狀結構與珊瑚的同心圓狀結構是主要區分依據；海竹珊瑚是造礁珊瑚染紅色仿製，類似竹節的黑色環狀構造、粗糙孔隙以及平行枝幹的條紋是主要的辨識特徵。

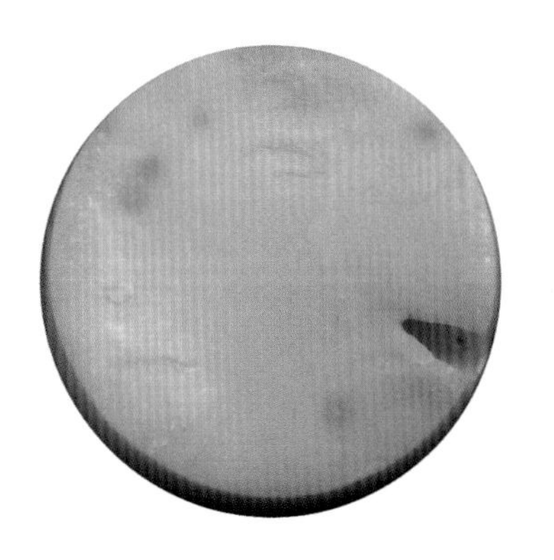

染色硨磲貝外觀與天然粉紅珊瑚如出一轍

一般的珊瑚仿品鑑定，以放大鏡、燈具就可以觀察出來，若是白珊瑚染色或更高明的仿製處理技術，就只能靠拉曼光譜儀等精密儀器鑑定區別。

珊瑚賞購與保養

1. 顏色與品種

寶石珊瑚品種中以赤紅珊瑚最受歡迎 (Aka)，桃紅珊瑚跟粉紅珊瑚則較次一等，沙丁珊瑚雖外觀與赤紅珊瑚相仿，但價格上有落差，西方人對粉紅色珊瑚則愛戴有加。若單純以顏色區分之，則濃郁到發暗的牛血紅最為珍貴稀有，正紅與桃紅次之，粉紅或粉橘再次之。金珊瑚一般而言比黑珊瑚價高，但比深紅色的珊瑚價低。

2. 表面缺陷與白心

珊瑚顏色均勻無白心較為珍貴，表面若有蛀孔或黑皮等瑕疵價格也會受影響。珊瑚業界一般將珊瑚分為活枝、死枝及倒枝，活枝的顏色通常較為鮮豔，且少蛀孔、黑皮等瑕疵，所以價格較好。

3. 大小

毫無疑問地珊瑚越大越珍貴，拿圓形珠來說，一個碩大的珊瑚樹要磨成圓珠的話，所能取的最大圓珠僅僅只有在直徑最大的地方，可能幾公斤的珊瑚樹才能取下一兩顆圓珠，近幾年的業界交易記錄中，17mm 赤紅珊瑚圓珠曾有過 500 萬的拍賣價格，可見直徑夠大的圓珠有多難能可貴。

珊瑚硬度與化學穩定性都不高，既怕碰撞刮擦，也怕酸液。所以配戴上要盡量避免接觸皮膚汗水，洗澡或泡湯都不宜配戴入浴，而且要避免碰撞刮擦，避免高溫乾燥環境等。珊瑚就像其外表顏色一樣嬌嫩，需要百般呵護。珊瑚可不定期上油 (嬰兒油) 保養，若珊瑚刮花了，可以委託業者重新拋光，但是會折損部分重量體積。

第十一節
蛋白石 Opal

蛋白石為 10 月份的誕生石，也是澳洲的國石。在眾多寶石之中，若要說是最像彩虹般美麗的寶石，那非蛋白石莫屬了。寶石級的蛋白石通常都具有五彩繽紛的色彩，雖然它不是像一般寶石一樣透明，但它獨特的七彩光暈卻也為蛋白石贏得美譽，那種暈彩就叫做蛋白光 (Opalescence) 或稱為遊彩 (Play of color)。蛋白石集各種有色寶石的美麗色彩於一身，有如紅寶石的紅、紫水晶的紫等。

蛋白石依其外觀底色區分為白色的白蛋白、深色的黑蛋白、橙紅色系的火蛋白和無色透明的水晶蛋白等等，普遍而言黑蛋白價值最高，火蛋白次之。蛋白石生長於風化殼形礦床中，礦體通常不規則狀分部於沈積岩中，若連同母岩一同研磨而成，正面為蛋白石，背面為沈積岩母岩，則有一別稱為礫背蛋白石 (Boulder Opal)；礫背蛋白石的價位較低，但是遊彩表現絲毫不遜色，是消費者的另一種選擇；近年南美洲的秘魯與非洲坦尚尼亞等地出現了一系列沒有遊彩但顏色特別的蛋白石，粉紅、天藍與蔥綠蛋白石，這些新興的蛋白石品種，在珠寶設計上也頗受歡迎。

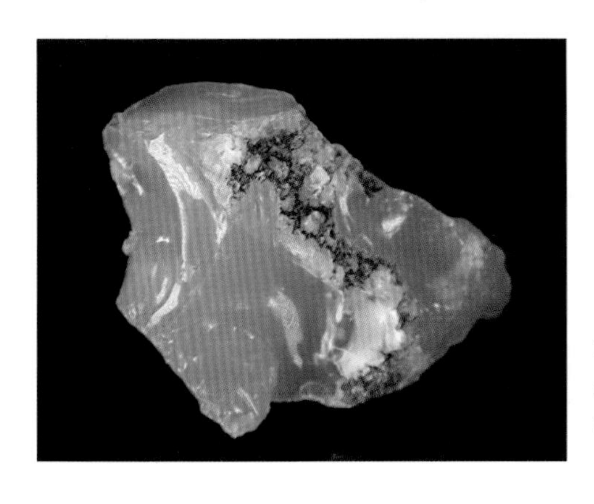

坦尚尼亞產的蔥綠蛋白石原石，如翡翠般的蘋果綠色，透明又帶有膠質感，成品有如糖果般迷人

蛋白石物理化學性質

晶系：非晶質	折射率：1.37~1.47
硬度：5~5.5	雙折射：無
比重：2.1	螢光：長短波無至藍白色螢光
光澤：玻璃至蠟狀光澤	解理：無解理
透明度：透明至不透明	特性：虹彩、遊彩(蛋白光)、低比重
顏色：白、灰、藍灰、褐、黑、無色	仿品：吉爾森合成蛋白石、玻璃

蛋白石分類

蛋白石主要以顏色分為下列幾種：

1. 黑蛋白石 (Black Opal)

黑蛋白石的色調較深，背景體色常呈現帶灰的深藍(或深綠)，往往因為底色深而更易於襯托蛋白光(遊彩)的表現，有時候較不炫麗的白蛋白石會在底面加上黑布以造成類似於黑蛋白石的遊彩強化效果。

澳洲頂級黑蛋白石戒指，顏色濃郁且遊彩分明

2. 白蛋白石 (White Opal)

白色蛋白石是以白色為基底顏色的蛋白石，有時候因為如此而導致遊彩不明顯，但是品質較好的蛋白石即使是白色也具有強烈的遊彩。

遊彩美麗的白蛋白

3. 火蛋白石 (Fire Opal)

火蛋白石指的是具有像火般橙色至紅色的蛋白石，此種蛋白石多半較為透明且少見遊彩，反之若具有遊彩，價值更高。

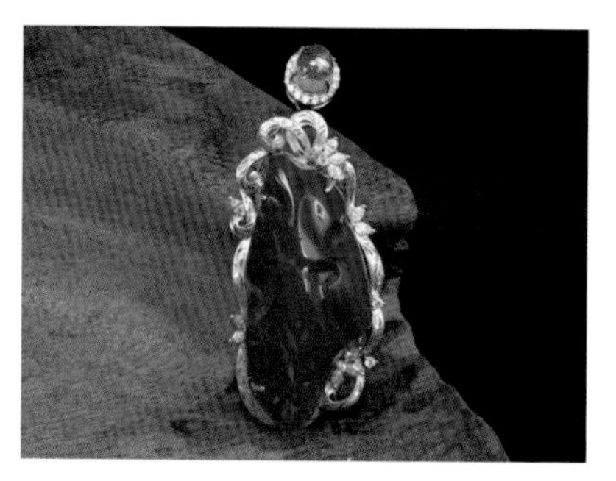

墨西哥火蛋白石，透著橘紅色如火焰一般美麗

4. 水晶蛋白石 (Crystal Opal)

底色清透如水晶的蛋白石稱為水晶蛋白石，少了底色的襯托，水晶蛋白石遊彩表現顯的更為重要，若沒有遊彩，水晶蛋白石看起來就像平淡無趣的水晶或玻璃一般。

遊彩豐富且帶有強烈透明感的水晶蛋白石

5. 礫背蛋白石 (Boulder Opal)

帶有沈積岩母岩的蛋白石稱為礫背蛋白石，礫背蛋白石的價格較低，有時也會有遊彩強烈且底色深沈的礫背蛋白石，是剛入門收藏蛋白石的不錯選擇。

遊彩成因與類型

蛋白石是非常特殊的一種寶石，多數寶石都是結晶質的礦物，有的單晶或聚晶，蛋白石卻是有機類寶石以外唯一的非晶質寶石，由二氧化矽膠體沈澱而成。蛋白石的成分是非晶質二氧化矽和水 [SiO2・nH2O]，電子顯微鏡下，蛋白石由無限多個二氧化矽的小球體和水分子排列而成 (小球粒徑約 200~400 奈米)，這些小球排列的構造形成三度空間的繞射光柵，所以光線入射蛋白石後在表面繞射形成七彩斑斕的光譜色，意即俗稱的遊彩、蛋白光或虹彩。

蛋白石的遊彩有七彩顏色，以大片紅色遊彩最為罕見，遊彩的表現是蛋白石價值的主要影響因素。遊彩依其表現型態分為三種：

1. 星火（pinfire）：小片點狀的遊彩。
2. 潑彩（flash）：大片狀的遊彩，寶石擺動時閃現，有如片片潑墨。
3. 彩紋（harlequin）：大片明顯的角狀遊彩。

蛋白石的潑彩表現

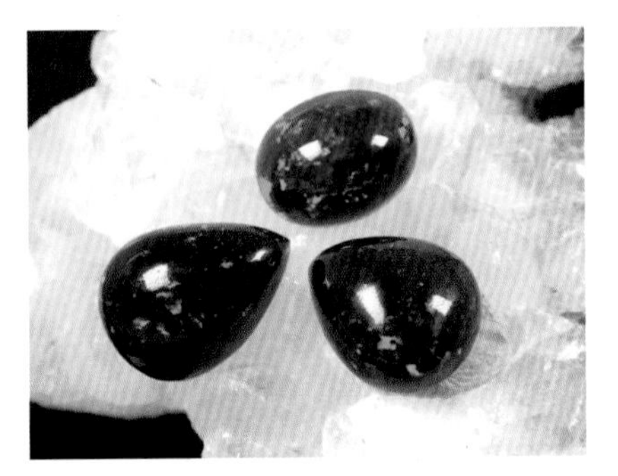

圖為染色處理黑蛋白石

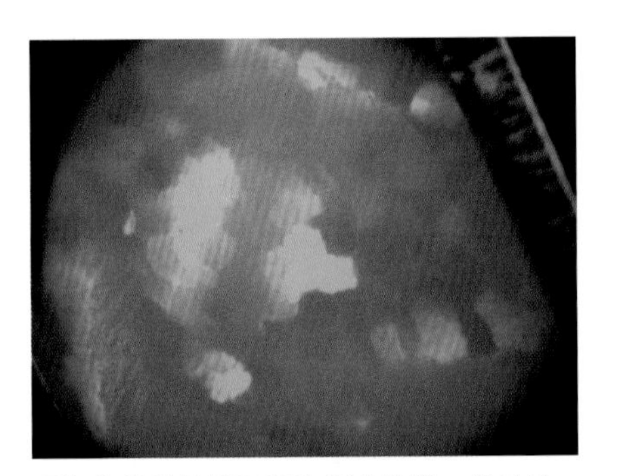

圖為蜂巢狀結構又稱為蜥皮結構，常見於合成蛋白石，部分衣索比亞產天然蛋白石也會有類似特徵

圖為斯洛克姆玻璃橢圓形凸面裸石

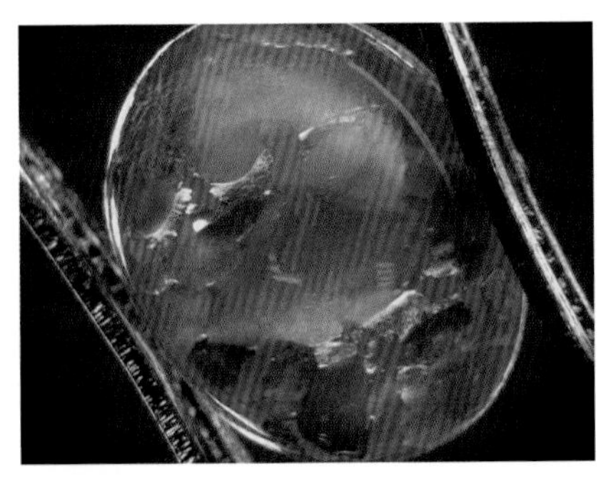

圖為透射光下觀察這種蛋白石仿品的特徵金屬片

蛋白石鑑定與仿品

蛋白石在鑑別上比較特別，因為一般有色寶石都有他種有色寶石可以模擬，唯獨蛋白石獨特之遊彩實在無其他寶石可以相提並論。但是蛋白石唯一需要小心鑑別者有二，一是吉爾森法合成蛋白石，二是夾層蛋白石 (複合式蛋白石)。吉爾森法合成之蛋白石其實在台灣地區也較少見，其遊彩斑塊較不自然，常呈現柱狀生長結構或蜥蜴皮紋理。複和式的夾層蛋白石主要是將白蛋白石黏上黑底或深藍色底 (一般是玉髓加黑色膠) 以加強其蛋白光，易與礫背蛋白石混淆，其他贗品最常見者為塑膠製品，塑膠蛋白石比重低，手接觸有膠感，不難辨認，另外有一種內含金屬片的玻璃仿製品稱為斯洛克姆玻璃，其七彩光澤與蛋白石相似，但是明顯的金屬片內含物很容易與蛋白石區別。

蛋白石賞購與保養

目前市場上主流的蛋白石產地有澳洲、墨西哥與衣索比亞，不論何產地，體色與遊彩表現都是影響價格的主要因素。蛋白石一般含水量介於 3-10%，最極端的狀況也有高達 20% 者。通常含水量高的蛋白石，失水後會降低透明度及遊彩表現，嚴重者甚至會龜裂。挑選蛋白石時，要避免挑選浸泡水中的蛋白石。若蛋白石於開放空間 (如珠寶櫃) 中置放一年以上未龜裂或失透的蛋白石，其穩定性高，購買時比較不會有風險。有少數廠商為了提高消費者信心與購買意願，甚至提出一年內非人為因素龜裂可換等值另一顆蛋白石的措施。

蛋白石要避免長期暴露於高溫或強烈日曬下，即使是一般的鎢絲燈，若相當靠近且維持長時間，這樣一來也會造成蛋白石表面龜裂，甚至失去光彩。另外，其硬度只有 5-5.5 也是一個需要小心注意保養之處，要避免碰撞、刮擦。

第十二節
珍珠 Pearl

珍珠可分為海水珠和淡水珠，一般而言，淡珠在色彩上較鮮豔，但是海珠在珍珠光澤上較勝一籌。目前，珍珠養殖技術已經非常成熟，由於珍珠養殖成功率提升，而野生珍珠採捕不易等因素導致目前市面上以「人工養珠」為主，市面上的珍珠若不加強調則應當是養珠。

珍珠是一種有機寶石，有機寶石其形成完全是來自生物體，對外在異物入侵的保護，有別於那些挖掘自地底層中的礦物（無機寶石）。珍珠是來自「軟體動物」的鈣質分泌物包覆所形成。

珍珠形成

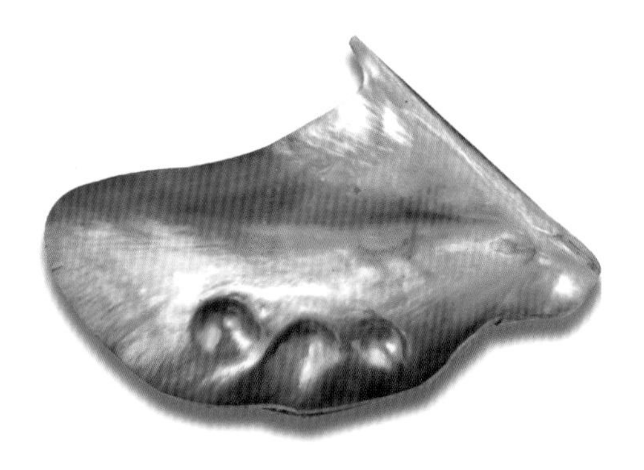

附著在珠母貝殼體上的半形珍珠

珍珠的形成是一種生物的防禦機制，軟體動物受到外來刺激物像沙粒或細菌等刺激，生物本身會分泌一些物質將其包覆，這就是珠母質。

養殖珍珠形成過程並無二致，只是它的刺激物是人為的。所以市場上珍珠可分為天然野生珍珠與人工養殖珍珠兩類，養殖珍珠又進一步分為有核養殖珍珠和無核養殖珍珠，通常海水養殖珍珠多為有核，淡水養殖珍珠則為無核，近年最新技術已發展出有核養殖的淡水珍珠，形狀圓度與海水珍珠相仿。

珍珠物理化學性質

晶系：六方晶系	折射率：1.53~1.68
硬度：3~4.5	雙折射：無
比重：2.68~2.75	螢光：無至強螢光
光澤：珍珠光澤	解理：無解理
透明度：半透光至不透明	特性：珍珠光澤、放射狀構造、粗糙感
顏色：白、黃、紫、粉紅、黑、橙色	仿品：玻璃、塑膠珠、貝殼珠

珍珠誕生、養殖與珍珠構造

養殖珍珠需從珍珠蚌養殖開始，於乾淨的水域耗時 3-5 年方可長成母蚌。之後將珠核或外套膜組織殖入母蚌的外套膜內，再將母蚌排列置入竹網並垂放海中。異物進入外套膜後，蚌本身受到刺激，便分泌碳酸鈣與珠母質將其包覆，分泌需 2-5 年的時間，才能長成珠寶用的珍珠。有核養殖珍珠的「珠核」有幾種不同材質，最常使用的材質是珠母貝或硨磲貝研磨成的圓珠，種核通常 5-7mm，種核大小將影響養珠尺

珍珠構造的三維示意圖

以天然野生珍珠為例，中心是砂粒，外覆層層珍珠層，珍珠層由放射狀的霰石所構成，所以很容易將油脂髒垢嵌入造成污黃

寸。珍珠的外型可分為圓形珠、扣形珠、橢圓珠、半形珠和異形珠，野生珍珠異形珠多，正圓珠少，因此圓形珠最受歡迎且價格高。

珍珠層由霰石片狀晶體放射狀同心圓排列而成，而珍珠光澤也是因為這樣所以在晶體外緣產生繞射、干涉等現象而造成。珍珠依其成因分為天然野生珍珠與養殖珍珠，養殖珍珠又分有核養殖和無核養殖。有核養殖珍珠是將貝殼珠核殖入珍珠蚌，長時間讓珠母質包覆珠核而產生。無核養殖珍珠則是將珍珠貝的外套膜殖入，所以縱剖面與天然珍珠相似，圓度一般較有核養殖珍珠低，可作為辨識品種的參考。

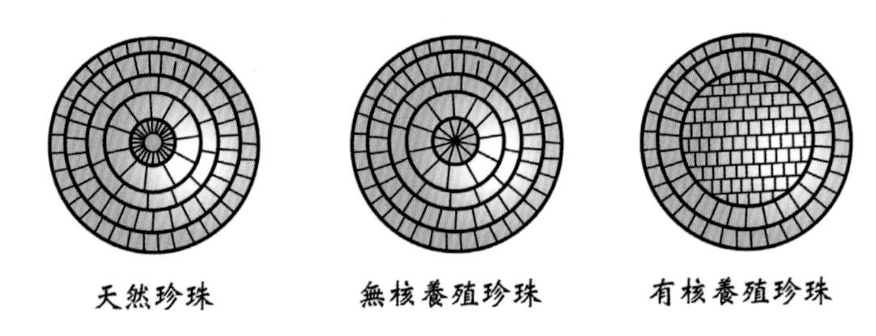

天然珍珠、有核養殖與無核養殖珍珠剖面示意圖

常見珍珠種類

市場上常見的珍珠種類有南洋珍珠、日本珍珠 (Akoya Pearl) 與淡水珍珠，南洋珠與日本珠都是海水養殖的海水珍珠，皮光光澤好且圓度高，而養殖於淡水中的珍珠一般稱為淡水珠，主要以中國大陸為主要養殖。相對稀有的珍珠品種是以海螺珠為主，包含孔克珠及美樂珠，其他軟體動物產生的珍珠如牡蠣珠或硨磲貝珠也極為罕見。

南洋金珍珠與大溪地黑珍珠

1. 南洋珠 (South-sea Pearl)

產於南太平洋區域的海水珍珠統稱為南洋珠，南洋珠有白色、銀色、金黃與黑色，貝種不同產出不同顏色的珍珠。澳洲所產的南洋珠以銀色為主，是全球最主要的南洋珍珠產地，白色與金色南洋珍珠產於緬甸、泰國、馬來西亞、印尼、菲律賓等東南亞國家。一般而言，天然金珍珠與白珍珠相互伴生，目前市面上的養殖金珍珠主要來自印尼。顏色深灰至黑色的珍珠稱為黑珍珠，九成產於大溪地，菲律賓也產出少量黑珍珠。

養殖南洋珠的貝類體型較大 (如白碟貝、黃碟貝或黑碟貝等)，珍珠也比其他類型珍珠大，最常見的大小為 8mm 到 13mm 之間，超過 14mm 價格就明顯高出許多，超過 20mm 以上的南洋珠相當罕見。

2. 日本珍珠 (Akoya Pearl)

Akoya 珍珠市場上又稱為「日本珍珠」，是一種由馬氏珠母貝所產的海水珍珠。Akoya 是日文的發音，意指馬氏珠母貝。日本 Akoya 珍珠產地主要是日本三重縣，雄本縣與愛媛縣。目前中國也是 Akoya 珍珠的重要產地。Akoya 珍珠的大小一般在 5-9mm(直徑) 之間，超過 9mm 較為稀少。Akoya 珍珠比淡水珍珠更為圓潤，且皮光好、色澤佳，遠較淡水珍珠討喜，也不遜於南洋珍珠。Akoya 珍珠價格昂貴，因為一個馬氏珠母貝通常只能收穫 1 顆珍珠 (最多殖入 5 個珠核)，產量遠少於淡水珍珠。中國產的 Akoya 珍珠多小於 7mm，日本產的 Akoya 珍珠則多大於 7mm，甚至達 8mm 以上，重質而非重量，使日本的 Akoya 珍珠聞名世界珠寶市場。

日本珍珠戒指，體色白且伴有微粉紅色是相當受歡迎的珍珠品種

3. 淡水珠 (Fresh-water Pearl)

中國大陸養殖的淡水珠，在全世界的珍珠市場佔有極為重要的地

位。大部分的淡水養珠，分佈在長江的中下游和江蘇、湖北、安徽、江西、湖南等省，所產的淡水珠尺寸約4～5mm，超過10mm者少見。淡水珠的形狀多變，球形珠少，反而多呈現米粒狀或卵形，有時會有扣形或梨形珠。淡水珠顏色更是多變，有白色、乳白色、粉紅色、金黃色和橘色等，皮光、色澤通常遜於海水珍珠。

插核養殖淡水珍珠墜，有核養殖淡水珍珠又稱為愛迪生珍珠

早期淡水珍珠都採無核養殖，從珍珠蚌上取下外套模組織殖入另一蚌中，通常可殖入多達50個外套膜，也因此可以生產數顆至數十顆淡水珍珠。因為無核養殖之故，淡水珍珠達到接近球形的比例僅不到2%，而海水養殖珍珠多採用插核養殖，因此海水珠接近球形珠者比例很高。過去，要區別淡水珍珠與海水珍珠最簡單有效的方法是觀察其圓度，但現在已經有插核養殖淡水珍珠技術，能夠達到如海水珍珠般的高圓度，仿冒海水珍珠販售，消費者不易辨別，市場上將這類淡水有核養殖珍珠稱為愛迪生珍珠。

4. 海螺珠 - 孔克珠 (Conch Pearl)

有別於其他珍珠生長於珍珠蚌中，孔克珠生長於一種稱為「女王鳳凰螺」(Queen Conch，或稱為大鳳螺)海螺中。這種海螺生長於加勒比海，成貝長度約15-30公分，其殼口表面主要呈粉紅色，有時顯出桃色及黃色，甚至紅色。除了加勒比海以外，加州外海、

拍賣會上的孔克珠，迷人而嬌嫩的粉紅色或粉橙色是孔克珠吸引人之處

錫蘭到印度海域附近以及緬甸等地都有產出孔克珠。大鳳螺所產的海螺珠又音譯為「孔克珠」，孔克珠具有陶瓷般的質感，沒有一般珍珠的珍珠光澤，且多呈現粉紅色、粉橙色，且表面有一種特殊的火焰狀構造，該構造是因孔克珠彎曲的纖維結構所致，若珠形圓潤沒有缺陷，則火焰紋理更顯美麗。19 世紀開始，市場上將孔克珠稱為粉紅色珍珠 (Pink Pearl)。

孔克珠除了迷人的粉紅 - 粉橙色及火焰紋理，最特別之處還有其居高不下的身價。近年來孔克珠已經成為各大珠寶拍賣會的常客，單顆圓珠動輒數十萬台幣起跳。它之所以珍貴在於純天然野生產出，且相傳捕撈上萬個大凰螺才能出現一個孔克珠，寶石級孔克珠數量更是僅有產量的十分之一。即使這般高價稀少，每年產量也不足千顆，算是眾多珍珠品種當中的王者，不負其孕育者之「女王螺」盛名。孔克珠最受歡迎的顏色是中等色調且帶紫的粉紅色，較常見的顏色為淡色調粉橙色。然而近年來養殖孔克珠技術也已漸趨成熟，相信未來勢必影響野生孔克珠之價格。

5. 海螺珠 - 美樂珠 (Melo Pearl)

美樂珠是一種海螺珍珠，產於椰子螺（又稱木瓜螺），這種螺產於南亞海域，包括緬甸、泰國、馬來西亞、菲律賓等國海域。椰子螺英文名 Melo melo 屬於腹足綱渦螺科的海蝸牛，算是一種可食用的海螺，椰子螺中產出美樂珠之機率僅不足千分之一，相似於孔克珠，具有陶瓷質感，且顏色則呈現粉橙色至中等深橙色，美樂珠通常也具有火焰狀構造。美樂珠在市場上甚為罕見，大克拉數者在拍賣會上動輒數百萬身價。

拍賣會濃郁橙色且圓度頗高的美樂珠，表面可見火焰狀紋理

6. 其他罕見珍珠 - 牡蠣珠 (Oyster Pearl)、硨磲珍珠 (Tridacna Pearl)

除了前述各種具有高商業價值的珍珠品種以外，有些特殊而罕見的珍珠品種雖然沒有大量出現於市場，但卻稀有罕見，最明顯的例子就是牡蠣珍珠和硨磲珍珠。牡蠣一般而言都是為了食用而養殖，其產珠機率低，顏色多為紫黑色且牡蠣珠一般為小顆異形珍珠，很少正圓且大顆的牡蠣珠。硨磲貝因為坊間傳為佛教七寶之一，貝殼本身就大量用作飾品，如雕刻、貝殼串珠等，但是硨磲貝的珍珠就相對少見，目前世界上有破紀錄的超大顆珍珠多為硨磲貝珠。

珍珠價值與台灣市場觀察

曾有鑑價節目說，珍珠不保值，筆者認為，珍珠的價值需考量的因素很多，品種、尺寸、形狀、顏色、光澤、瑕疵、配對等每一項因素都深深影響珍珠價格，不討論規格只一概而論說沒有價值，實在是膚淺的說法。大尺寸的南洋珠、孔克珠和美樂珠是珠寶拍賣會上的常勝軍；市場上的高檔收藏品還有成串的日本珍珠，甚至精挑細選而成的花珠；淡水珍珠則為市井小民提供了不難負擔的超值選擇。以珠寶配戴的觀點，不同價位與規格，消費者可以各取所好；以投資的觀點而言，色好、光澤佳的大尺寸球形珍珠，還是具有相當的保值性。

海螺珠是目前所有品種當中，最為珍貴稀有的珍珠，不論是孔克珠或美樂珠，高圓度、大顆且顏色濃郁者價格不斐。以養殖珍珠而言，海水珍珠價值普遍高於淡水珠，雖然養殖技術日新月異，養殖海域的污染、溫度與洋流的變化，都會影響養殖的成果。相較之下河流、湖泊比較容易掌控，加上淡水珍珠殖核次數與數量，價格相較於海水珍珠顯得親民許多。

海水珍珠當中，南洋珠的價格又高於 Akoya 珍珠，因為南洋珠的養殖期較長，平均每一顆珍珠的養殖期至少約 2 年，而 Akoya 珍珠的養殖期約為一年，因此所有養殖珍珠種類當中，以南洋珠的價值最高。曾有鑑價節目來賓認為珍珠不具保值增值性，其實全球暖化問題與海洋污染衝擊之下，優質珍珠的產量也逐漸下滑，高品質珍珠的價格仍看漲不看跌。

珍珠的鑑定、賞購與保養

海水養殖珍珠戒指，帶有絕佳的圓度與皮光光澤

1. 真假珠與染色珍珠的鑑定

一般在市面上所見之珍珠贗品主要可分為幾類，一為塑膠珠，再來就是所謂的「貝珠」了。塑膠有時肉眼就判斷出其真假，而且比重也較低，掂重手感很輕。所謂的貝珠又稱為貝殼珠或貝珍珠，是指將硨磲貝磨成圓珠，並於外面覆膜一層具有珍珠光澤的鳥嘌呤塗料。此種珠子的光澤畢竟是塗料仿製，所以還是不同於珍珠，但是有幾分相似，不過由於表面均質，不像珍珠有放射狀結構，所以兩珠相互刮擦並沒有沙沙的粗糙感，這可用來鑑定出貝珠、塑膠珠和玻璃珠。若以顯微鏡觀察珍珠表面，常呈現凹凸的縫合線紋理與細小的天然瑕疵，反之假珠則常可見到鑽孔處有表皮塗層脫落現象，如此也可輕易辨別。

除了仿珠(塑膠、玻璃珠)，染色珍珠與放射線照射改色的珍珠也常見於市場，硝酸銀染色黑珍珠顏色較為呆滯，裂縫處顏色可能聚積染料而較深；用查氏濾色鏡可觀察染色黑珍珠與放射線照射變色黑珍珠，其在燈光下經濾色鏡觀察，顏色變得較暗紅色，天然野生珍珠與養珠在濾色鏡下通常不會變色。若珍珠染色採用有機染劑，則以丙酮擦拭珍珠可能溶出染料，需注意此等方法為破壞性測試，有可能造成顏色脫落。

2. 珍珠賞購要點

珍珠在價格上是有一特別現象：成對或成串的珍珠價值會倍增，這是因為珍珠採收時其實有各種色澤、尺寸和形狀。消費者可以輕易挑出一個大小、色澤符合要求的珍珠，但卻很難找到完全相同的一對甚至一串珍珠。換個角度，若要挑一串珍珠，其實大可不必過份在意每一顆的細微差異，畢竟若要求每一顆都完美無瑕且色澤與圓度均一致，則價格不斐呀。

目前市面上所售之珍珠幾乎都是人工養殖珍珠，不論海水珠或淡水珠皆是如此。主要原因在於人工養殖珍珠其產率較易掌握，品質也能控制。一般消費者在購買珍珠時須注意幾件事：

第一、是否買到假的珍珠

第二、海珠跟淡水珠價值上有很大差異。

異形珍珠搭配翡翠和珊瑚製成珠寶胸針

鑑賞珍珠要由遠而近，遠者指的是肉眼就可快速觀察的項目，近者則是放大鏡仔細觀察的部分。消費者需謹記下面六項口訣：品種、尺寸、形狀、顏色、光澤、瑕疵、配對。

品種決定價格，因為不同品種珍珠的育成率、產量差異大，孔克珠、美樂珠多為天然野生珍珠，稀有而高價；養殖珍珠而言，南洋珍珠價值優於 Akoya 珍珠，淡水珍珠價格最低。

珍珠的尺寸越大，價值越高，而且不同品種的珍珠超過特定的臨界尺寸，價值會急遽倍增。以大溪地黑珍珠為例，8-13mm 價格每增加 1mm，價格大約增加 30-40%；14-18mm 價格，尺寸每增加 1mm，價格增幅高達 60-70%。

珍珠的形狀以球形為最佳，依其圓度分為球形珠、圓形珠和近圓珠，非球形的珍珠則有包含橢圓形珠、扣形珠、梨形珠、半形珠和巴洛克珠 (異形珠) 等。圓珠與非圓珠價格可差距數倍，圓珠當中，越接近球形，價格越高，圓度稍有落差，價差也可差異 10-30% 以上。

圓度高且光澤好的南洋珍珠

珍珠的顏色不同於其他寶石那麼單調，遠觀近看各有奧妙。珍珠色彩由下列三部分所組成：體色 (Body color)、伴色 (Overtone) 和皮光 (Orient)。體色即珍珠整體的顏色表現，依顏色種類劃分有白、黑、黃 (金)、紫、粉紅等。伴色是指珍珠層晶體所造成的繞射現象，這種現象會在珍珠表層形成一種以上的半透明顏色。皮光則是光線受到珍珠表面干擾，而形成光譜色。每一粒珍珠都具有體色，但是皮光與伴色卻未必出現，所以價值評估時，帶有明顯皮光及伴色的珍珠價值略高一籌。

珍珠的光澤來自於珍珠層對於光線的反射，珍珠層的厚度與透明度都對光澤有影響。不同貝種及產地的珍珠，其珍珠層生長速率受貝種、溫度、鹽度等多重環境因素的影響，致使珍珠層的透明度有所差異而造成光澤度表現的差別。普遍而言，海水珠的光澤表現較淡水珠為佳。較

差的珍珠光澤 (Poor)，通常表現出反射晦暗且散漫的光澤；反之最佳的光澤 (Excellent) 是反射明亮、銳利而明顯。海螺珠、牡蠣珠一般不呈現珍珠光澤，海螺珠的賣點主要在顏色和稀少性。

瑕疵指的是珍珠的表面品質，就如同鑽石的淨度一般，是由表面瑕疵的可見性來定義。表面乾淨 (Clean) 的珍珠，通常僅具有鑑定師都難以發掘的極細微特徵 (Minute)；輕度瑕疵 (Slightly blemished) 的珍珠，表面可見輕微 (Minor) 的特徵；中度瑕疵 (Moderately blemished) 的珍珠，表面通常具有明顯可見 (Noticeable) 的特徵；重度瑕疵 (Heavily blemished) 的珍珠，表面有明顯 (Obvious) 且影響珍珠堅固性的表面特徵。珍珠像鑽石般一分錢一分貨，高品質的珍珠都是輕度瑕疵以上，但是若不介意表面特徵，中度瑕疵以下的珍珠價格會有更多折扣。

配對之於珍珠是相當重要的，每一顆珍珠都很難是完美，更何況要將許多珍珠配成對、配成串。眾所周知的日本花珠，就是依據尺寸、形狀、顏色、光澤、瑕疵等要素，精挑細選 Akoya 珍珠，且成串配對所以才價值不斐。

珍珠保養與清潔

珍珠在保養上也是需要避免酸、鹼或化學藥劑。像配戴珍珠運動流汗就是不恰當的。而且珍珠不像珊瑚只要重新拋光即可回復光彩，珍珠因髒垢而變黃時可以試著擦拭，若太髒而無法拭去髒垢就再難挽回。以下分享幾個珍珠保養小技巧：

Tip1 由於珍珠的硬度只有 3 至 4.5；所以配戴時應避免其他飾品刮傷。

Tip2 珍珠主要成份是碳酸鈣及少量的水份，應該避免過於高溫、乾燥，以免失去光澤，珠寶櫃中展示需注意濕度與保水。

Tip3 珍珠為有機寶石，怕酸也怕鹼，一般建議使用軟毛刷、中性肥皂加溫水清洗一次。如有油性髒污難以清潔，可用無色棉布沾甘油或橄欖油擦拭之。

Tip4 配戴珍珠請注意身上的髮膠、妝粉或有色布料可能沾染珍珠。

第十三節
尖晶石 Spinel

尖晶石是相當有趣的寶石，藍的尖晶石像藍寶石，而紅的則像紅寶石。由於紅尖晶石在顏色上極像紅寶石，所以在以前都被誤認為是紅寶石。比方說英國皇室中的鐵木耳紅寶石 (Timur Ruby) 和黑王子紅寶石 (Black Prince's Ruby) 後來都鑑定為紅色尖晶石。尖晶石具有各種顏色，其中紅色或藍色很容易被誤認為紅藍寶石。其英文名稱可能源自拉丁字“spina”，意思是「小刺」，此名稱主要是從其八面體晶體上的八個尖端而來。尖晶石色彩以紅 - 橙和藍 - 紫兩大色系為主，近年崛起的黑色尖晶石由於拋光光澤亮眼，黑中帶微藍，遂成為墨翠和黑鑽以外的黑色寶石選擇。市場上對於尖晶石的熱愛是因為它有相似於紅藍寶石的美麗外表，而且通常沒有處理。

色彩豔麗的粉紅色尖晶石枕墊形刻面寶石，若帶有強烈鮮豔的霓紅色，市場上又暱稱為絕地武士尖晶石

尖晶石物理化學性質

尖晶石是由數種不同的金屬離子以尖晶石構造的形式所構成，一般來說其通式為 [MAl_2O_4]，其中 M 可為鎂 (Mg)、鐵 (Fe) 和鋅 (Zn) 等。

晶系：等軸晶系	折射率：1.71~1.73
硬度：8	雙折射：無
比重：3.58~3.98	螢光：無螢光
光澤：玻璃光澤	解理：不完全解理
透明度：透明至不透明	特性：單折射、無多色性
顏色：綠、褐、橙、紅、藍、黑色	仿品：合成尖晶石、玻璃、合成剛玉

尖晶石種類

1. 鐵鎂尖晶石 (Ceylonite)- 通常呈現暗綠色到黑色不透明
2. 鉻尖晶石 (Picotitc)- 一般呈現褐色
3. 橙尖晶石 (Rubicelle)- 一般呈現橙黃色至橙紅色
4. 紅尖晶石 (Balas Ruby)- 為較淺之紅色，又稱為巴拉斯紅寶石
5. 鋅尖晶石 (Gahnite)- 化學成分 [$ZnAl_2O_4$]，硬度 7.5 ～ 8，比重 3.58 ～ 3.98，一般呈現灰綠色或灰藍色
6. 鐵尖晶石 (Hercynite)- 化學成份 [$Fe^{2+}Al_2O_4$]，硬度 7.5 比重 3.95，一般呈現黑色不透明

褐色的鉻尖晶石心形刻面裸石

橙尖晶石心形刻面裸石

濃郁紅帶紫色的紅尖晶石枕墊形刻面裸石

鋅尖晶石枕墊形刻面裸石

黑色的橢圓形蛋面鐵尖晶石戒指，市場上稱為黑尖晶石，雖不透明但光澤亮，且色黑帶微藍，是相當受歡迎的黑色寶石新秀

尖晶石的產地與產狀

尖晶石常產於變質礦床如片岩與蛇紋岩中，也產生於接觸高熱岩漿而產生變質的大理岩中，然而世界主要產地的寶石級尖晶石多發現於沖積砂礦。尖晶石的主要產地有緬甸、斯里蘭卡、美國、阿富汗、肯亞、尼日利亞、坦尚尼亞以及越南等地，坦尚尼亞的馬亨蓋 (Mahenge) 以及緬甸的南米亞 (Namya) 都以產出高品質的粉紅尖晶石著稱，越南陸克彥 (Luc Yen) 也產出高品質的紅色與藍色尖晶石。

尖晶石鑑定、賞購與保養

尖晶石最常見的仿品是火熔法合成尖晶石與火熔法合成剛玉，從折射率上可以輕易辨別：一般的寶石尖晶石折射率為 1.718(尖晶石)，富鉻的紅色尖晶石為 1.74，鐵鎂尖晶石為 1.77-1.80，鎂鋅尖晶石折射率則介於 1.725-1.753，通常火熔法合成尖晶石折射率多介於 1.727，合成剛玉則為 1.762-1.770。內含物鑑別上，天然尖晶石晶體中常包裹有較小的尖晶石晶體、羽裂紋等，而合成紅寶和尖晶石只會有螺紋和氣泡包體。若欲區分天然剛玉與尖晶石最容易的方法就是利用偏光鏡，尖晶石是等軸晶系，呈現全消光，而紅寶石為六方晶系，週期消光。

尖晶石的色澤越好，淨度越高當然越珍貴，至於顏色好壞當然是越接近於正紅色或正藍色，越接近紅、藍寶石的色彩越好，通常尖晶石不論紅或藍，色度都偏低，所以常呈現棕紅色或灰藍色系，富鉻的紅尖晶石色彩上與高品質的紅寶石非常接近，價格不斐；天然含鈷的寶藍色尖晶石則呈現寶藍色。尖晶石最大的優點就是通常都沒有經過任何優化處理，消費者在購買上不用擔心。尖晶石硬度高、韌度好，且化學穩定性佳，不需特別保養。

天然尖晶石放大觀察常可見一種如同簾珠狀的特徵內含物，實際上是一串一串平行排列的負晶體（有結晶形狀的液包體）

第十四節
電氣石 Tourmaline

電氣石是有趣的寶石品種，在色彩多樣性上，它遠超越其他寶石。甚至有些晶體會產生貓眼效應 (電氣石貓眼)，相傳清代的朝珠或朝服上的珠寶就已經有用電氣石 (碧璽)。電氣石 (TOURMALINE) 名稱來由一般相信是源自錫蘭字 TURMALI，該字本是當地珠寶師傅用於鋯石的稱呼，據說是因有一包電氣石被誤用此名銷售，而該名稱遂沿用至今。

寶紅色的電氣石蛋面戒指，市場上又稱為紅寶碧璽

電氣石之所以有此稱謂是因其晶體具有壓電性，若施壓於電氣石晶體 C 軸 (長軸) 兩端則會產生電荷；若將電氣石加熱也會產生電荷，此一特性稱為焦電性。電氣石是目前世界上已知包含最多顏色的寶石品種，而且單一寶石晶體上呈現最多顏色種類變化的寶石也是電氣石。紅色與綠色的電氣石在市場上深受歡迎，藍色電氣石則頗為稀少，市場上最珍貴的品種是綠藍色的帕拉依巴電氣石，電氣石貓眼是罕見的現象石品種。

電氣石物理化學性質

晶系：六方晶系	折射率：1.62~1.64
硬度：7~7.5	雙折射：0.02
比重：3.0~3.2	螢光：多種變化
光澤：玻璃光澤	解理：無解理
透明度：透明至不透明	特性：強多色性、稜線重影、壓電性
顏色：綠、褐、紅、藍、黑色	仿品：石榴石、合成尖晶石、玻璃

因為電氣石是由複雜的硼矽酸鹽組成，故比重多所變異：

粉紅 -3.03	淺綠 -3.05	褐色 -3.06	暗褐色 -3.08
藍色 -3.10	黃色 -3.10	黑色 -3.15~3.20 以上	

電氣石顏色和分類

1. 褐色電氣石 / 鎂電氣石 (Dravite)

鎂電氣石，折射率多介於 1.61~1.63，通常為褐色至褐黃色，色深但可由熱處理淡化其色彩，具強烈二色性，產狀為單晶或組群晶體。產於斯里蘭卡、美國、加拿大、墨西哥、巴西及澳洲。

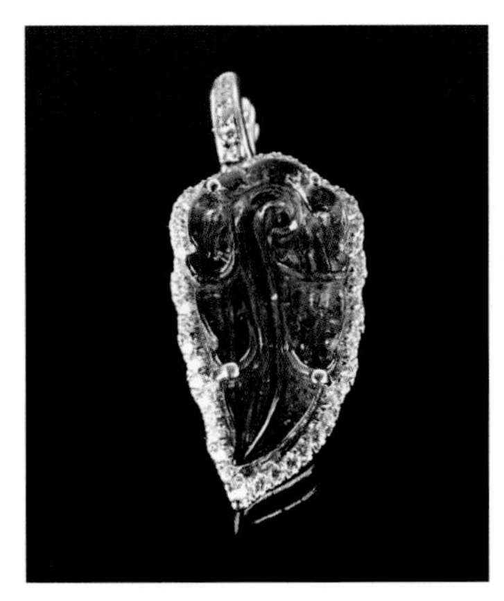

褐黃色鎂電氣石所雕刻的葉子

2. 無色電氣石 (Achroite)

鋰電氣石，折射率多介於 1.62~1.64，有別於其他寶石品種，無色電氣石反而相當稀有，二色性不明顯，與有色電氣石伴生，常見於馬達加斯加及美國加州地區的偉晶岩中。

3. 紅色電氣石 / 紅寶電氣石 (Rubelite)

紅色電氣石又稱為紅寶電氣石 (Rubelite)，其英文名稱源於「紅寶」一字，折射率多介於 1.62~1.64，紫紅色、寶紅色皆稱之，紅寶石色最珍貴，淡紅色者稱為粉紅色電氣石，通常比重會隨紅色變深而增加。俄羅斯的紅或粉紅電氣石產於風化的花崗岩中，其他像美國、巴西、馬達加斯加均有產。

紅寶電氣石橢圓刻面寶石

4. 綠色電氣石 (Green Tourmaline)

綠色電氣石沒有單獨的類別名稱，折射率介於 1.62~1.64，十八世紀時人們常把綠色電氣石與祖母綠相混淆，綠色電氣石顏色以黃綠色較為常見，也不乏有濃豔的綠色，富含鉻的綠色電氣石，一般稱為鉻綠電氣石 (Chrome Tourmaline)，色澤濃豔正綠或綠偏藍，就像祖母綠一般耀眼奪目。

顏色近似祖母綠的含鉻綠電氣石

5. 靛青色電氣石 / 深藍電氣石 (Indicolite)

靛青色電氣石，又稱深藍電氣石，折射率介於 1.62~1.64，天然的深藍電氣石有時顏色過深如墨水般，可由熱處理淡化其色彩，甚至呈現寶藍色。其他有淡紫色或藍紫色品種稱紫色電氣石 (Siberite)，分佈於巴西、美國、馬達加斯加等地，為電氣石中相對較稀少的品種。

顏色偏灰的深藍色電氣石

6. 黑色電氣石 (Schrolite)

黑色電氣石，折射率 1.62 ～ 1.67，成分複雜，因富含鐵而成黑色，比重和折射率與成分相關，比重越高，折射率也越高。黑色電氣石常見大型晶體，過去西方文化中，黑色電氣石常用來製作喪禮中配戴的珠寶首飾，在台灣黑色電氣石被認為對身體健康有益，常製成面膜、睡枕或各種配飾。

7. 西瓜電氣石 (Watermelon Tourmaline)

西瓜電氣石，折射率 1.62 ～ 1.64，外緣綠色內側粉紅或倒反過來者稱之。其顏色就像西瓜果肉和果皮一般，許多電氣石單晶具有兩種或多種的色彩組成，市場上普遍將紅綠雙色的電氣石都稱為西瓜電氣石。

8. 帕拉依巴電氣石 / 含銅藍綠色電氣石 (Paraiba Tourmaline)

帕拉依巴電氣石，折射率 1.62 ～ 1.64，該名稱源於巴西的帕拉依巴省，原指帕拉依巴省出產的高品質綠色和藍綠色電氣石。帕拉依巴電氣石的特色在於銅離子致色，呈現美麗的天空藍或海水藍的亮麗色彩，最高品質者呈現有如螢光色的霓光藍或電光藍色彩，高檔帕拉依巴碧璽的克拉單價甚至直逼鑽石。現今世界上已有許多產地出產這種含銅的藍綠色電氣石，所以帕拉依巴已經不再具有產地意涵，泛指各產地的同類型電氣石，帕拉依巴電氣石是眾多電氣石中最有價值的類別。

拍賣會上美麗動人的帕拉依巴電氣石呈現霓虹藍外觀

9. 電氣石貓眼（Tourmaline Cat's Eye）

電氣石晶體中常有平行排列的管狀孔隙，因為這些排列而常出現貓眼現象。電氣石貓眼的特色是顏色豐富，紅、綠、藍等各色系都可能出現貓眼石品種，但普遍而言電氣石貓眼的眼線較不銳利且黯淡。電氣石貓眼是金綠寶石貓眼以外，很受歡迎的貓眼石品種。

紅綠雙色的橢圓蛋面電氣石貓眼，同時符合西瓜電氣石與貓眼電氣石的條件，算是很特殊稀有的組合

電氣石的產地與產狀

此電氣石於單一晶體上具有至少四種色彩

電氣石的形成與岩漿演化晚期的高溫氣成作用有關，產於偉晶岩型礦床及高溫氣液礦床中，晚期岩漿中的大量硼以及揮發性成分如水或二氧化碳，是電氣石產生的重要推手。一般而言，黑色電氣石形成溫度較高，且成分複雜，比重與折射率都偏高；綠色、粉紅色等淺色電氣石則反之。

產地分佈很廣，主要產地如巴西、斯里蘭卡、馬達加斯加、奈及利亞與莫三比克等，其他如美國、中國、緬甸等地都有產出。其中以巴西的電氣石最受歡迎，眾多色彩中，藍色或藍綠色的電氣石最負盛名，市場上又以巴西的帕拉依巴省命名含銅的藍綠色電氣石為帕拉依巴電氣石，電氣石是世界上顏色範圍最廣泛的寶石品種，據統計已有超過 200 種色彩的電氣石被發現，且曾經有過單一晶體上呈現 15 種色彩的紀錄。

電氣石的鑑定、賞購與保養

電氣石具有中等二色性，從寶石晶體的不同軸向觀察，顏色常有明顯變化，同時由於具有中強雙折射 (0.02)，刻面寶石的冠部用放大鏡觀察時，某些底部刻面稜線會呈現雙重影像。以折射率判別電氣石需注意避免與磷灰石混淆，若是凸面寶石，二者的折射率相近偏偏雙折射又不易判讀。

電氣石的選購不外乎 4C 原則：顏色上，藍色或藍綠最為珍貴稀有，紅色次之，偏黃的綠色較不討喜，但若呈現翠綠色的鉻碧璽 (Chrome Tourmaline) 價值甚至比紅色電氣石更高；淨度上以目視無瑕 (Eye Clean) 為最佳選擇，若價位上無法負擔，也盡量追求鏡下微瑕；車工部分通常會與淨度有關，刻面切割的電氣石淨度普遍比凸面寶石高，亮光火彩也表現更好，價格當然也相差甚多；電氣石的克拉數 5 克拉以下、5-10 克拉和 10 克拉以上，價格會有較明顯的增幅，但仍視顏色、淨度和車工品質而定。

電氣石常見熱處理，淨度低的電氣石，通常作為凸面寶石、圓珠或雕刻配件，這一類的物件要小心灌膠優化處理電氣石。灌膠優化的物件，放大鏡下觀察裂隙多且表面有時可見充填物。

第十五節
黝簾石 Zoisite / 丹泉石 Tanzanite

黝簾石一開始出現於寶石市場是以變質岩中與紅寶共生的形式出現，多作為雕刻材料。寶石級的藍色黝簾石在 1967 年於東非坦尚尼亞 (Tanzania) 北部所發現，當地土著本以為發現的晶體是藍寶石，後來經寶石學家證實為一種藍色的黝簾石，為一全新的寶石品種。這種藍色透明寶石級黝簾石晶體發現之前，多數的黝簾石是不透明的綠色，僅作為雕刻材料之用。新品種藍色黝簾石發現之後，蒂芬尼珠寶公司 (Tiffany & Co.) 開始介入推廣，且以其產地命名這種寶石為坦桑石 (Tanzanite)，台灣早期知名的寶石學家張心洽先生用上海話譯音將坦桑石譯為「丹泉石」，丹泉石一名後成為寶石學界公認的標準譯名。寶石等級黝簾石晶體除了深藍色的丹泉石以外，還有粉紅、黃色、褐色與綠色等不同顏色。

濃郁靛藍色的盾形丹泉石刻面裸石

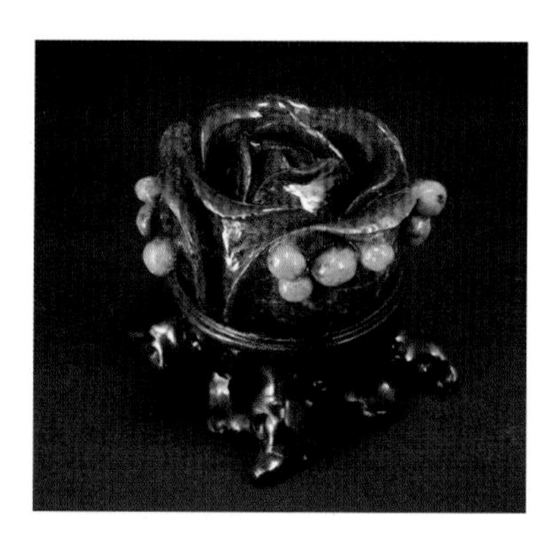

紅寶黝簾石雕刻的玫瑰擺件，是由紫紅色的紅寶石與綠色黝簾石共生，市場又稱紅綠寶

黝簾石物理化學性質

晶系：斜方晶系	折射率：1.69~1.70
硬度：6.5	雙折射：0.01
比重：3.35	螢光：無螢光
光澤：玻璃光澤	解理：完全的軸面解理
透明度：透明至不透明	特性：低色散、強多色性
顏色：粉紅、黃、褐、綠、藍	仿品：堇青石、藍尖晶石、藍晶石、玻璃、合成鎂橄欖石

黝簾石產地與產狀

產出黝簾石的產地很多，黃、綠黝簾石產於坦尚尼亞和肯亞，錳黝簾石產於挪威、奧地利、澳洲西部、義大利和美國卡羅來納州，然而幾乎所有的丹泉石都來自於坦尚尼亞。黝簾石一般產生於區域變質環境中，與黑色透明的角閃石以及不透明的紅寶石共生。

黝簾石鑑定與市場性

天然寶石中容易與丹泉石混淆的寶石有藍寶石、藍尖晶石、堇青石、藍晶石和紫水晶。藍寶石、藍尖晶石、藍晶石的折光率較丹泉石高，紫水晶、堇青石折光率較丹泉石低。丹泉石並沒有合成品，但是有很多人造的「仿丹泉石」，如藍色玻璃、藍色釔鋁榴石、藍紫色合成藍寶石、合成藍色鎂橄欖石等。這些合成品的折光率、雙折射與比重等性質都可準確鑑定與丹泉石區別之。其他色彩的黝簾石以粉紅色者相對少見，外觀與摩根石或紫鋰輝石相仿。

藍綠雙色性明顯的黝簾石

丹泉石開始大量出現於台灣的珠寶市場中大約是從1995年開始，由於其顏色接近頂級藍寶的色彩，一開始是以藍寶石最佳替代品的角度切入市場，各大珠寶展或專櫃都可見丹泉石的身影。當時10克拉寶藍色的丹泉石價格約在每克拉1萬～1萬五千元左右。丹泉石有強多色性，且顏色上從帶綠的灰藍色、鮮豔寶藍色到紫藍色都有，高品質的丹泉石要像藍寶石一樣，通常日光燈下呈現鮮豔寶藍色，白熾燈下會顯藍紫色。由於國際珠寶商蒂芬尼的長期推廣，目前丹泉石市場定位已經不是藍寶「替代品」，而是以另一種稀有藍色寶石的姿態活躍於市場。2015年筆者在市場上最新訪查的價格顯示，與1995年的市價相比，丹泉石價格20年間約莫成長了2～3倍。

寶藍色的丹泉石戒指像極了頂級絲絨藍的藍寶石

丹泉石優化處理

未經加熱的褐色與粉紅色黝簾石刻面寶石

寶石學相關研究指出，未經處理的丹泉石通常為褐色，熱處理會導致美麗的藍 - 靛色，理論上今日市場中九成以上的藍色丹泉石都是熱處理的結果，但是市場上卻也存在著天然未處理的寶藍色丹泉石晶體，這可能是非人為性的地熱所造成。當初坦尚尼亞土著所發現的寶藍色晶體就是確定加熱的天然丹泉石晶體，所以早期國際級鑑定機構開立的丹泉石證書常備註「缺乏熱處理證據」，意指沒有證據可確認是否經過加熱，而非指完全沒有經熱處理之可能性。

丹泉石的熱處理一般是加熱至 600℃～ 650℃左右，丹泉石因成份中的釩離子發生了價數改變，而致使原本的褐色會轉變為均勻藍色，多數加熱過的丹泉石，其褐色、黃色或綠色的多色性會消失，此點常被寶石學界視為可能經過熱處理的特徵 (但非絕對)。綠色且透明的黝簾石若加熱至 650℃也可能變成藍色的丹泉石。

丹泉石品質評估與挑選

最好的丹泉石顏色是寶藍色 (Blue; 如頂級藍寶般的鮮豔純藍色)，或是飽和度高的濃靛藍色 (Violet Blue)。藍紫色 (Bluish Violet) 或靛色 (Violet) 的丹泉石顏色，價值性稍低。簡單說，丹泉石的色彩正藍最好不宜過度偏紫或偏綠，且宜濃不宜淡，色彩鮮豔也比帶灰好。

丹泉石的顏色表現與切磨方向有密切關連性，由於丹泉石有強多色性，切磨的方向會影響寶石的正面顏色，理論上正藍色最為討喜，但是正藍色的最佳切磨方向卻也是重量損耗最多的方向，所以一般而言，丹泉石切磨在保留最大重量的邏輯思維下，正面色彩仍以帶紫藍色為多，而寶藍色較為少見。

藍紫色丹泉石枕墊形刻面裸石

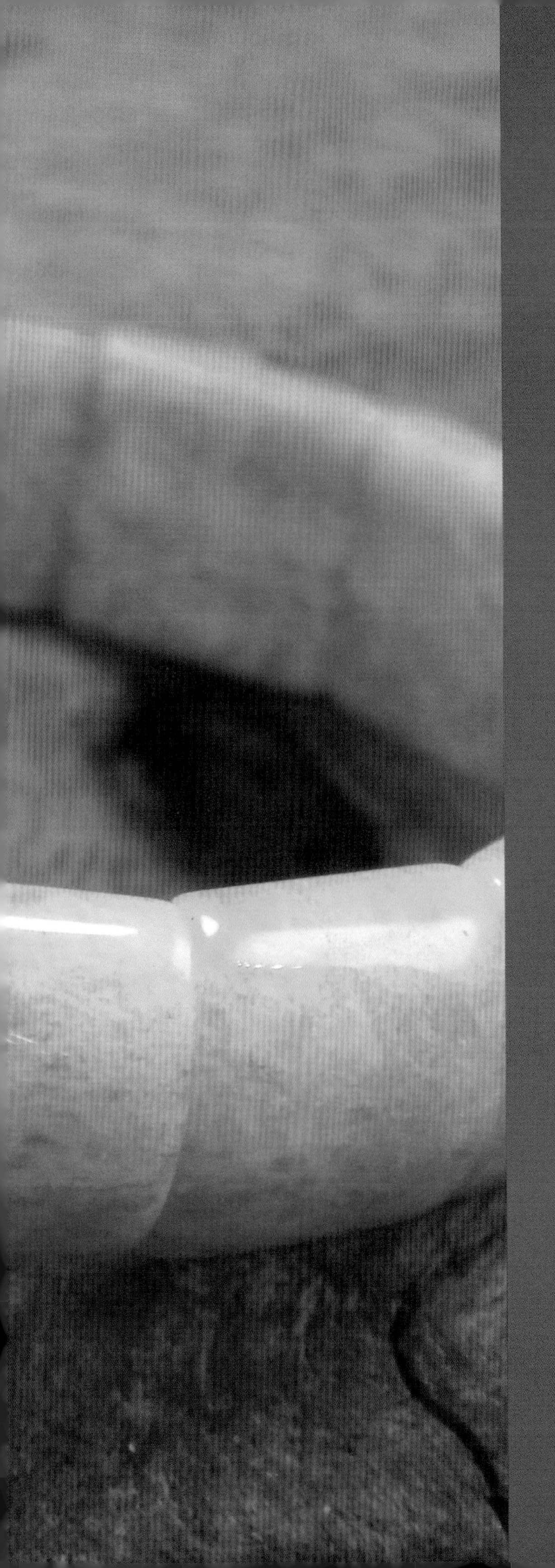

CHAPTER 5

消費型寶石品種

第一節
紅柱石 Andalusite、藍晶石 Kyanite、矽線石 Sillimanite

◆ 紅柱石 Andalusite

紅柱石的英文學名 Andalusite 一詞是以首次發現的地區 - 西班牙安達路西亞省 (Andalusia) 而命名。紅柱石是一種矽酸鋁礦物，其化學式為 [Al_2SiO_5]，有時也含有錳或鐵等過渡元素。紅柱石是一種變質礦物，在礦物學界廣為人知，因為紅柱石的矽酸鋁成分 [Al_2SiO_5] 在不同的溫壓條件下會形成另外兩種礦物：藍晶石與矽線石。這三種礦物就像孿生兄弟一般，成分相同而結構各異，學術上稱為「同質異形」。

紅柱石晶體為斜方晶系，通常呈短稜柱狀，顏色一般為灰色、綠色、褐紅色或褐色，另有紫色但相對少見。紅柱石在工業上的知名度更勝於寶石學領域，紅柱石在 1380℃時會轉變為另一種礦物 - 富鋁紅柱石，富鋁紅柱石是一種高級耐火材料，可耐 1800℃高溫。

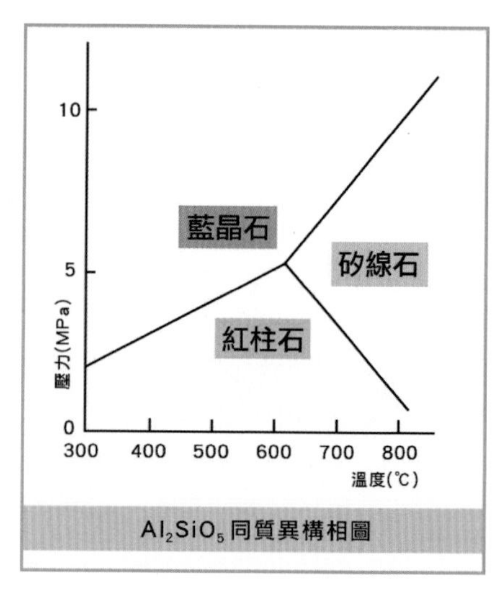

矽酸鋁的同質異形相圖，縱軸是壓力，橫軸是溫度，相同的成分在不同的溫度 - 壓力下產生不同礦物晶相

紅柱石莫氏硬度達 7.5，足以媲美貴重寶石的堅硬及耐久性。寶石等級的紅柱石透明度高，顏色多呈現褐紅色，可惜紅柱石的色彩飽和度較低，無法呈現出如紅寶石般的亮麗紅

橢圓形紅柱石刻面裸石，因為多色性明顯，正面觀察不同刻面就可見紅綠雙色

晶體上可見黑十字的空晶石晶體

色。紅柱石的稜柱狀晶體在斷面上出現「黑十字」圖案時，即稱為空晶石 (Chiastolit)，空晶石對寶石收藏玩家算是相對少見的標本，但是較少應用於珠寶飾品用途。

紅柱石物理化學性質

晶系：斜方晶系	折射率：1.63~1.64
硬度：7.5	雙折射：0.010
比重：3.16~3.20	螢光：綠色、微黃色螢光
光澤：玻璃光澤	解理：清楚的柱面解理
透明度：透明至不透明	特性：強多色性 - 紅、黃、綠
顏色：褐紅、紅棕、橄欖綠	仿品：玻璃

紅柱石產地與產狀

紅柱石多產於變質礦床中，頁岩因岩漿侵入而產生高溫接觸變質，在產狀下通常與堇青石共生。在另一種區域變質礦床中，紅柱石常與矽線石、藍晶石共生，這三種礦物本身是同質異構寶石礦物，所以特定產區有可能同時產出這三種寶石。

著名產地包含指標產地西班牙的安達路西亞，巴西與斯里蘭卡也產出寶石級的紅柱石。其他產地包含美國、加拿大、中國、俄羅斯、澳洲與法國等。

紅柱石鑑定、賞購與保養

紅柱石具有強多色性 (三色性)，通常正面觀察紅柱石刻面時，些微轉動寶石晶體就會出現紅、黃、綠三種顏色，不同產地的紅柱石三色性的變化略有差異。外觀上最像紅柱石的天然寶石包含電氣石和變石，但其雙折射率或多色性等寶石學性質仍可清楚區別。

挑選紅柱石看正面，不論是棕紅色或綠色都以顏色亮麗者為首選，且三色性明顯者更受歡迎。寶石級的大克拉數天然紅柱石相當少見，超過 2 克拉的都值得收藏，紅柱石被美國寶石學院 GIA 列為罕見的六十種寶石之一。紅柱石硬度達 7.5，耐久性不輸貴重寶石，並不需要特別保養。

◆ 藍晶石 Kyanite

藍晶石英文學名 Kyanite 是源自希臘文原意是藍色，藍晶石的藍色通常是鮮豔的正藍色，非常接近頂級藍寶石的顏色。藍晶石爲三斜晶系，晶型多呈扁平狀的柱狀晶體，晶面上有平行條紋。藍晶石硬度爲 5.5 – 7.0，比重介於 3.53 – 3.65，顏色呈淡藍、深藍、藍綠或灰白色等。藍晶石因為不同軸向上硬度差異甚大，所以有另一名稱為「二硬石」(平行晶體長軸方向上莫氏硬度為 5 左右，垂直方向上為 6-7。)

藍晶石物理化學性質

晶系：三斜晶系	折射率：1.71~1.73
硬度：5.5~7.0	雙折射：0.012~0.017
比重：3.53~3.65	螢光：長波弱紅，短波無螢光
光澤：玻璃光澤	解理：解理發達，兩組解理
透明度：透明 ~ 半透明	特性：硬度軸向差異大、多色性、解理
顏色：藍、白、藍綠色	仿品：合成鈷尖晶石、玻璃

藍晶石產地與產狀

藍晶石是典型的區域變質礦物，主要形成於低溫高壓的變質岩相，其母岩包含片岩、片麻岩和偉晶花崗岩等，常與紅柱石、矽線石、石榴石、十字石、雲母和石英等礦物共生，藍晶石也常見於沖積砂礦中。藍晶石的產地分佈很廣泛，包含美國、印度、緬甸、巴西、瑞士、義大利、澳洲及非洲肯亞等。

藍晶石常有明顯的色帶

藍晶石鑑定、賞購與保養

藍晶石算是天然的藍色系寶石中價位不高的品種，相對其他藍色寶石不太可能仿冒藍晶石。藍晶石的正藍色很適合以人造寶石仿冒，合成蘇聯鑽、合成剛玉、合成尖晶石或玻璃等都有可能仿製藍晶石。鑑定上注意藍晶石晶體通常有色帶現象，且其解理裂面發達，常以平行裂面的型態存在於藍晶石中，市場上有許多等級較差的藍晶石，尤其是蛋面或藍晶石串珠，採染色處理優化其顏色，染料集中於解理裂隙中，用顯微鏡檢驗不難發現。

在顯微鏡觀察下，染料明顯集中在裂縫中

珠寶市場上藍晶石一般呈現藍色系，藍晶石的藍常呈現純正、濃郁且鮮豔的正藍，也有偏綠的藍。若只看顏色，藍晶石的美絕不亞於頂級藍寶石，算是很好的藍寶石替代品，所以挑選上以鮮豔寶藍色為首選。

南美洲的巴西產地有產出綠色含鉻藍晶石，但是鮮少寶石等級晶體出現於市場。藍晶石解理發達，挑選寶石除了以色彩為考量外，淨度上越接近目視無瑕越好。高品質的藍晶石也不多見，通常有大量解理裂面、色帶及管狀孔隙等。如果藍晶石含有大量平行管狀孔隙，磨成蛋面寶石會出現貓眼效應。高淨度、顏色為寶藍色的藍晶石，克拉數通常在 5 克拉以下，大克拉數又高品質的少見。

◆ 矽線石 Sillimanite

矽線石英文名稱「Sillimanite」的由來是為了紀念美國一位化學家 - 班哲明 ‧ 西利曼 (Benjamin Silliman)。矽線石是一種變質礦物，常呈現褐色、白色、綠色、黑色、藍色、紫色，藍色和紫色較為罕見。矽線石、紅柱石和藍晶石是相同成分 [Al_2SiO_5]，但結晶構造不同的「同質異構」礦物。矽線石的晶體通常為柱狀或針狀，當晶體叢生在一起則多呈纖維狀或放射狀。整齊纖維狀排列的矽線石，外觀通常呈現絹絲光澤，且琢磨成蛋面會形成眼線銳利的矽線石貓眼。

淡藍紫色的矽線石橢圓形刻面寶石

矽線石物理化學性質

晶系：斜方晶系	折射率：1.653~1.684
硬度：6.5~7.5	雙折射：0.015~0.021
比重：3.23 ~ 3.27	螢光：長波淡黃色，短波綠色螢光
光澤：玻璃光澤、絹絲光澤	解理：完全解理一組
透明度：透明到半透光	特性：強多色性、常有貓眼現象
顏色：藍、褐、灰、紫、綠色	仿品：少見仿品

矽線石產地與產狀

矽線石是高溫變質礦物，由泥質岩石經高度變質作用而成，產於結晶片岩或片麻岩中，有時出現於富鋁岩石與火成岩的接觸帶上，產地主要有緬甸、斯里蘭卡、印度和美國。

矽線石鑑定、賞購與保養

矽線石貓眼圓形蛋面裸石，眼線相當銳利不輸金綠寶石貓眼

矽線石若無貓眼效應時，外觀與煙水晶相似，但是折射率與比重較煙水晶高，刻面寶石閃光較水晶強且掂重手感較沈。貓眼類型的矽線石通常眼線極銳利，可比擬金綠寶石貓眼石的貓眼光芒，與其相似的貓眼寶石有電氣石貓眼、磷灰石貓眼、石英貓眼與軟玉貓眼等。除了可透過折射率、比重等性質區分以外，這些貓眼石的眼線鮮少比矽線石銳利。人造的貓眼石仿品是由一種「纖維玻璃」所製作，其垂直眼線的側向可觀察到特殊的蜂巢狀結構，這是玻璃纖維管壁的排列所造成。

市場上的矽線石寶石以貓眼類別為主，挑選時以貓眼效應符合「正、亮、直、細、活」五字口訣為佳。顏色上以褐至灰色最為常見，若呈現偏紅的棕色或其他色澤則更罕見稀有。矽線石的硬度夠高，做為珠寶的耐久性佳，無須特別保養。

第二節
磷灰石 Apatite

藍綠色磷灰石因為顏色上與帕拉依巴電氣石相似而頗受歡迎

磷灰石的英文「Apatite」一字源於希臘文字根，原意是「欺騙」，這是因為當初剛發現磷灰石時發現，磷灰石的顏色及光澤常與祖母綠、藍寶石、海水藍寶或紫水晶等其他寶石混淆。磷灰石是一類含氯或氟的鈣磷酸鹽礦物統稱，最常見的磷灰石礦物種是氟磷灰石，其次是氯磷灰石和羥基磷灰石等。自然界中磷元素的來源約有九成來自磷灰石，所以磷灰石也是提取磷的重要工業礦物。

磷灰石的顏色豐富，包含無色、黃色、藍色、紫色、綠色、褐色和白色，且色彩美麗，又與其他名貴寶石相仿，唯一缺點是硬度較低，也因此較不受珠寶業者重視。磷灰石常出現平行纖維狀、管狀內含物，所以很容易磨出貓眼效應的寶石級蛋面。磷灰石的顏色與外觀到底有多像其他寶石？舉凡各種市場上名貴的寶石品種如祖母綠、金綠寶石貓眼、藍寶石、帕拉依巴碧璽和海水藍寶等都可見相似度極高的磷灰石仿品。

磷灰石物理化學性質

晶系：六方晶系	折射率：1.642~1646
硬度：5(可入刀)	雙折射：0.004
比重：3.15~3.20	螢光：長波多種變化，短波淡紫色螢光
光澤：玻璃至脂狀光澤	解理：解理不發達
透明度：透明	特性：多色性、常見管狀孔隙
顏色：黃、藍、紫、綠、褐、白、無色	仿品：與電氣石、黃玉、金綠寶石相似

磷灰石產地與產狀

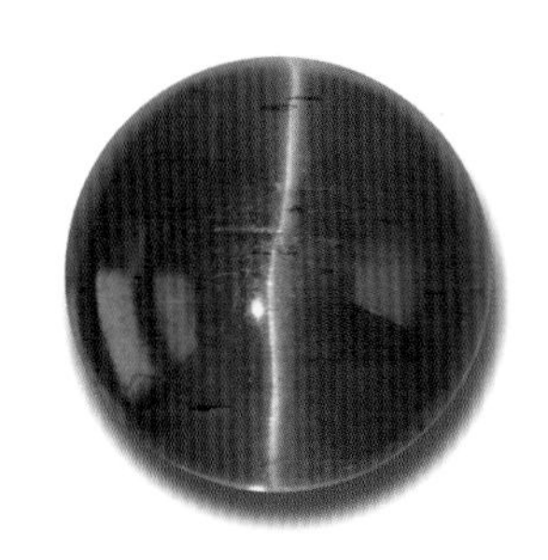

黃色與綠色磷灰石貓眼，前者與蜂蜜色金綠寶石貓眼外觀相似，後者與綠色電氣石貓眼相仿

磷灰石出現在火成岩、變質岩或沈積岩中：火成岩中的磷灰石主要來自偉晶岩或熱液脈型礦床，寶石級磷灰石則常產於偉晶花崗岩；沈積岩中的磷灰石是由外生作用產生，由隱晶質磷灰石及其他礦物組成的岩石堆積體，這種岩石又稱為磷塊岩，不過寶石級磷灰石以沖積砂礦為主；變質岩中磷灰石僅以附屬礦物存在。

磷灰石產地眾多，分佈極廣，緬甸和斯里蘭卡都是以沖積礦產出的寶石礫為主，其磷灰石以藍色為主，偶有磷灰石貓眼產出；西班牙產出的黃綠色磷灰石市場上又稱為「蘆筍石」；墨西哥則產出黃色磷灰石；美國與波希米亞均有產出紫色磷灰石；加拿大則出產深綠色磷灰石。其他的產地還有巴西、俄羅斯、瑞典、奧地利、瑞士和葡萄牙等。

磷灰石鑑定、賞購與保養

磷灰石外觀上極易與數種常見寶石混淆，有綠柱石類(海水藍寶、祖母綠、金黃綠柱石)、電氣石、黃玉、金綠寶石和各種貓眼石等等。肉眼也許難分，寶石學上卻不難鑑定。從折射率、雙折射、比重和淨度等特徵就可輕易將這些寶石區別之。唯一需注意的是，磷灰石與電氣石折射率頗為接近，需靠雙折射區別二者，但若不是刻面寶石而是蛋面寶石，兩者就難以區別。

挑選磷灰石以目視無瑕為主，顏色可挑選鮮豔的顏色，最受歡迎的有豔藍綠色(霓虹藍)，因其與帕拉依巴電氣石相似，另外還有濃綠色和寶藍色等顏色也深受喜愛，如果是這幾種顏色又帶有貓眼效應更是美麗而難得。黃褐色的磷灰石貓眼與金綠寶石貓眼極為相似，甚至連最高級金綠寶石貓眼的「蜜糖色」都很常見於磷灰石品種。刻面磷灰石寶石很難超過 5 克拉，一般 1-2 克拉較為常見。磷灰石解理不發達，相對而言耐撞擊，但是硬度不高，保養上仍需注意避免刮擦，另外磷灰石怕酸，應避免酸液或溫泉浸泡。

第三節
霰石（文石、彩斑菊石）Aragonite

霰石，英文學名源自於西班牙的阿拉貢 (Aragon)，其成分為碳酸鈣且常含有錳和鐵，礦物學上與方解石屬於同樣成分不同晶系的同質異構物。霰石在自然界中比方解石少見，因為其化學穩定性差，常相轉變為方解石結構。晶體通常呈柱狀或錐狀，有時會出現三連晶而看似六角柱狀晶體，以單晶體霰石而言，其顏色多以白色、黃色或褐紅色為主。單晶體霰石很少作為寶石，反而有很多不同種類的霰石聚晶常見用於珠寶應用中，最有名的例子就是鼎鼎大名的文石。

柱狀霰石晶簇

台灣產三峽文石拋光原石

現代寶石學研究發現，文石並不像早期所認知為純的霰石組成，而是由霰石、方解石、菱鐵礦、菱錳礦、菱鎂礦、白雲石、綠泥石、含鐵氧化物及沸石類礦物等所組成，通常成分以霰石為主。文石常以孔隙充填產出，呈

打磨過的文石呈現出同心圓眼狀結構

球殼狀、葡萄狀或球狀集合體，因為這種特殊產狀，拋光打磨後呈現顏色紋理鮮明的眼狀外觀，稱為文石眼，深受各方雅士藏家所愛。

彩斑菊石（Ammolite）是同屬霰石的另一種珍貴寶石品種，顧名思義是一種歷經千萬年時間深埋才形成的菊石化石，因為菊石的外型很像古埃及安曼 (Ammon) 神頭上的羊角故名之。彩斑菊石的礦物成分以霰石為主，含有少量方解石。由於霰石的層狀結構致使入射光產生干涉而形成有如蛋白石般的美麗遊彩。

霰石物理化學性質

晶系：斜方晶系	折射率：1.530~1.686
硬度：3.5~4	雙折射：0.156
比重：2.93~2.95	螢光：多種變化
光澤：玻璃光澤、脂狀光澤	解理：一組良好解理
透明度：透明至半透明	特性：極強雙折射
顏色：黃、藍、綠、白、紅色	仿品：少見仿品

霰石產地與產狀

霰石主要形成於外生礦床，如超基性岩的風化殼及石灰岩洞穴中，文石一類的霰石聚晶多形成玄武岩氣孔和裂隙中，形成過程中以綠泥石、褐鐵礦與霰石等礦物層狀交疊於圍岩氣孔壁上，霰石再填充於孔隙中形成有如同心圓的眼形。單晶體霰石的著名產地有西班牙阿拉貢、美國加州與中國浙江和河北等地。文石最知名的產地為義大利西西里島和台灣澎湖，澎湖文石主要分佈於望安島，將軍澳，西嶼，七美等嶼沿岸，台灣三峽也產出文石，其礦物成分與澎湖文石略有差異，主要差異在三峽文石中可發現石英、玉髓以及黃鐵礦。

彩斑菊石是以化石形式產出，主要產地是加拿大亞伯達省 (Alberta)，馬達加斯加也有出產，但馬島所產的彩斑菊石，其遊彩表現略遜一籌。彩斑菊石的霰石層使入射光線產生繞射現象，形成美麗的七色遊彩，使其成為新興的熱門寶石，同時也被視為加拿大的國石。

霰石的鑑定、賞購與保養

圖左為黃紅綠三色的彩斑菊石，圖右為綠色彩斑菊石，彩斑菊石以七彩斑斕的遊彩而聞名，以色彩豐富且少紋者為優

霰石、白雲石與方解石是碳酸鹽類寶石中最為相似的三種，以單晶體寶石而言，霰石的比重最高（2.93-2.95），白雲石次之（2.85-2.90），方解石最低（2.71），所以三者可以使用比重清楚的辨識。文石的鑑定上要注意是否有貼皮拼接的現象。

文石的挑選以眼形清晰、顏色分明為佳，深色的比淺色更受歡迎。由於文石稀少且僅少量充填於母岩的氣孔中，取材時通常會連蘊含文石的母岩一併取材，母岩本身並非文石，所以不論是印材或擺件，文石含量高者更顯珍貴。彩斑菊石挑選要注意兩點：遊彩的顏色種類與顏色分佈。一般而言，紅色與綠色彩斑最為常見，藍色與紫色彩斑則相對罕見；顏色分佈上，有的彩斑菊石呈層片狀的整面彩斑，有的則呈裂紋狀，小片分佈的彩斑，兩者各有千秋，但前者更受歡迎。霰石類寶石硬度低且怕酸蝕，所以保養上需多費心，避免刮擦碰撞、溫泉浸泡或接觸酸鹼等腐蝕性物質。

第四節
方解石 Calcite

方解石的完全菱面體解理，破裂面上光亮平整

自然界產出的天然碳酸鈣晶體有兩種礦物相，一種是斜方晶系的霰石，另一種則是六方(三方)晶系的方解石。方解石的名稱來自於本草綱目中對它的描述：「其似硬石膏成塊，擊之塊塊方解，牆壁光明者，名方解石也」。本草綱目的描述中，「方解」兩字其實就是指完全菱面體解理，破裂成塊的外觀，而「牆壁光明」就是指解理面上光亮平整的意思。方解石的顏色外觀變化大，有各種型式的單晶或聚晶集合體，連碳酸鈣質的生物性寶石也多為方解石成分。由於低硬度與低韌性，單晶體方解石製成刻面寶石比較少見，方解石也是莫氏硬度 3 的標準硬度礦物，具有各種特殊晶體外型(柱狀、桶狀、盾狀、犬牙狀)，是礦物收藏家的最愛之一。

市場上的方解石多以聚晶集合體為主，且種類繁多。乳白而微透光的大理岩，其主成分為方解石，市場上稱為「阿富汗白玉」，質地均勻緻密，色白如脂，與和闐白玉極為相似；透明度高的無色方解石，常見絲線狀的內含物，製成手鐲或雕刻件以「蟬絲玉」著稱；印尼產的含錳方解石如田黃般的金黃色，商業上被稱為「金田黃」；若聚晶方解石呈現黃色、棕色、紅色、綠色、黑色或白色等各種顏色的條帶狀顏色相間分佈，形如縞瑪瑙般，商業上稱為「瑪瑙大理岩」；湖北省神農架地區產的方解石由於富含氧化鐵呈現濃郁紅色，市場上稱為「神農架雞血石」。實際上，鐘乳石、石筍或是鈣質珊瑚的主要成分也都是聚晶方解石，足見方解石類的外觀百變。

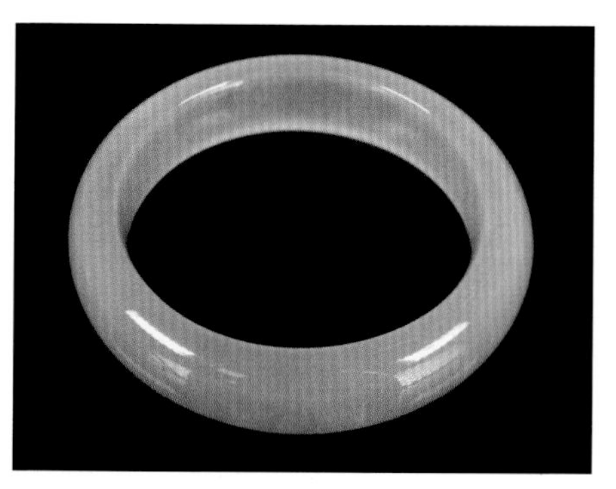

蟬絲玉手鐲，實際上是半透明帶有絲狀內含物的方解石

市場上新發現的顏色濃郁朱紅的神農架雞血石，是聚晶方解石的特殊品種

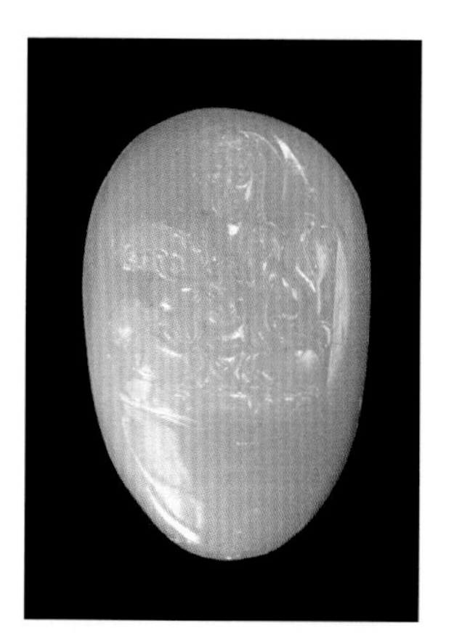

質地細膩的乳白色的大理岩雕刻把件，市場上稱為阿富汗白玉，常作為和闐玉的仿品

錳方解石印章，豔麗的金黃色，遂得金田黃之商業名稱

瑪瑙大理岩雕刻品，是一種帶有瑪瑙狀條紋的大理岩，常做大型工藝品之雕刻材料

無色透明的方解石因盛產於冰島，所以市場上稱之為冰洲石，是製作光學器材的重要原料。因為方解石呈現極強雙折射，光線或影像穿透方解石會產生明顯的重影(光線分成兩道)，這個特點除了可製作特殊稜鏡，也是二色鏡、偏光顯微鏡等寶石鑑定器材中的重要光學配件。方解石的特殊光學現象最常見者為螢光性，長短波紫外線下，方解石可能有各種不同的螢光表現，對螢光礦物愛好者而言，方解石是很好的選擇。

方解石物理化學性質

晶系：六方 / 三方晶系	折射率：1.486~1.660
硬度：3	雙折射：0.174
比重：2.71	螢光：多種變化
光澤：玻璃光澤	解理：完全菱面體解理
透明度：透明至半透明	特性：極強雙折射、低硬度、解理
顏色：黃、藍、綠、紅、無色	仿品：少見仿品

方解石產地與產狀

方解石在自然界分佈極廣，在海相或湖相沈積物常有生物性或化學性的碳酸鈣沈積，而生成石灰岩層。水的溶蝕可使石灰岩產生再結晶，而在石灰岩溶洞中形成方解石脈或鐘乳石、石筍等。火成岩相關的熱液作用也常形成方解石脈，在金屬礦床中，方解石通常是常見的脈石礦物。若石灰岩層因溫度、壓力條件而產生區域變質或接觸變質作用，則會再結晶形成晶粒明顯的大理岩類。市場上稱為阿富汗白玉的乳白色大理岩，顆粒細緻且有層狀紋理，主要產於阿富汗和巴基斯坦地區；金黃色的塊狀含錳方解石則產於印尼，其他各種不同類型的方解石在世界各地都有產出。

石筍擺件，石筍或鐘乳石的生長可能歷時千年，
筆者建議以觀賞代替購買以免助長破壞環境

方解石鑑定、賞購與保養

方解石是相對價格低廉的寶石，所以沒有仿品假冒方解石，但顏色與光澤多變的方解石則常用來假冒其他寶石。阿富汗白色方解石與和闐白玉極為相似，但是硬度低可入刀且多具有層狀結構，紫外線下常可發藍白色螢光，這些特性與和闐玉大相逕庭；透明度高的方解石蟬絲玉常用來仿冒石英質或鈉長石水沫玉，絲狀結構與低硬度是最明顯的差異；金田黃常拿來仿冒壽山石或軟玉，其顏色與紋理上稍有差異，但是鑑定上需要寶石學儀器測試才可鑑別；神農架雞血石主要的成分為方解石與氧化鐵，外觀及性質都與真正的雞血石不同。方解石類硬度低、韌度低，且怕酸蝕，所以保養上需多費心，避免刮擦碰撞與溫泉浸泡等。

第五節
紫矽鹼鈣石 / 查羅石 / 紫龍晶 Charoite

紫矽鹼鈣石 (Charoite) 是產量稀少且新發現的一種紫色矽酸鹽礦物，1978 年於前蘇聯的的查羅河畔 (Chara River) 首次發現，故以此命名，市場上又音譯為查羅石。紫矽鹼鈣石是一種變質礦物，顏色為鮮豔紫色與白色，因為放射纖維狀的變晶結構形成紫白相間，晶體互相繚繞的外觀，甚至就像群龍亂舞一般曼妙，所以業界給了它一個響亮的商業名稱 - 紫龍晶。濃豔紫色與白色相間的紫矽鹼鈣石常加工為寶石飾品。市場上有另一種稱為「綠龍晶」的寶石，外觀綠色但是具有類似的放射狀變晶結構，實際上是一種斜綠泥石，成分上與紫矽鹼鈣石完全不同，紫矽鹼鈣石是含水的鉀鈣矽酸鹽，其鉀可以被鈉取代，鈣可以由鍶或鋇取代。

顏色紫白相間的紫龍晶蛋面戒指

綠龍晶墜，礦物成分為斜綠泥石

紫矽鹼鈣石物理化學性質

晶系：單斜晶系	折射率：1.550~1.559
硬度：6	雙折射：0.009
比重：2.54~2.68	螢光：無螢光
光澤：玻璃至油脂光澤、絹絲光澤	解理：完全解理
透明度：半透明至半透光	特性：放射纖維狀變晶結構
顏色：紫、白色	仿品：與衫石相似

紫矽鹼鈣石產地與產狀

紫矽鹼鈣石是由霞石正長岩侵入到石灰岩體中，因為溫度與岩漿成份的交互作用而產生的接觸變質礦物，其晶體多呈現放射狀、纖維狀、葉片狀的變晶結構。據報導，此種寶石礦物至目前為止僅產於俄羅斯聯邦的薩哈共和國。

紫矽鹼鈣石鑑定、賞購與保養

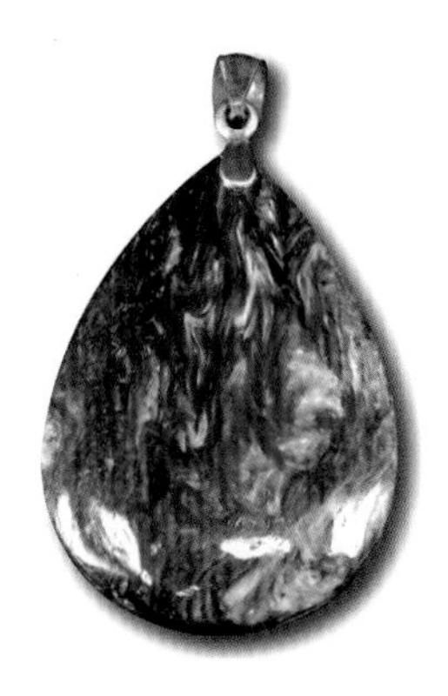

圖左為變晶結構不明顯的紫矽鹼鈣石，外觀上與杉石（舒俱來）相仿，圖右則變晶結構相當明顯

市場上與紫矽鹼鈣石相仿且具有濃郁紫色的寶石品種僅杉石一種，兩者從外觀上很好區別，因為杉石不具有放射纖維狀變晶結構，此外二者的折射率、比重等性質仍不難區分。一般而言，紫矽鹼鈣石的價格較杉石親民，但高品質寶石級紫矽鹼鈣石之單價並不亞於杉石之價格，筆者曾檢驗一個銀包鑲的寶石級蛋面墜即要價3萬元。紫矽鹼鈣石硬度夠，不怕刮擦，但解理與變晶結構發達，要小心避免碰撞斷裂。另外，溫泉與酸鹼溶液可能會造成礦物質溶出而損害寶石。

第六節
賽黃晶 Danburite

無色賽黃晶橢圓形刻面寶石

賽黃晶英文「Danburite」來自於其發現地美國康乃狄克州丹伯里（Danbury），中文命名則是因其黃色晶體外觀光澤與黃玉極為相似，故命名賽黃晶。賽黃晶在美國寶石學院的教材中歸類為稀有寶石品種之一，其顏色常見無色與黃色，粉紅色相對少見，含有纖維狀結構的賽黃晶可琢磨貓眼石。

賽黃晶物理化學性質

晶系：斜方晶系	折射率：1.630~1.636
硬度：7	雙折射：0.006
比重：3.0	螢光：長短波皆發藍色螢光
光澤：玻璃光澤	解理：不完全底面解理
透明度：透明至不透明	特性：螢光性、吸收光譜常出現稀土譜
顏色：黃、褐、粉紅、無色	仿品：玻璃，另與黃玉、黃水晶相似。

金黃色的賽黃晶橢圓形刻面寶石

賽黃晶產地與產狀

賽黃晶產生於偉晶岩和富含低溫熱液的變質碳酸鹽岩石中，在白雲岩中與微斜長石及正長石共生，寶石級賽黃晶有相當比例還是來自沖積砂礦床。馬達加斯加偉晶岩型礦床產出無色、黃至褐黃色晶體；緬甸莫谷地區也產出黃色和無色晶體；墨西哥有無色和粉紅色晶體產出；日本也有無色晶體產出。

賽黃晶鑑定、賞購與保養

賽黃晶顏色外觀上與黃玉 (Topaz) 很像，甚至連折射率都很接近。傳統寶石學儀器鑑定上，賽黃晶的低比重、螢光性和低雙折射率可成為重要診斷參考。

寶石級的無色賽黃晶過去曾被收藏者視為鑽石的替代品，賽黃晶的顏色表現與黃玉很像，且早期將黃玉稱為黃晶，所以才名為賽黃晶，有無色、黃色、褐黃色、粉紅色和淡紫色等。賽黃晶以目視微瑕以上即可，微量內含物並不影響其耐久性，鮮亮的黃色討人喜愛，粉紅色更顯珍貴，貓眼現象石也相對少見。賽黃晶硬度與韌度皆在水準之上，耐久性好，無須特意保養。

第七節
硬水鋁石 Diaspore / 舒坦石 Zultanite

硬水鋁石的英文名「Diaspore」來源於希臘文，意指「分散」，因為硬水鋁石加熱後會爆裂四散故取此名。硬水鋁石是一種水合鋁氧化物礦物，屬斜方晶系與針鐵礦為異質同構礦物，晶體呈現扁平狀，聚晶呈現片狀或鱗狀晶簇，解理發達，平整的破裂面上常呈現珍珠光澤。硬水鋁石常見無色、灰色和淡黃色，有時呈現稀有的紫色，透明度介於半透明至透明。

綠黃色硬水鋁石裸石，車工良好且火光閃爍

左為日光燈下變色現象明顯的硬水鋁石，右為白熱燈下舒坦石枕墊形刻面裸石

硬水鋁石近年才開始出現在寶石市場上，且算是一種少見寶石。硬水鋁石最特別的是土耳其產且帶有變色效應的變色硬水鋁石，商業上稱為「舒坦石」(Zultanite)。這種寶石除了折射率高和火彩強以外，如果有變

色效應，其變色性不亞於亞歷山大石 (變石)，不同光線下可能呈現黃、粉紅與綠色等。變色效應強烈的硬水鋁石，大克拉數非常罕見，1 克拉左右的每克拉單價達 500-1000 美金，超過 10 克拉更是罕見稀有，難以估價。

硬水鋁石物理化學性質

晶系：斜方晶系	折射率：1.66~1.72
硬度：5~6	雙折射：0.026~0.029
比重：3.2~3.3	螢光：多種變化
光澤：玻璃光澤	解理：完全柱狀解理
透明度：透明至不透明	特性：解理發達，易磨損
顏色：無、綠、翠綠色	仿品：玻璃、合成尖晶石、YAG、GGG

硬水鋁石產地與產狀

硬水鋁石是剛玉或剛玉砂的蝕變產物，通常發現於粒狀石灰石或其他結晶岩中。發育良好的晶體在俄國烏拉山和美國麻州的砂礦床產出，匈牙利和土耳其等地均有產出。硬水鋁石、三水鋁石 (Gibbsite) 和軟水鋁石 (Boehnite) 等礦物都是鐵礬土中的主要含鋁礦物，工業上也是提煉鋁的重要來源礦物。

硬水鋁石鑑定、賞購與保養

硬水鋁石外觀上與金綠寶石相仿，其強色散與雙折射都是很容易與金綠寶石區別的特徵，市場上少見人造仿品，若以蘇聯鑽、合成剛玉或玻璃仿製，內含物、色散與雙重影的特徵也將很容易與之區別。挑選上以目視無瑕、顏色濃郁者為佳，如果帶有明顯變色效應，則價值不斐。具有類似變色現象的寶石不多，除硬水鋁石以外，常見者僅亞歷山大石、變色石榴石和變色藍寶石等，其他幾種變色寶石的變色效果均與之不同。硬水鋁石硬度足夠，但是解理發達所以韌度稍低，應避免碰撞破裂。

第八節
透輝石 Diopside

透輝石的原文「Diopside」一字源自兩個希臘文字根，分別是 di (雙倍) 和 ops(眼睛或影像)，原意指的是因透輝石具有極高的雙折射率，所以穿過透輝石觀察底部刻面稜線會呈現明顯的雙重影像。

階式切磨刻面透輝石戒指，外觀顏色與祖母綠相仿

透輝石為輝石類當中常見的寶石礦物，純的透輝石 (含鎂) 顏色為白色，成份中的鎂若被鐵取代，顏色會呈現不同深淺濃度的綠色，若透輝石中含有鉻會產生翠綠色晶體，含錳則產生紫藍色晶體。透輝石有時會出現平行針狀或是纖維狀的內含物，這類透輝石切磨後可能形成貓眼石或星石。

鉻透輝石市場上又稱為西伯利亞祖母綠

透輝石星石橢圓形凸面寶石，常被誤認為黑色藍寶星石，透輝石呈現兩條星線四芒星，剛玉則通常呈現六芒星

透輝石物理化學性質

晶系：單斜晶系	解理：完全柱狀解理
硬度：5~6	折射率：1.66~1.72
比重：3.2~3.3	雙折射：0.026~0.029
光澤：玻璃	光學現象：貓眼和星光效應
顏色：無色、綠色、翠綠色	色散性：弱
斷口：參差狀至貝殼狀	多色性：弱
透明度：透明到不透明	螢光：變化不定

透輝石產地與產狀

透輝石廣泛分佈於基性岩、超基性岩與變質岩中，寶石級的透輝石主要來自矽卡岩型礦床，這類礦床是含矽的岩漿侵入石灰岩後，產生熱液換質作用而形成白雲石或富鎂矽卡岩。矽卡岩礦床中，透輝石常與方解石、鎂橄欖石與矽灰石等礦物共生，其它可能共生的礦物還有透閃石、方柱石、石榴石、符山石和榍石等。

寶石級的鉻透輝石產於西伯利亞與緬甸，緬甸也產出具有貓眼現象的透輝石。斯里蘭卡、巴西與義大利等地產出寶石等級的綠色透輝石。加拿大魁北克省則出產褐黃色的透輝石。透輝石星石主要產於印度南部的納默格爾 (Nammakal)，其他透輝石產地還有中國、俄羅斯，巴基斯坦和馬達加斯加等地。

透輝石鑑定、賞購與保養

透輝石是綠色天然寶石中，價格相對低廉的品種，所以較少見天然寶石仿透輝石。人造寶石仿透輝石主要是以合成方晶鋯石 (蘇聯鑽)、玻璃為主，蘇聯鑽的高比重和玻璃的氣泡、流紋都是很容易區分的項目。天然透輝石因其高折射率，刻面寶石從正面觀察底部稜線會出現雙重影，這也是玻璃和蘇聯鑽所缺乏的鑑別特徵。

華人地區翡翠、祖母綠、沙弗石等綠色系寶石都頗受歡迎，雖然綠色系寶石的選擇很多，但因為透輝石的價格低廉，CP 值頗高，其實也算是寶石藏家們「巷子內」的選擇。在目前祖母綠、翡翠、沙弗石價格居高不下的情形下，綠色透輝石或翠綠色的鉻透輝石也算是極划算的替代品。含鐵的透輝石顏色綠，但是飽和度低，容易發黑，挑選上以明亮、鮮豔的綠色透輝石為首選，太淡、太深或綠色不正都不好。透輝石的硬度僅 5 ～ 6 左右，相較於祖母綠或沙弗石，透輝石較容易磨損，且透輝石解理發達，刻面寶石也應避免碰撞。

第九節
長石家族 Feldspar

長石是地表最常見的礦物，就連月球表面的主要礦物也是長石。長石家族包含了一系列的不同長石品種。學術上長石有很多不同成分但相同結構的「固溶體」礦物，主要分為以鉀鈉為主的鹼長石系列和以鈣鈉為主的斜長石系列，此外還有一分支為鋇長石系列。

鹼長石系列中最常見的寶石品種為正長石、透長石與微斜長石。斜長石系列主要是由鈉與鈣依不同比例混和而成，從生成溫度高到低依序為鈣長石、倍長石、拉長石、中長石、奧長石及鈉長石等。鋇長石系列則是包含鋇長石與鋇冰長石等兩種。

有別於礦物學上的分類，在寶石學上通常以成分性質決定「品種」(Species)，但是因其顏色外觀而決定「類別」(Veriaty)。長石家族常見的寶石類別有月長石、日長石、拉長石及天河石 (Amazonite, 俗稱亞馬遜石) 等。月長石的主要以正長石為主，其命名是因藍白色光暈而來，但也有少量斜長石因具有類似光暈而被市場稱為月長石；日長石主要由奧長石所組成，其命名依據是因其內含物的顏色而來，呈現亮橙紅色有如太陽般耀眼。

◆ 月長石 (Moon stone)

帶貓眼效應的月光石貓眼蛋面

月長石又稱月光石是具有青白光彩(淡藍色閃光，又稱月長石光暈)的長石族礦物，稱為月光石的長石品種實際上包含正長石和鈣鈉斜長石兩類。品質好的月光石呈半透明狀，因其薄層的雙晶干涉作用造成切磨拋光後特定角度下會飄現如月光般的藍白色暈彩，甚至有時除了藍色還會伴隨其他色彩的光暈，市場上稱之為彩虹月光石。月長石中品質差的呈乳濁狀，顏色藍暈不明顯。市場上銷售的月光石主要以正長石為主，有時也包含斜長石。斜長石光暈必須是藍白色才可稱為月光石，如呈現綠色為主的「鈉石光彩」則不可稱月光石。月光石除了本身的青白光彩以外，有時會帶有貓眼效應，最稀有的月光石是同時有貓眼效應和青白光彩的月光石。

月長石物理化學性質

晶系：單斜晶系	折射率：1.52~1.53
硬度：5	雙折射：0.006
比重：2.57	螢光：短波粉紅色螢光
光澤：玻璃光澤	解理：完全解理
透明度：透明至半透明	特性：青白光彩、解理發達
顏色：無、灰、白、橙紅色	仿品：玻璃

月長石產狀與產地

原生月長石產於特殊的冰長石與長石變粒岩脈和偉晶岩脈中，但是有價值的月長石通常來自次生的砂礦和風化層中。月長石重要產地有斯里蘭卡、印度、緬甸、巴西、馬達加斯加、美國、澳大利亞以及中國內蒙古等。

月長石鑑定、賞購與保養

月長石最經典的青白光彩在天然寶石中並不多見，一般肉眼即可與其他天然寶石辨識區別。人造的仿品中有一種蛋白石玻璃，是人造的玻璃，添加乳濁劑而產生藍白色光澤，外觀很像但是常見氣泡內含物。在放大鏡下觀察，有些月長石中會有「蜈蚣狀內含物」，這種內含物是由長石的解理面所構成，算是辨識度很高的特徵。月長石是著名的現象寶石，除了基本的4C要素以外，光學效應表現是很重要的考量，以寶石正面可看到亮眼且藍的青白光彩為最佳。月長石硬度不低，但是解理發達，要小心碰撞以免寶石沿解理面破損。

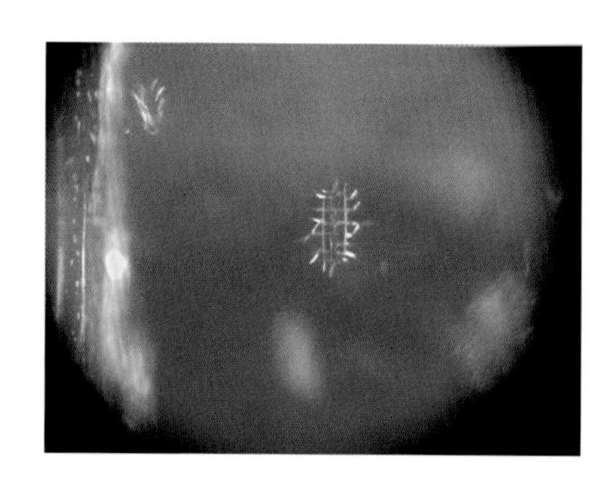

月長石中最經典的蜈蚣狀內含物特徵，由多組解理裂面所構成

◆ 日長石 / 太陽石 (Sun stone)

日長石又稱為太陽石，主要由斜長石系列中的奧長石所組成，之所以稱為日長石是因為在特定方向觀察，閃現出金黃色的燦爛光輝。日長石特有的光輝是因為寶石晶體中有黃銅礦、自然銅、鐵雲母、針鐵礦或赤鐵礦等細微內含物，反射出現金黃色至棕黃色的光芒。

日長石蛋面裸石

日長石物理化學性質

晶系：三斜晶系	折射率：點讀約 1.54
硬度：6~6.5	雙折射：0.001
比重：2.62~2.65	螢光：長短波皆暗褐紅色螢光
光澤：玻璃光澤	解理：完全解理
透明度：不透明	特性：灑金現象
顏色：紅褐色，有閃光	仿品：玻璃

日長石產地與產狀

以前日長石非常少見，直到最近才發現有較大的日長石礦床。例如位於挪威南部的特維德斯特藍德地區，那裡的日長石礦體嵌入在橫越片麻岩體的石英脈中。其他地點包括西伯利亞的貝加爾湖區和美國各地，尤其是在賓州、俄勒岡州和北卡羅萊納州，在猶他州的更新世玄武岩熔岩流中也發現日長石的蹤跡。

日長石鑑定、賞購與保養

雖然日長石與月長石齊名，但是日長石在台灣市場並不常見，消費者並不容易買到。日長石仿品以含銅玻璃仿品為主，鑑別上不需要精密的儀器只要放大鏡觀察即可，天然日長石有大量天然礦物包體，人造含銅玻璃則是有大量三角型與六角型銅片。挑選日長石以顏色呈現金黃到紅橙色，均勻滿佈金屬光輝的寶石為主。日長石的保養只需注意避免碰撞即可。

顯微鏡下的日長石常有條帶狀、薄片狀的礦物內含物，具有七彩干涉色為其特徵，很容易與含銅屑玻璃仿品區別

◆ 拉長石 (Labradorite)

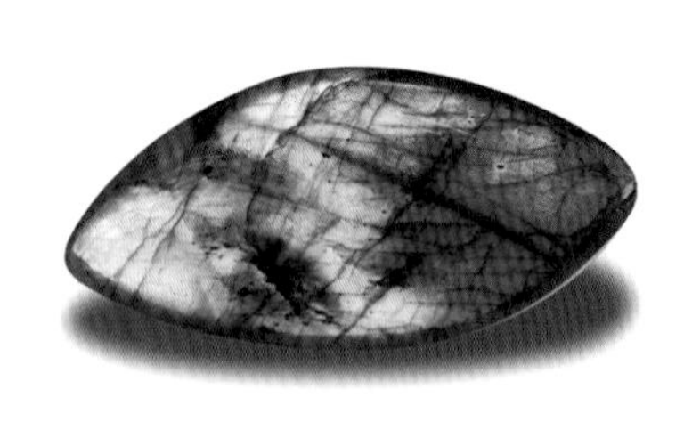

左圖為顯現出光譜色的拉長石又稱為光譜石　右圖為顯現出藍偏綠光譜色的拉長石

拉長石是鈣鈉斜長石中鈣長石含量 50-70% 的長石品種，拉長石是在加拿大的拉布拉多所發現，故因此命名。拉長石因為細微的平行雙晶產生

干涉作用，所以特定晶面方向上有可能產生鈉石光彩（拉長光暈），閃現出藍、綠、黃、紅等七色彩光，這類的拉長石又稱為「光譜石」。拉長石的體色一般為灰、褐到黑色，寶石等級拉長石會有紅、黃、藍、綠等各色暈彩。

拉長石物理化學性質

晶系：三斜晶系	折射率：1.559~1.568
硬度：6~6.5	雙折射：0.008~0.009
比重：2.7	螢光：無螢光
光澤：玻璃光澤	解理：完全解理
透明度：透明至半透明	特性：彩斑狀的光譜色
顏色：無色、黃色、褐色、淺到深灰	仿品：少見仿品

拉長石產地與產狀

拉長石主要產於輝長岩、蘇長岩、玄武岩、粒玄岩等岩石中。芬蘭所產的拉長石因為鈉石光彩明顯，可於特定拋光面上呈現七彩光譜，故稱為光譜石。美國猶他州產微黃透明的拉長石；加拿大拉長石產在拉布拉多中部海岸，並與紫蘇輝石伴生；馬達加斯加所產的拉長石帶微藍色。

拉長石鑑定、賞購與保養

拉長石幾乎沒有仿品，有一種正長岩類的岩石也具有類似拉長石的鈉石光彩，遂研磨成飾品仿冒拉長石，但是材料特性上與拉長石相去不遠，只是光彩呈現與品質不如寶石級拉長石，雜質多、透明度低，顏色偏黑。挑選拉長石以鈉石光彩的表現越漂亮且呈現大面積暈彩者為佳。拉長石的解理也是極為發達，配戴上要小心碰撞，珠寶鑲嵌時以包鑲等保護性高的方式為佳。

◆ 天河石 / 雅馬遜石 (Amazonite)

色彩均勻呈現海水般藍綠色的天河石蛋面戒指

天河石是藍綠或綠藍色的微斜長石，有時會出現綠色，透明度介於半透明至透光，坊間也依其英文名音譯為「雅馬遜石」。天河石最明顯的特徵，是藍綠色和白色格子的網格狀(格眼狀)結構，這是由於雙晶結構引起的，由於解理發達，解理面上常呈現微亮的閃光。品質好的天河石可用於蛋面寶石，品質稍差的可作為雕刻素材。微斜長石的顏色有白、黃、藍、綠、紅等色，其中只有綠色、藍綠色或綠藍色的微斜長石可稱為天河石，翠綠色的天河石也是常見的翡翠仿品。

天河石物理化學性質

晶系：三斜晶系	折射率：1.518~1.527
硬度：6~6.5	雙折射：0.006
比重：2.56~2.62	螢光：弱淡紅至橙色螢光
光澤：玻璃光澤	解理：完全解理
透明度：透光至半透光	特性：網格狀結構、解理發達
顏色：綠色、藍綠色	仿品：含銅石英岩

天河石產地與產狀

天河石主要產於偉晶花崗岩中，產地很多，例如：巴西、美國、加拿大、馬達加斯加、坦尚尼亞。中國境內主要產地有：新疆、江蘇、甘肅、內蒙古和雲南、四川、河北等地也都有產。

天河石鑑定、賞購與保養

天河石手珠

天河石最常見的仿品是中國境內所產的一種含銅藍綠色石英岩，這種石英岩又俗稱為「貴州翠」。兩者最大的區別是，含銅石英岩的硬度高、無解理、且不具有格眼狀構造，取而代之的是粒狀結構甚至有砂金現象。天河石挑選以顏色純正藍色或翠綠色為佳，透明度好，格眼均勻細小或格眼者不明顯為佳，翠綠色的天河石常被做為翡翠的替代品。天河石比其他長石更需注意碰撞，因為解理發達以外，天河石的雙晶結構也是易碎的因素之一。

第十節
螢石 Fluorite

等軸晶系的螢石常見立方體的結晶

螢石英文名「Fluorite」一字來自拉丁文，原指「流動」之意，因為螢石熔點低，很容易受熱而熔化具有流動性。螢石又稱「氟石」，是一種常見的鹵化物類礦物，因其成分爲氟化鈣 [CaF_2] 故稱之。螢石在紫外線照射下常發出藍綠色螢光或磷光，其中文學名也是因此而來。螢石為等軸晶系，結晶通常是正六面體 (立方體)、正八面體或五角十二面體結晶。

紫螢石橢圓形刻面裸石，與紫水晶極為相似；紫綠雙色枕墊形刻面裸石，兩種顏色以上的多色螢石也相當討喜

螢石顏色種類多樣，無色、藍色、綠色、紫色、黃色或紅色等都有產出，綠色和藍色螢石最為常見，另外有一種帶有條紋狀結構如縞瑪瑙般的聚晶螢石稱為「藍約翰螢石」。螢石在寶石界的地位隨著中國的「夜明珠」傳說和文獻考據而越來越有知名度，目前市場上有一派說法認為，自古以來歷史文獻上提到的「明月之珠」、「夜明珠」就是夜晚會發光的螢石製成。市場上將綠色的螢石稱之為「冷翡翠」，因其具有螢光(冷光)，顏色又像翡翠故得此名。

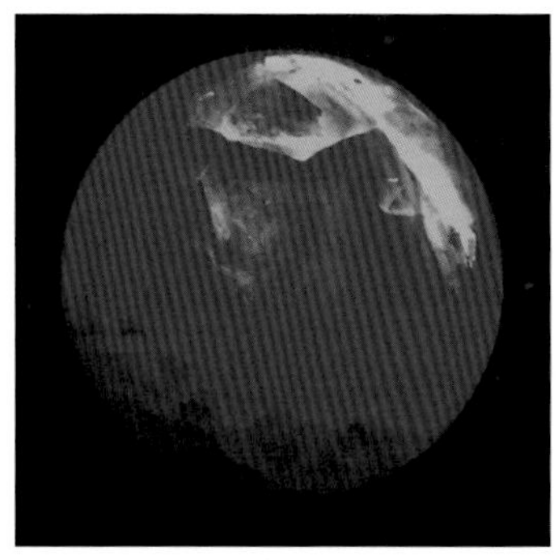

螢石球長波紫外線照射前（左）與照射後（右）的差別，多數螢石具有紫外線螢光

螢石在工業上的地位甚至重要於寶石應用方面，早期透明無色的螢石可以用來製作特殊光學透鏡。螢石也是所有礦物中提鍊氟的最重要礦物來源，在工業上的應用極為廣泛，如煉鋼業、核能工業、化學工業等。在人造螢石技術尚未成熟前，是製造鏡頭所用光學玻璃的材料之一。

螢石發光有區分為螢光反應和磷光反應兩種類型，螢光是指除去外來激發光源後隨即停止螢光，而磷光反應則指移除外來激發光源後卻能持續發光。能發磷光的螢石相當稀少珍貴，市場上將這類螢石經拋光研磨而成的圓珠稱為夜明珠。

螢石物理化學性質

晶系：等軸晶系	折射率：1.433~1.435
硬度：4	雙折射：無
比重：3.18	螢光：多種變化
光澤：玻璃光澤	解理：完全八面體解理
透明度：透明至半透明	特性：常見負晶、解理發達、高比重
顏色：各種顏色，常見綠或藍色	仿品：紫水晶、玻璃

螢石產地與產狀

螢石是很常見的礦物，其成因分為兩類，一類是與火成岩-內生礦床有關，另一類與沈積岩-外生礦床有關。原生的螢石主要由熱液作用產生，常與中至低溫的金屬硫化物與碳酸鹽礦物共生，例如白雲石和石灰岩中的螢石脈。沈積型的螢石則成層狀和石膏、方解石和白雲石等礦物共生，有時以碎屑或膠結物形式分佈於沈積岩中。

與方解石共生的螢石晶體

寶石級螢石分佈範圍廣，於中國、美國、加拿大、英國、哥倫比亞、納米比亞、德國、奧地利、義大利、瑞士和澳洲等地皆有產出。不同產地的螢石其色彩多樣性、顏色種類與螢光性都有差異，例如英國羅格利(Rogerley) 礦場的綠色螢石，因其日光下即可激發明顯藍綠色螢光，又稱為日光螢石。另一例子是產於英國的藍色約翰螢石 (Blue John) ，此種螢石有著如縞瑪瑙般的帶狀色彩分佈，其實該名稱是源自法文 blue jaune（藍與黃）而非現在所稱的「藍約翰」。

螢石鑑定、賞購與保養

螢石是價位不高的寶石品種，也因為其硬度韌度皆不高，螢石比較像是收藏家寶盒中的標本，而非日常配戴用的寶石品項。其與其他寶石的鑑定不難，與螢石最像的寶石，綠色者為祖母綠、紫色者為紫水晶。螢石與相似寶石最大的區別在於發達的八面體解理和過低的硬度。寶石學鑑定上，折射率過低(刻面寶石火光差)，比重較高(掂重手感沈)，都很容易區別。

螢石的挑選有兩個方向，一是以一般刻面寶石的角度挑選，另一則是挑選現象寶石的角度。刻面寶石螢石以目視無瑕為首要條件，因其解理完全，少許內含物就會降低寶石的強度。顏色上綠色常見，濃如祖母綠的螢石也是相當受歡迎，藍色次之，紅、紫和黃少見，若有多色於同一晶體上則更為稀有。現象石的類別則是以帶有磷光現象比帶有螢光現象的螢石更好。

螢石保養不易，因其解理完全，硬度及韌度皆不高，不可刮擦、碰撞甚至溫差過大都很容易破裂。坊間傳說用熱水浸泡螢石可見螢石發光，用此作為「螢石夜明珠」之認定方法，實際上這種測試法很容易造成螢石沿著解理面破裂，宜謹慎為之。

第十一節
石榴石家族 Garnet

石榴石的英文名稱「Garnet」是源於拉丁文，原意指種子，因為這種寶石的顏色就像石榴的子一樣故名之。石榴石是等軸晶系寶石，具有蠻多樣的色彩，包含紅、紫、橙、黃、綠、黑等顏色。石榴石是一個龐大的寶石家族，可依成分劃分為多種不同類別的石榴石，一般而言，成分的差異也會表現在顏色上。石榴石的化學式表示為 $[X_3Y_2(SiO_4)_3]$，其中 X 代表二價陽離子，Y 代表三價陽離子，因為這種特殊的固溶體結構，導致石榴石的類別變化眾多，形成兩個不同系列：1. 鎂鋁榴石 - 鐵鋁榴石 - 錳鋁榴石系列、2. 鈣鉻榴石 - 鈣鋁榴石 - 鈣鐵榴石系列。

石榴石這個寶石品種 (Species)，從成分和顏色來分可能有近十種寶石類別 (Variety)。常見的石榴石類別是以其成分區分為六種，分別為鎂鋁榴石（Pyrope）、鐵鋁石榴石（Almandine）、錳鋁石榴石（Spessartite）、鈣鐵石榴石（Andradite）、鈣鋁榴石（Grossular）及鈣鉻榴石（Uvarovite）等。石榴石家族提供了一系列黃、褐、橙、紅、綠、紫和黑等各種色澤的寶石，有的石榴石價格平易近人，有的卻高不可攀，箇中奧妙很值得消費者細細品嚐，深入玩味。

石榴石物理化學性質

晶系：等軸晶系	折射率：1.69~1.89 依類別而異
硬度：變化大，6.5~7.5	雙折射：無
比重：變化大，介於 3.5~4.2	螢光：無螢光
光澤：玻璃光澤	解理：無解理
透明度：透明	特性：不同類別性質變異大
顏色：黃、褐、橙、紅、綠、紫和黑色等	仿品：玻璃、YAG、與電氣石、尖晶石相仿

石榴石家族成員

天然的石榴石依其二價與三價陽離子的組成元素差異，可分為六類常見天然石榴石，人工合成的寶石亦有兩種常見的石榴石結構合成寶石，欲區別天然石榴石與其他仿品，必先瞭解其各成員：

1. 鎂鋁榴石 (Pyrope Garnet)

鎂鋁榴石的英文名「Pyrope」源於希臘字，意指「火紅」，所以一般也稱鎂鋁榴石為「紅榴石」。理論上鎂鋁榴石的化學式應為 $[Mg_3Al_2(SiO_4)_3]$，鎂的位置可由二價鐵取代，鋁的位置可由三價鐵及鉻取代，所以產生由紅至深紅乃至於黑色的色彩變化。

心形紅榴石刻面寶石

有一種鎂鋁榴石與鐵鋁榴石的中間型紫紅色變種，稱為鐵鎂榴石 (Pyrope-almandite)，商業上又稱為「玫瑰榴石」（Rhodolite）。玫瑰榴石的英文名源自希臘文，意指「玫瑰」之意，因為色澤呈現玫瑰般的紫紅色故得此名。玫瑰榴石算是目前市場上很熱門的紫紅色系石榴石，價格也比紅榴石高。根據 GIA 美國寶石學院的判定標準，其折射率比重等性質可能與紅榴石重疊，但顏色上必然帶紫色，若不帶紫的紅色將判定為紅榴石。

紫紅色的玫瑰榴石橢圓形刻面寶石

紅榴石產地眾多，而且如火般的紅色容易與紅寶相混，波希米亞產的紅榴石色澤濃郁，作為代表性的商業名稱是「波希米亞紅榴石」。近年來發現許多新的石榴石產地以及品種，最有趣的變種是馬達加斯加產的變色

石榴石 (Color-changing Garnet)，實際上是紅榴石及錳鋁石榴石的混合物，在不同光源下，顏色從藍綠色變為紫紅色。此外，同是紅榴石與錳鋁榴石的混合，有一種馬來亞榴石 (Malaya Garnet)，產於東非的坦尚尼亞、肯亞和翁巴地區，其顏色變化由黃橙色、粉橙色到紅橙色，且外觀光澤非常閃亮，據說「馬來亞」是當地土著語言，意指「混血」，用於表示這種石榴石是「混種」石榴石。

橙紅色的馬來亞榴石橢圓形刻面寶石

2. 錳鋁榴石 (Spessartite Garnet)

錳鋁石榴石，化學式為 $[Mn_3Al_2(SiO_4)_3]$。其英文「Spessartite」來自產地名稱 - 巴伐利亞的斯佩薩（Spessart）。錳鋁榴石顏色從橙黃色到橙紅色，美麗而閃爍的錳鋁榴石就像黃寶石一般。美麗的寶石級錳鋁榴石，市場上稱之為「曼陀鈴榴石」（Mandarin garnet），也由於橙黃色與荷蘭舊版的國旗上的橙色相似，所以也稱為荷蘭石。

35 克拉全美無瑕的橙紅色錳鋁榴石枕墊形刻面寶石

3. 鐵鋁榴石 (Almandine Garnet)

純鐵鋁石榴石的化學式為 $[Fe_3Al_2(SiO_4)_3]$，自然界中很少純鐵鋁榴石，只是鐵鋁榴石成分較高的混合型石榴石。鐵鋁榴石顏色上通常帶有明顯紫色，商業上又稱為「貴榴石」，中國古代稱貴榴石為紫牙烏，意指紫紅色寶石。鐵鋁榴石與鎂鋁榴石相比，通常顏色偏紫，但較為濃豔，且折射率

帶紫色的鐵鋁榴石橢圓形刻面寶石

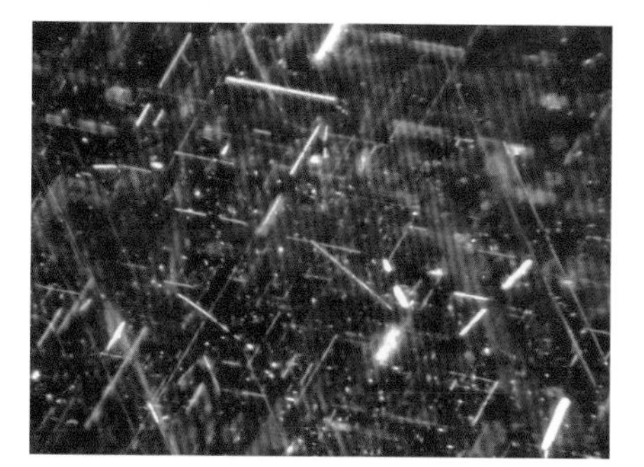

顯微鏡下觀察鐵鋁榴石中的金紅石針狀內含物，有如流星劃過天際般美麗

高而外觀呈現亞金剛光澤，火光閃爍。

鐵鋁榴石與鎂鋁榴石中常有大量平行排列的金紅石針狀內含物，琢磨成蛋面後可能出現星芒，通常為四芒或六芒星，稱為「星光石榴石」(Star Garnet)。

4. 鈣鉻榴石 (Uvarovite Garnet)

鈣鉻榴石化學式為 [$Ca_3Cr_2(SiO_4)_3$]，由於含有鉻元素，所以常呈現一種鮮豔的翠綠色，但是多為不透明。鈣鉻榴石算罕見的石榴石品種，通常以數毫米的細小晶體產出於變質岩或火成岩中，只可惜此一石榴石品種幾乎沒有寶石等級晶體產出。

母岩上成群的鈣鉻榴石晶體，顏色鮮豔翠綠且微透明，但晶體僅豪米尺寸

5. 鈣鋁榴石 (Grossular Garnet)

圖左為紅色金黃榴石，圖右為沙弗石

鈣鋁榴石，化學式為 $Ca_3Al_2(SiO_4)_3$，鈣和鋁可由二價鐵、三價鐵、釩或鉻離子所取代。一般而言，鈣鋁榴石通常呈現無色到橙色 (含微量錳、鐵) 以至於接近黑色 (含較多錳、鐵) 都有。黃色鈣鋁榴石商業上稱為「金黃榴石」(Hessonite)，鈣鋁榴石最新出現於市場的變種是如可口可樂瓶罐般的紅色金黃榴石。

鈣鋁榴石中，有一種釩或鉻致色的綠色變種，稱為沙弗石 (Tsavorite)，由於具有祖母綠般的翠綠色，在珠寶市場中相當受歡迎，沙弗石在肯亞的沙弗（Tsavo）地區發現，故以此地命名。

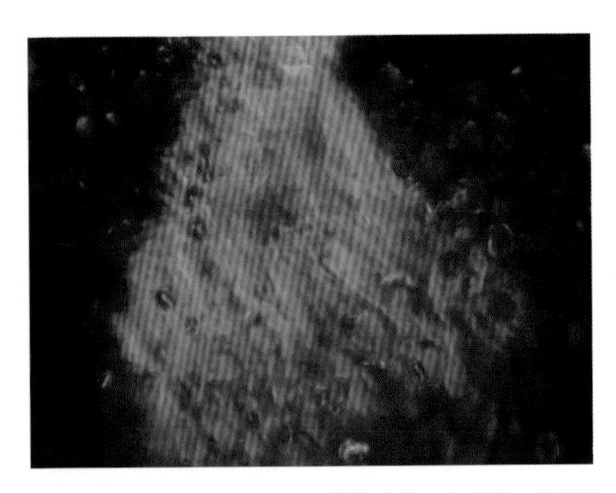

顯微鏡下觀察鈣鋁榴石常出現「熱浪狀」內含物，類似氣流擾動的外觀，是鈣鋁榴石獨有的顯微特徵

6. 鈣鐵榴石 (Andradite Garnet)

鈣鐵榴石，化學式為 $Ca_3Fe_2(SiO_4)_3$，不同的過渡元素取代可導致紅、黃、棕、綠或黑等不同顏色。鈣鐵榴石中，依顏色不同又有三個類別：黃色者稱黃榴石（Topazolite），綠色者稱翠榴石（Demantoid）及黑色者稱黑榴石（Melanite）。

翠榴石因為含有釩而呈現黃綠至翠綠色，因而中文命名為翠榴石 (GIA 譯為濃綠榴石)，最早發現於俄國烏拉山，所以又被稱為「烏拉山祖母綠」。翠榴石除了翠綠色澤以外，因其折射率較高，所以刻面寶石具有如鑽石般的金剛光澤，其英文名「Demantoid」原指「類似鑽石」之意。翠榴石是目前所有石榴石家族中最有價值的石榴石品種，雖然有很多新產地發現，翠榴石仍價值不斐，除烏拉山以外，奈及利亞也產出翠榴石。烏拉山產的翠榴石最經典的特色是具有馬尾狀的石棉內含物 (Horsetail Inclusion)，這也是翠榴石產地檢驗的重要特徵。

翠榴石圓形刻面裸石，翠榴石具有高折射率，外觀光亮閃爍，貌似鑽石

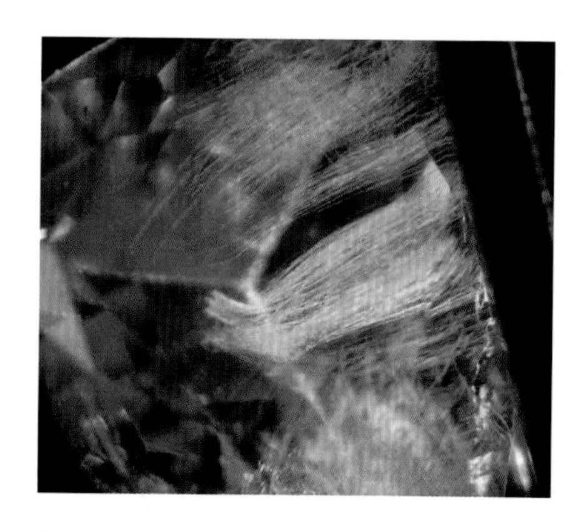

俄羅斯產翠榴石中常可見馬尾狀內含物，實際上是由成束的石棉纖維所構成，因翠榴石與石棉共生所致

石榴石的產地與產狀

石榴石家族的所有成員形成的礦床類型與成因都不盡相同，原生的鎂鋁榴石產於超基性岩中，罕見大顆粒寶石級晶體；鎂鐵及鐵鋁榴石則常形成於變質礦床，如雲母片岩或角閃石片麻岩等母岩等均可能蘊含石榴石晶體；錳鋁榴石的生成則與偉晶岩有關；鈣鋁榴石的產生與岩漿熱液有關，常產於矽卡岩中；綠色鈣鋁榴石的生成與基性岩的熱液蝕變有關；鈣鐵榴石也是以變質礦床為主；鈣鉻榴石則以高溫氣液礦床為主。

鎂鋁榴石產於俄羅斯、挪威、捷克；鎂鐵榴石主要產自美國和坦尚尼亞等地；鐵鋁榴石產地以斯里蘭卡、馬達加斯加、印度、巴西等地為主；鈣鋁榴石產地為肯亞、巴基斯坦、俄羅斯與中國；錳鋁榴石產自緬甸、斯里蘭卡、巴西等地；鈣鐵榴石以俄羅斯烏拉山為著名產地，非洲剛果與納米比亞都有產出；鈣鉻榴石在俄羅斯、美國等地均有發現，甚至台灣花東地區也曾發現少量鈣鉻榴石。

石榴石鑑定、賞購與保養

石榴石鑑定時需確認許多成分與顏色各異的類別名稱，確認品種為石榴石並不困難，真正困難的是進一步判斷石榴石的類別。天然寶石與石榴石相似者為尖晶石、電氣石，人造寶石則包含玻璃、蘇聯鑽、釔鋁榴石、釓鎵榴石、人造尖晶石和人造剛玉等，不管是天然或人造仿贗品都可從折射率、比重、雙折射和內含物等寶石學性質區分之。

石榴石的類別判定則需謹慎，因為不同成分分類的石榴石縱使顏色相當，其價值各異，不容混淆，下表並列兩種人造石榴石結構寶石於其中：

階式切磨合成釔鋁榴石（YAG）是翠榴石和沙弗石的最佳仿品

石榴石品種 / 類別	寶石學性質	鑑定特徵
鐵鋁榴石	折射率 : 1.76~1.83 比重 : 4.00	高折射率與比重、吸收光譜特徵。
錳鋁榴石	折射率 : 1.79~1.81 比重 : 4.16	高折射率與比重、吸收光譜特徵。
鎂鋁榴石	折射率 : 1.72~1.76 比重 : 3.80	折射率、比重、吸收光譜特徵，帶紫色鎂鐵榴石稱玫瑰榴石。
鈣鋁榴石	折射率 : 1.73~1.75 比重 : 3.50~3.60	折射率、比重、熱浪狀內含物。
鈣鐵榴石	折射率 : 1.85~1.89 比重 : 3.85	高折射率與比重、石棉內含物。
鈣鉻榴石	折射率 : 1.86~1.87 比重 : 3.77	折射率、比重與透明度。
合成釔鋁榴石　YAG	折射率 :1.833 比重 :4.50~4.60	氣泡、高比重、高折射率。
合成釓鎵榴石　GGG	折射率 :1.97 比重 :7.05	氣泡、超高比重、高折射率。

石榴石類寶石選擇多，價格分布範圍廣泛，便宜的石榴石每克拉僅數百台幣，貴的品種每克拉最高可達十萬台幣以上。石榴石的優勢頗多，硬度韌度俱佳，寶石有基本的高耐久性，且購買石榴石不必擔心熱處理的問題，顏色上有紅、橙、黃、綠、藍 - 紫變色或黑色等，又有星光石榴石可供選擇，在彩色寶石價格逐漸抬頭的此時，下手買石榴石是極佳的時機。

第十二節
符山石 Idocrase

符山石英文名為「Idocrase」，起源於希臘文意指「相像的組合」，這是因為符山石的晶型變化多樣，與電氣石、螢石、鋯石和石榴石等多種礦物相類似，像是多種礦物的晶型組合而命名之。此外，符山石最早發現於義大利的維蘇威火山 (Volcano Vesuvius)，所以符山石另有一名稱為維蘇威石 (Vesuvienite)。

橢圓形混合式車工的橄欖綠色符山石

符山石化學式 [$Ca_{10}Mg_2Al_4(SiO_4)_5(Si_2O_7)_2(OH)_4$]，顏色以綠色 - 黃綠色居多，也有褐色、黃色、藍色 (含銅) 或紫色 (含錳)，市場上最常見的顏色是濃橄欖綠色，與橄欖石顏色外觀極為相似。符山石為正方晶系，典型的晶體呈現短稜柱狀，當長短軸長度相當時，外觀上很像螢石或石榴石等寶石晶體之外觀，長稜柱狀的晶體與鋯石、電氣石等結晶相像。在美國加州發現的半透明綠色符山石在市場上又稱為「加州玉」，其外觀、色澤或比重等性質與硬玉相似。

符山石物理化學性質

晶系：正方晶系	折射率：1.713~1.718
硬度：6~7	雙折射：0.001~0.012
比重：3.40(±0.10)	螢光：無螢光
光澤：玻璃光澤、樹脂光澤	解理：不完全解理
透明度：透明至半透明	特性：雙折射低，中高折射率
顏色：綠 - 黃綠、褐、黃、藍、紫色	仿品：玻璃、蘇聯鑽、橄欖石

符山石產地與產狀

符山石主要產於接觸交代的矽卡岩中，是標準的接觸變質礦物。符山石是一種島狀矽酸鹽，成分中的鈣和鎂常被其他元素所取代，所以會形成一系列異質同構礦物。

階式切磨黃色符山石刻面裸石

色澤美麗透明的符山石可作寶石，美國、加拿大、中國、巴基斯坦、挪威、斯里蘭卡、巴西、墨西哥、瑞士及肯亞等地均有產出。其中比較特別的是，加拿大產出含錳的符山石，呈現偏紫的粉紅色；美國加州則是產出綠色 - 黃綠色塊狀符山石，商業上稱為「加州玉」；挪威則產出含銅的藍色符山石，商業上稱為「青符山石」。

橢圓形混合式切磨藍色符山石刻面裸石

符山石鑑定、賞購與保養

刻面符山石最為相像的天然寶石有電氣石、橄欖石，蛋面符山石最為相似的有軟玉與硬玉。具有高折射率及低雙折射率的符山石很容易與電氣石或橄欖石區別，放大鏡下可見電氣石和橄欖石的稜線雙重影，符山石則不可見。蛋面符山石與兩種玉的區別在於其折射率偏高，且顏色均勻沒有翡翠般的色彩分佈，透光觀察沒有粒狀或交織纖維狀結構。分光鏡觀察時，翡翠在 437nm 有明顯吸收帶，符山石則是 465nm。

符山石淨度普遍不高，目視微瑕已算品質不錯，顏色上綠色系宜挑選濃而豔的綠，正綠少見，偏黃的綠較為普遍。紫紅色或藍色的符山石是相對罕見的選擇，具有更高的收藏性。寶石級的符山石多小於 5 克拉，2 克拉左右的頂級符山石克拉單價就可能達數千元台幣。符山石硬度韌度俱佳，無需特別保養。

第十三節
堇青石 Cordierite / Iolite

堇青石的礦物學名為 Cordierite，源自法國的地質學家 P. L. A. Coedier 之名。堇青石在寶石學上又名為 Iolite，這是因為寶石級的堇青石呈現一種迷人的藍紫色，而希臘文中 Iole 一字即代表紫羅蘭色。堇青石是少數無須儀器輔助直接肉眼可見多色性的寶石之一，即指肉眼直接觀察晶體不同軸向，顏色就有明顯差異，所以堇青石切磨的方向對顏色表現有相當重要性。

靛藍色的堇青石刻面寶石

堇青石化學式 $[(Mg,Fe^{2+})_2Al_4Si_5O_{18}]$ 為含鐵、鎂、鋁的矽酸鹽礦物，鎂可被二價鐵或錳取代。寶石級堇青石最常見的顏色為藍色和藍紫色，也有無色、微黃色、褐色、綠色或灰色等。堇青石是藍色系的寶石中，性價比頗高的品種，頂級的堇青石有濃郁深邃的藍至藍紫色，就像藍寶石或丹泉石般迷人，珠寶市場上，堇青石有一個可人的商業名稱為「水藍寶」。因為堇青石的多色性極強，正面俯看深藍，側向看卻近乎無色，所以又稱為二色石 (Dichroite)。堇青石是變質

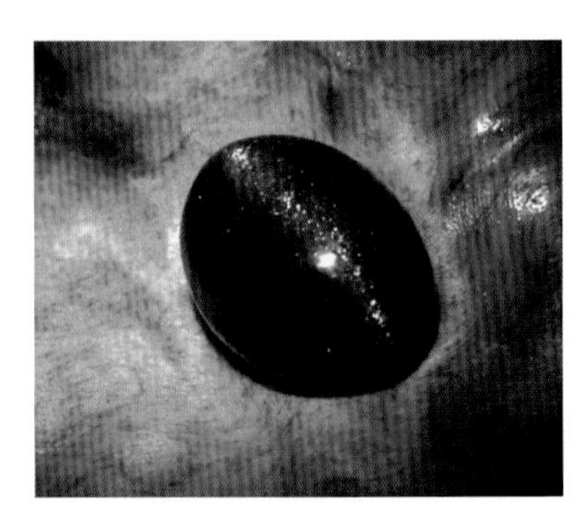

罕見具有貓眼現象的血斑堇青石，內部平行排列的赤鐵礦使其產生貓眼效應，且顏色呈現棕紅至橙紅色

作用生成的寶石，其晶體一般呈現正方晶系短稜柱狀，常見內含物有磷灰石、赤鐵礦、雲母、矽線石、尖晶石或鋯石等礦物。如果堇青石內部含有大量片狀赤鐵礦，顯微鏡下觀察如血紅色片狀，又稱為血斑堇青石。

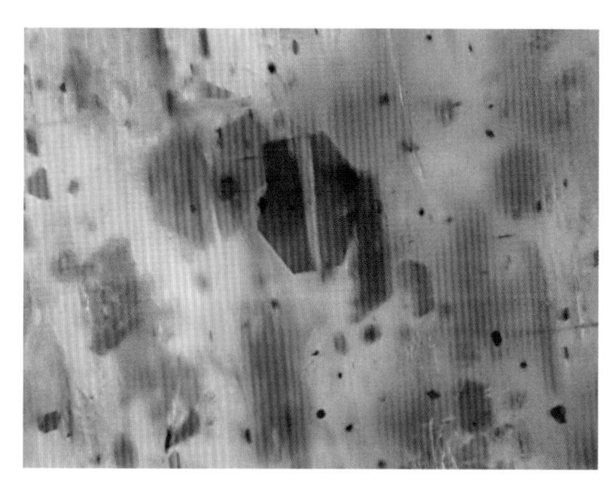

顯微鏡觀察，血斑堇青石內有許多片狀赤鐵礦，如片片血斑

堇青石物理化學性質

晶系：正方晶系	折射率：1.542~1.551
硬度：7	雙折射：0.009
比重：2.60	螢光：無螢光
光澤：玻璃光澤	解理：解理不發達
透明度：透明至半透明	特性：強多色性
顏色：黃、灰、藍、靛色	仿品：玻璃、合成剛玉、另與天然紫水晶相似

堇青石產地與產狀

堇青石多產於變質礦床，由鋁含量較高的源岩，經過中至高度熱力變質作用而形成，如高鋁質片麻岩、結晶片岩、堇青石角頁岩或蝕變安山岩中。堇青石的分佈很廣，寶石級的堇青石多產於斯里蘭卡和印度等地，此

外，巴西、馬達加斯加、緬甸、坦尚尼亞、德國、芬蘭和美國等國也有產出。台灣綠島和蘭嶼的安山岩中也曾發現堇青石，但品質與蘊藏量似乎不具有開採價值。

堇青石鑑定、賞購與保養

堇青石多呈現淺至深的藍或紫藍色，外觀與藍色藍寶石及丹泉石頗為相似，紫色的堇青石則與天然紫水晶相仿。堇青石多色性極為明顯，不同方向上的顏色變化極大，很容易辨別。堇青石可見光吸收光譜於藍區表現出三條強的吸收窄帶（450、 460、470 nm），也可透過硬度、折射率與比重等性質加以辨識。

堇青石挑選以中等淡至中等深色調，強藍色或紫藍色為首選。顏色太深則顯暗發黑，顏色太淺則多呈現灰藍色，色澤濃郁且鮮豔的紫色也頗受歡迎。淨度高、顏色好的堇青石鮮少超過 5 克拉，5-10 克拉的高品質堇青石，克拉單價可能達數千元甚至超過萬元台幣。血斑堇青石雖有特殊赤鐵礦內含物但對於銷售價格影響不大。堇青石的硬度夠且韌度佳，化學穩定性也好，一般無須特別保養。

堇青石多色性明顯，從正面看是藍色，側向觀察會呈現淡黃甚至無色

第十四節
殼甲類與牙類
Hawksbill、Shell and Ivory

寶石學上除了珍珠、珊瑚和琥珀列為有機寶石以外，還有兩類很常見的有機寶石，一類為殼甲類，一類為牙類。殼甲類除了各種貝殼，還包含了海龜背甲 - 玳瑁，後者已經列為保育類動物而禁止買賣補殺。

◆ 殼甲類 - 玳瑁與硨磲

玳瑁一般也稱龜甲 (一種海龜)，在寶石學中被歸類為有機寶石中的殼類，為非晶質，主要為硬蛋白質，呈半透明至半透光，具有蠟狀光澤或脂狀光澤。玳瑁具有極佳的韌性，且有熱塑性，古人將玳瑁加熱後可變形的特性應用於製作各種工具或飾品，如手鐲、髮簪、髮梳、扇子及盒子等等。玳瑁的顏色通常為黃、褐、黑與白色的斑狀分佈所組成，其莫氏硬度僅 2.5 因此非常容易切割加工，比重為 1.29，折射率則為 1.55，各項性質與塑料仿製品很容易辨識。玳瑁已經列為保育類動物，所以不能買賣，目前市面上的仿製品以賽璐璐塑膠為主，製成各種仿賽璐璐的飾品、眼鏡框和梳妝工具等。

玳瑁製成的梳子

珠寶中使用的貝殼並沒有特定指哪一品種，珠母貝因為有珍珠光澤是很常見的貝殼類寶石材料。另外有一種極具東方色彩的貝類寶石是「硨磲」，因為坊間傳說硨磲與金、銀、琉璃、瑪瑙、珊瑚和珍珠等寶

硨磲貝雕花手鐲

在西方文化中貝殼雕刻很早就應用於珠寶飾品，相傳這種技術源於古羅馬帝國

物並列為佛教七寶之一。硨磲是一種分佈於印度洋和太平洋的大型雙殼貝類，是海洋貝殼中最大體型者，直徑可達 1-2 公尺。硨磲主要顏色為白或黃色，偶有白色間雜黃色條紋，此類市場上稱為「金絲硨磲」。硨磲常用來製作佛珠、佛像、雕件等，價格不貴又富有宗教意義，因此硨磲、珍珠、珊瑚、琥珀常被譽為四大有機寶石。硨磲貝的折射率點讀為 1.53-1.68，比重為 2.86，莫氏硬度為 3。

◆ 牙類 - 象牙 Ivory

廣義的牙類指的是各種動物獠牙，但一般作為寶石使用的主要為象牙。象牙是雄性大象上顎的獠牙，色呈米白或象牙白，半透光至不透明，以質地緻密而富有光澤者為佳，多作為雕製及飾品之材料。象牙的折射率點讀為 1.54，比重為 1.7-2.0，莫氏硬度約為 2.5，象牙有一種特徵性的生長紋稱為史垂格線 (Schreger Line) 或象牙鏇紋 (牙紋)，是很重要的寶石學鑑定特徵。

象牙的來源主要有二：其一是現生象牙，主要由捕殺亞洲象和非洲象而來；第二個來源是永凍層中的化石象 - 猛瑪象牙。象牙製品在各國都有悠久的歷史，尤其在中華歷史文化中有相當重要的地位，據考究，古代官員在上朝時持象牙製笏板用於記錄小抄，現代珠寶領域中，象牙主要用在牙雕飾品、珠寶和印章製作。人們為了採取象牙而過度捕獵亞洲及非洲象，導致華盛頓公約將亞、非大象列為保育類動物，而目前現生象牙列為禁止買賣的品項，猛瑪象牙則可合法買賣。市場上象牙主要有塑料仿品和象牙果仿品，除了寶石學性質外，象牙鏇紋是很重要的辨識特徵。

象牙牙紋是判斷象牙真假的關鍵特徵

如何才能避免買到非法的現生象牙呢？象牙鏇紋提供非常好的辨識依據。象牙鏇紋即將象牙橫切時所看到交錯的牙紋，縱切面上則會見到細緻的近平行紋理。猛瑪象的牙紋交角小於 90 度，現生象牙的牙紋交角則大於 115 度。

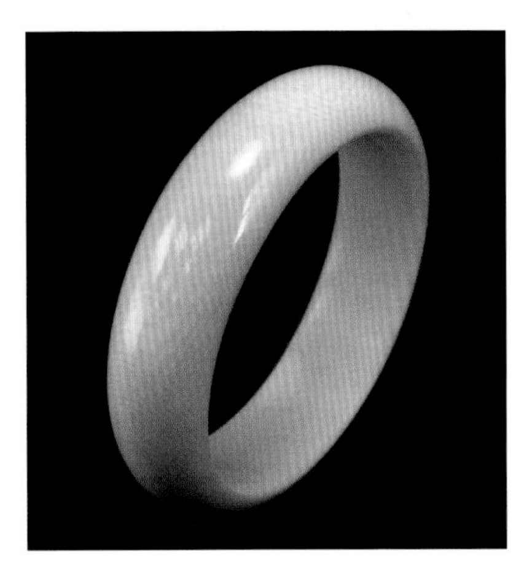

象牙手鐲

玳瑁與象牙鑑定、賞購與保養

玳瑁已禁止買賣，但許多手上有早期購買玳瑁物件的藏家也可能購買到賽璐璐塑膠仿品折射率為 1.49-1.52，比重約為 1.35，且極為易燃，這三點與玳瑁很明確可區別。硨磲貝則少見仿品，主要也因其價格平易近人使然。象牙果仿品不具有象牙紋，人造塑膠類仿品則有仿牙紋，但與天然牙紋比較，外觀上極為粗糙，仍可輕易區分。保育類的生物性寶石不可買賣，早期購買者若攜帶出國可能被海關查收。消費者要注意購買象牙時，要準確區分是猛瑪象牙或現生象牙，後者不可買賣。生物性寶石的保養要注意避免刮擦、遇熱或是溫泉浸泡等。

第十五節
青金岩 Lapis Lazuli

青金石手鐲

青金石其化學式為 $[(Na,Ca)_{7\sim8}(Al,Si)_{12}(O,S)_{24}[SO_4,C_{12}(OH)_2]$，是歷史相當悠久的寶石品種，目前可追溯到最早的人類開採紀錄已經超過 6000 年，而古埃及的考古遺址也曾挖掘到青金石首飾。青金石是最早被人類開發運用的藍色寶石，不論是珠寶或是礦物顏料。因為青色 (藍) 是天和海的顏色，中國古代是青金石為天威的象徵。中國第一本寶石專業書籍《石雅》中記載：「青金石色相如天，或復金屑散亂，光輝燦爛，若眾星麗於天也」，青金石的特色可見一斑。佛教中稱青金石為璧琉璃，有一說認為青金石也是佛教七寶其中一種。文藝復興時期，青金石所研磨成的粉末是當時最名貴的藍色礦物顏料，青金石的名稱來自於藍色 (青) 和金色，藍色主要是由青金石、方鈉石和藍方石等藍色礦物所造成，金則是指黃鐵礦顆粒的金黃色澤，通常青金石中會含有少量方解石。

一般而言，青金石不只是單一礦物，而通常是 3~5 種礦物所構成，所以是一種可做為寶石的「岩石」- 青金岩。

青金岩組成礦物的物理化學性質

礦物種	比重	折射率	硬度	顏色
青金石	2.38~2.45	點讀 1.50	5	藍、紫藍、藍綠等色
方鈉石	2.10~2.30	點讀 1.48	5.5	藍、紫等色
藍方石	2.40~2.50	點讀 1.49	5.5	藍色
方解石	2.60-2.80	點讀 1.48-1.66	3	白色
黃鐵礦	4.95-5.10	無	6-6.5	金黃色

晶系：等軸晶系	折射率：1.50(平均)
硬度：5.5(平均)	雙折射：無
比重：約 2.7~2.9	螢光：短波微弱黃綠色螢光
光澤：玻璃至蠟狀光澤	解理：無解理
透明度：多為不透明	特性：含黃鐵礦、方解石
顏色：藍底色帶金點和白點	仿品：吉爾森青金石、藍線石、方鈉石

青金岩產地與產狀

青金岩是由熔融的火成岩漿侵入石灰岩後，引起接觸交代作用而產生。產地有美國、加拿大、阿富汗、巴基斯坦、智利、印度、緬甸和蒙古等國。最頂級的青金石產於阿富汗東北部，顏色均勻為深藍色至紫色；智利的青金石產在與閃長岩接觸交代的石灰岩中，多深藍至黑色；加拿大所產的青金石質地疏鬆多孔，呈現灰藍色且方解石與黃鐵礦含量高，非寶石級等級。

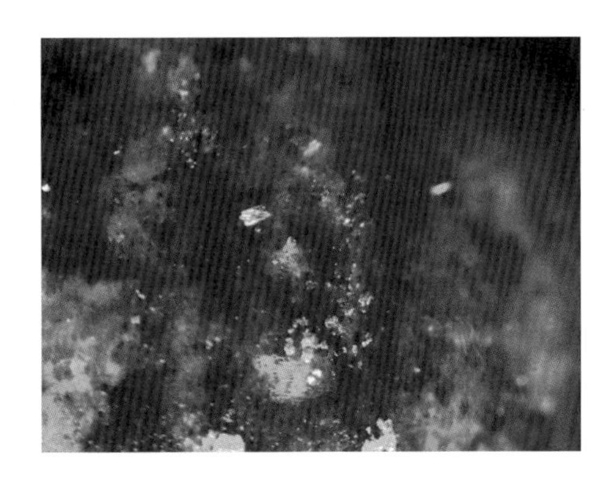

顯微鏡觀察，青金石主要由白色的方解石、藍色的方鈉石與藍方石點綴少數金色的黃鐵礦所構成

青金岩鑑定、賞購與保養

寶藍色青金石串

天然的藍色礦物最容易與青金岩混淆的是藍線石及方鈉石，這二者最明顯的不同是具有透明感，且不含黃鐵礦，更嚴謹的做法可用比重將仿品與青金石區別開。吉爾森法 (Gilson) 所製作的人造青金石與天然真品外觀相似，但仍不難區別。人造青金石硬度低、顆粒均勻、結構一致，其內含黃鐵礦晶型比天然青金石完美，人造青金石透明度較低。此外，有一種稱為瑞士青金石的仿品，實際上是染深藍色的玉髓，其晶粒結構與內含礦物都不相同。

挑選青金石以顏色均勻，質細無裂，有均勻分佈的少量黃鐵礦為佳，最高級的青金石常不含黃鐵礦。如果黃鐵礦氧化發黑，或者方解石在表面形成大面積的白斑，則價值銳減。寶石等級青金岩顏色鮮寶藍或紫藍色，少方解石和黃鐵礦，可磨製蛋面或薄片寶石戒面；方解石和黃鐵礦含量越高，青金石等級越低，通常做為圓珠或雕刻件的材料。

第十六節
針鈉鈣石 Pectolite / 拉利馬石 Larimar

針鈉鈣石 (Pectolite) 的英文學名來源於希臘語，意指緊密的石頭。針鈉鈣石化學式為 [$NaCa_2Si_3O_8(OH)$]，是一種鈣鈉羥基矽酸鹽礦物，顏色通常是灰至白色，通常以放射狀或纖維狀聚晶形式產出，結晶常呈現葡萄狀或腎狀外觀。針鈉鈣石中有一含銅的藍色品種稱為藍色針鈉鈣石 (Larimar)，音譯為拉利馬石。拉利馬石產於多明尼加共和國，該寶石品種的發現者以其女兒名字 (Larissa) 命名，而且因為寶石的顏色光澤就像海波斑斕閃爍，所以加上代表海洋的 mar 字根，遂成就了拉利馬石這種美麗的寶石品種名。

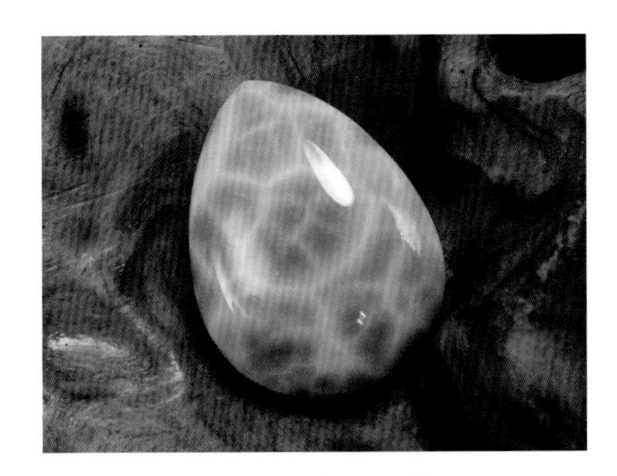

藍針鈉鈣石梨形蛋面寶石

據說加勒比海島嶼的土著早在 15 世紀以前就懂得使用此寶石做成珠寶首飾，但隨著西班牙殖民統治時期的到來，這種寶石卻被人們遺忘，直到 1974 年多明尼加的地質學家才讓這個寶石以拉利馬石的名稱重新問世。藍色針鈉鈣石是極為珍貴的礦石，因為目前為止僅有單一產地 - 多明尼加共和國，而產量稀少的藍色針鈉鈣石也成為該國國石。如大海般的藍色，波光閃爍的光澤及單一產地的稀少性使其成為彩色寶石市場中的一顆明日之星。

針鈉鈣石物理化學性質

晶系：三斜晶系	折射率：1.600~1.637
硬度：4.5~5	雙折射：0.037
比重：2.84~2.90	螢光：無螢光
光澤：玻璃光澤、絲狀光澤	解理：完全解理
透明度：半透明至半透光	特性：放射纖維狀結構
顏色：白、藍、藍綠色	仿品：含銅藍霰石、異極礦

針鈉鈣石產地與產狀

雖然世界各地都有針鈉鈣石這種礦物，但藍色含銅針鈉鈣石卻僅產於多明尼加共和國南部，巴拉荷那省 (Barahona) 的卡利賓山上（Caribbean Mountain）的拉利馬礦坑中，且礦區範圍也僅有 15 平方公里左右。藍針鈉鈣石是霞石正長岩中的一種主要礦物，是以熱液礦物形式充填於玄武岩和輝綠岩的孔隙中，同時常與沸石、矽硼鈣石、葡萄石和方解石等礦物共生。正因其產於火山岩的孔隙中，因此開採針鈉鈣石幾乎只能倚靠人力，足見該寶石的難得可貴。

針鈉鈣石鑑定、賞購與保養

藍色針鈉鈣石與含銅藍霰石以及異極礦等礦物顏色外觀極為相似，而且此兩種礦物也有類似於針鈉鈣石的放射纖維狀結構，值得慶幸的是這三種相似礦物可以透過折射率和比重準確區別。以肉眼觀察而言，針鈉鈣石的波紋狀外觀也是明顯的診斷特徵。

含銅藍霰石原石，外觀呈現天藍色，通常具有放射纖維狀結構以及腎狀結構，與針鈉鈣石極為相似

挑選藍色針鈉鈣石要考量顏色的濃郁、豔麗和勻稱，此外，因為是礦物聚晶集合體，難免有雜質伴生，挑選上以雜質少、顏色佳為主。高品質的藍色針鈉鈣石是以克拉計價，價格也達數百元之譜。

因為針鈉鈣石的硬度低，且化學穩定性低，可溶於鹽酸，所以製成飾品時應注意避免碰撞刮擦，貼身配戴時也不應接觸汗液，當然溫泉浸泡或酸鹼液體都有可能侵蝕針鈉鈣石。

第十七節
孔雀石 Malachite

孔雀石蛋面

孔雀石，英文名源於希臘語意指綠色，孔雀石因為顏色酷似孔雀羽毛上斑點的綠色而獲此美名。孔雀石在古代除了做玉石原料以外，也是重要的礦物顏料，古老的字畫、壁畫常可見其蹤跡。

孔雀石化學式為 $[Cu_2CO_3(OH)_2]$，是含水的碳酸銅礦物，其顏色呈現濃豔的藍綠色，因貌似孔雀羽而聞名，孔雀石也是銅礦床常見之伴生礦物。孔雀石通常以聚晶體產出，習性呈現同心圓狀、放射纖維狀、腎狀、葡萄狀等。拋光後呈現同心圓狀，類似文石的眼形構造，顏色濃淡相間，是一種迷人的綠色寶石。

孔雀石擺件

孔雀石物理化學性質

晶系：單斜晶系，多呈聚晶體	折射率：1.655~1.909
硬度：3.5~4	雙折射：0.254
比重：3.54~4.10	螢光：無螢光
光澤：玻璃光澤、脂狀光澤	解理：聚晶體不顯現解理
透明度：不透明	特性：高比重、遇鹽酸起反應
顏色：綠、黑色	仿品：人造孔雀石

孔雀石產地與產狀

孔雀石通常產於原生的金銅礦床中，與褐鐵礦、膽礬等礦物共生，也可能產於含銅量高的火成岩（玄武岩、英安岩、閃長岩等）氧化帶中。

早期品質好的孔雀石主要來自俄國烏拉爾山，現今優質孔雀石主要產自非洲國家，包括尚比亞、辛巴威及納米比亞等。孔雀石這種寶石還算常見的寶石品種，美國、法國、澳洲、中國、英國和羅馬尼亞等，中國以廣東陽春和湖北所產的孔雀石最有名。

孔雀石的原石呈現放射狀、腎狀的晶簇

孔雀石鑑定、賞購與保養

孔雀石的獨特眼形是其它天然寶石所沒有的，因此幾乎沒有天然仿品，唯一一種號稱人造孔雀石的仿品是由樹脂所製成，其紋理與天然孔雀石相仿，但掂重手感輕，導熱性差。購買孔雀石以紋理清晰，顏色均勻且濃綠者為首選。孔雀石的硬度低、化學穩定性差，一般而言應小心保養，也不可泡溫泉等。由於孔雀石的成分是碳酸銅，吞食具有毒性，粉末可能對皮膚有輕微刺激性，配戴或觸摸孔雀石後要注意清潔。

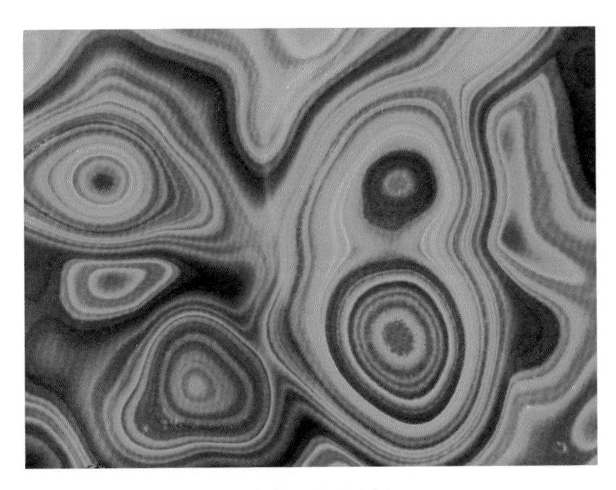

天然孔雀石的眼形結構

第十八節
天然玻璃質寶石 Natural Glass: 黑曜岩、玄武岩玻璃與似曜岩

寶石學上將天然成因的玻璃狀物質稱為天然玻璃，進一步可分為火山玻璃與玻隕石兩類。酸性岩漿噴發至地表快速冷卻而形成的火山玻璃稱為「黑曜岩」(Obsidian)；基性玄武岩岩漿快速噴發至地表或海底，冷卻而成的火山玻璃稱為「玄武岩玻璃」或「玻璃質玄武岩」(Basaltic Glass)；外太空來的隕石若撞擊地球表面致使地表沈積物高溫熔融飛濺，形成片狀帶有流紋的玻璃質，稱為「似曜岩」或「玻隕石」(Tektite)。天然玻璃顏色上主要以黑色、灰色或灰綠色為主，偶而有黃色 (玻隕石) 和棕紅色，天然玻璃提供了一系列獨特的寶石品種，廣泛應用於珠寶設計或雕刻領域。

◆ 黑曜石 Obsidian

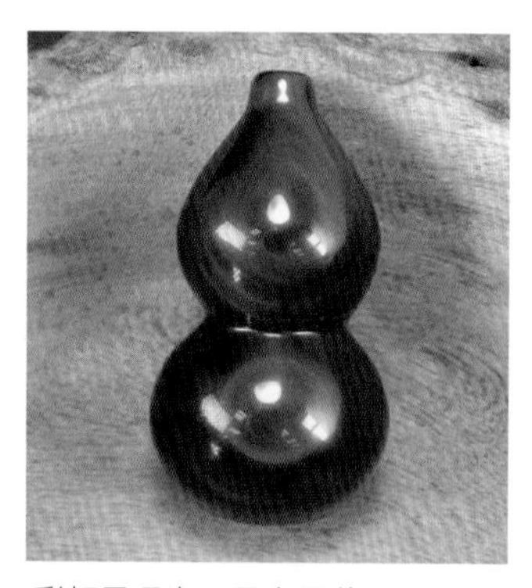
彩虹黑曜岩，具有層狀紋理，且產生虹彩狀干涉色

雪花黑曜岩橢圓珠，因其白色斑晶如雪花而得名

黑曜石是一種火山玻璃，酸性的熔岩噴發至地表後快速地冷凝而成，因為冷卻速度過快，晶體沒有足夠的時間生長，所以形成塊狀深色玻璃質岩石。其主要成分為 SiO_2，含少量 Al_2O_3，硬度 5，比重約為 2.35，折射率通常為 1.48-1.50。大部分黑曜岩的顏色呈現黑至灰色，少部分呈現墨綠色或棕紅色。若黑曜岩中含有大量微晶體，則可能形成層帶狀的虹彩效果，市場稱之為彩虹黑曜岩；若黑曜岩透明度高，市場上稱之「冰種黑曜岩」；氧化鐵含量較高的黑曜岩，呈現棕紅色與黑色間雜，商業上稱為「紅曜石」，同理，灰綠色的黑曜岩則稱為「綠曜石」；如果黑曜岩中有白色斑晶，則稱為「雪花黑曜岩」。遠古時代，人類以石製刃、斧、箭，多採用燧石或黑曜石這類材質，除了可作為寶石材質，考古人類學上也有重要指標意義。

紅曜石梨形蛋面，實際上是一種富含氧化鐵的黑曜岩

◆ 似曜岩類 / 玻隕石 Tektite

似曜岩又稱為玻隕石，玻隕石不是隕石，而是隕石高速撞擊地表後，地殼物質熔融濺射所形成的玻璃物質，又稱為「雷公彈」，微米尺度的細微玻隕石顆粒稱為「雷公末」。玻隕石成分上通常含有 70 ～ 80 % SiO_2，還可能含有焦石英、柯石英、斜鋯石和鐵鎳金屬等成分，而其外觀與黑曜岩（Obsidian）類似，故稱似曜岩。

似曜岩的比重約為 2.40，折射率 1.48-1.51，硬度 5，與黑曜岩最大差別在於似曜岩的表面常

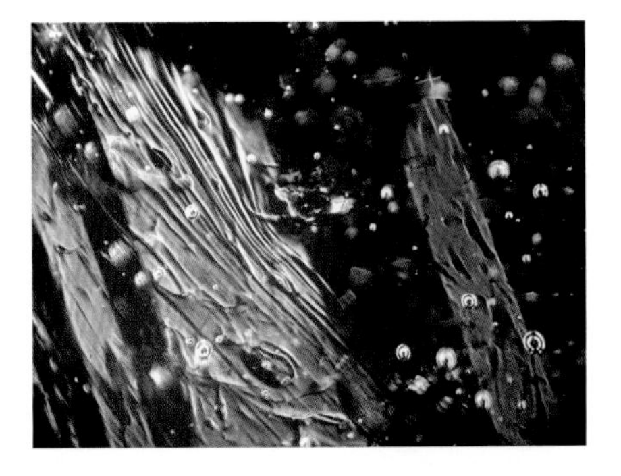

顯微鏡下觀察，玻隕石內部有大量氣泡與特有的擾流狀構造，這是仿品所欠缺的特徵

有各種類型的飛行紋構造，多呈不規則外型，有稜角狀、絲線狀、圓坑狀，顯示它是在隕石撞地殼的當下，地殼物質熔融狀態炸裂後，飛行過程中冷卻形成的。一般市場上所稱的「捷克隕石」或「泰國隕石」兩者都是此類材質，而非撞擊地表的隕石本體。市面上有大量中國製鈣玻璃仿玻隕石，其結構單調且形狀完整厚實，相比於天然玻隕石較不割手，不具銳利感。

既然玻隕石不算隕石，那什麼是真正的隕石（Meteorite）呢？由於筆者經營寶石鑑定中心，實務上偶而會有客人送驗疑似隕石的材質，特在此與讀者分享心得。在地質學領域中，隕石是一種穿越地球大氣層並與地面撞擊之後小行星或流星體的殘餘部分。依其成分可分為石質隕石（Aerolite）、鐵質隕石（Aerosiderite）與石鐵隕石（Siderolite）三類。石質隕石以矽酸鹽礦物為主，主要礦物成分可能有輝石、橄欖石、碳質物等，還有許多隕石特有的礦物相。鐵質隕石主成分為鐵鎳合金，經過酸蝕後表面會呈現一種特徵性的紋理稱為「維德曼交角」(Widmanstatten Pattern)。石鐵隕石主要是由鐵鎳合金加上矽酸鹽成分所組成，最常見的例如橄欖隕鐵（Pallasites），橄欖石與鐵鎳合金共生的特殊產狀是重要特徵。實務上要鑑定隕石並不容易，需靠礦物相、成分分析以及岩相薄片等方法確認，一般寶石鑑定所也難以為之，鎳鐵隕石及石鐵隕石相對於石質隕石特徵較明顯。以筆者檢驗過的物件為例，曾有消費者將鍊鐵爐渣或火山彈這類的材質誤認為隕石。

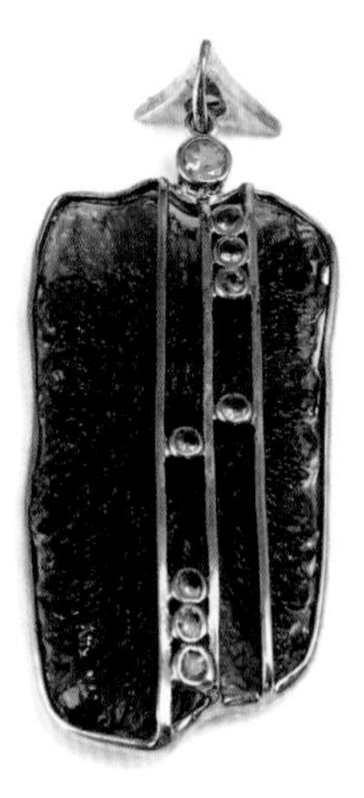

玻隕石掛墜（左）與玻隕石表面的飛行紋（右）是擾流狀內含物以外的參考特徵

鎳鐵隕石製成蛋面，上面有明顯的維德曼交角，市場上多以「天鐵」之名作為商品販售

◆ 玄武岩玻璃 Basaltic Glass

玄武岩玻璃是基性玄武岩岩漿噴發至地表或海底，快速冷卻產生的玻璃狀岩石產物，以玻璃基質為主，通常含有長石微晶和有少量輝石類礦物。玄武岩玻璃與黑曜岩外觀相似但性質不同，其化學成分爲 SiO_2 約為 40% -50%，還有大量氧化鋁、氧化鐵、氧化鉀或氧化鈉等成分。玄武岩玻璃的比重較黑曜岩高，約為 2.70-3.0，折射率約介於 1.57-1.65 之間，硬度則介於 3-5。

天然玻璃物理化學性質

晶系：非晶質	折射率：1.48~1.65 視種類而定
硬度：3~5	雙折射：無
比重：2.4~3.0 視種類而定	螢光：無螢光
光澤：玻璃光澤	解理：無解理
透明度：透明至不透明	特性：氣泡、流紋、微晶體
顏色：黑、灰、綠、棕、黃色	仿品：人造玻璃

天然玻璃產地與產狀

黑曜岩分布於火山活動地區，如美國的夏威夷、冰島、匈牙利、墨西哥、日本和印尼。玻隕石產地有澳洲、捷克和泰國等地，捷克的摩達河是著名的玻隕石產地，所以捷克產玻隕石舊稱「摩達維石」。玄武岩玻璃在地球上分布廣泛，知名產地是澳洲昆士蘭，台灣電光產玄武岩也是同類型材質。

天然玻璃鑑定、賞購與保養

天然玻璃最常見的仿贗品就是人造玻璃，因為玻璃本身的成分有相當變異性，性質不固定，而人造玻璃可以透過成分配方比例的調整，達到與天然玻璃相似的比重、折射率與顏色等，其中又以鈣玻璃的比重與折射率最接近天然玻璃。各類型天然與人造玻璃的比重、折射率性質可透過下圖的班尼斯特圖理解，比重對應斜線，折射率對應縱軸。最常見的仿贗品就是綠色、藍色或紅色的鈣玻璃仿天然火山玻璃，市場上一般稱之為「綠曜石」、「藍曜石」或「紅曜石」。玻隕石的仿製也是透過人造的鈣玻璃，透過模鑄做出流紋狀的外觀。天然火山玻璃的內含物常含有許多針狀或球狀微晶體；天然玻隕石類則有糖渦狀流紋，人造仿品通常難以仿造內含物特徵。天然玻璃硬度低且韌性低，且因冷卻時有殘餘應力而致十分易碎，鑲嵌或配戴時要特別注意。

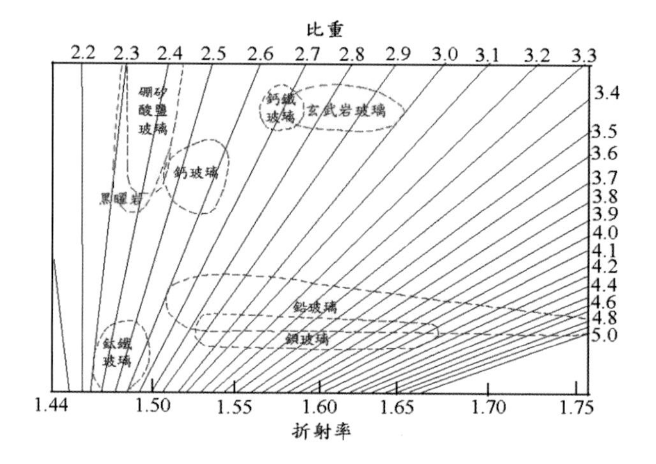

天然與人造玻璃折射率比重對照圖，Y 軸方向為對應的折射率，斜線為比重數值，不同成分的玻璃表現出不同性質。(此圖修改自 Robert Webster 所著 Gems, Their sources, Descriptions and Identification.)

彩虹黑曜岩的顯微影像，明顯看到許多針狀微晶、虹彩般的干涉色及流動狀的紋理

第十九節
貴橄欖石 Peridot

橄欖石化學式為 [$(Mg, Fe)_2SiO_4$]，其英文名「Olivine」字源即指橄欖之意，這種寶石的顏色先天就像橄欖果實一般呈現黃綠色。另有一名詞 Peridot 源於法文，代表寶石級的橄欖石，一般稱為「貴橄欖石」，貴橄欖石也是八月份的生日寶石。在綠色的寶石之中，雖說貴橄欖石不似祖母綠般名貴，但是在眾多的綠色寶石之中，橄欖石的色彩獨樹一幟，有著鮮豔「橄欖綠」的色彩，這是一種綠中帶黃色的色彩。橄欖石並不是非常昂貴的寶石，寶石級的橄欖石稱為貴橄欖石 (Peridot)，產出於橄欖岩中。貴橄欖石較少出現巨大的寶石晶體，通常較少見 5-7 克拉以上的寶石級晶體，因此大克拉數橄欖石價值頗高。在倫敦地質博物館中有收藏一顆 136 克拉重的貴橄欖石。橄欖石顏色有黃、黃綠或綠色，其中黃綠色最為常見，偏綠色價值較高。

橄欖石除了是歷史相當悠久的寶石以外，一直以來也被譽為是「夏天的寶石」和「太陽的寶石」。古羅馬人對於綠色的寶石極為喜愛，橄欖石由於在夜晚的燈光下會表現出特殊而迷人的綠色，在歐洲被稱為夜晚的祖母綠。因為具有生動且閃耀著金黃光芒的綠色，橄欖石一直是夏令時裝飾品搭配的寶石品種，也正好成為八月的生日幸運寶石。珠寶收藏界，貴橄欖石不再僅僅做為一般寶石飾品，橄欖石的綠色成為最迷人的色彩，而且大克拉數橄

黃綠色橄欖石圓形刻面寶石

欖石每每成為收藏家的最愛。

其實橄欖石是蠻值得玩味的寶石，高貴不貴，價廉物美是很適合的形容詞。對於不忍花大錢買貴重的天然祖母綠的朋友而言，橄欖石真是很棒的選擇。

天然鎂橄欖石呈現偏綠的黃色，鐵含量越高顏色越綠

貴橄欖石物理化學性質

晶系：斜方晶系	折射率：1.655~1.690
硬度：6.5~7	雙折射：0.035
比重：3.27~3.48	螢光：無螢光
光澤：玻璃光澤、油脂光澤	解理：解理不發達
透明度：透明	特性：強雙折射、橄欖綠色
顏色：黃、黃綠、綠色	仿品：玻璃、蘇聯鑽、合成尖晶石，另與硼鋁鎂石相似

貴橄欖石產地與產狀

橄欖石是一種地表相當常見的造岩礦物，也是基性或超基性岩漿結晶時最早形成的礦物之一。橄欖石常出現於輝長岩、玄武岩和橄欖岩之類的深色基性或超基性火成岩中。常與橄欖石共生於基性或超基性火成岩中的礦物有鈣斜長石和輝石。寶石級橄欖石多產於岩漿型內生礦床，有時是以玄武岩岩漿的捕獲岩產狀產出，也產於橄欖岩中。

最著名的橄欖石產地是在紅海中離埃及不遠的聖約翰島 (Saint John Island)，貴橄欖石產在橄欖岩中的鎳礦脈。緬甸莫谷區 (Mogok) 以及汴光區 (Pyangaung) 也產寶石級貴橄欖石。夏威夷的海灘也有產橄欖石，可能由玄武岩風化而成。此外，近年來有很多新發現的產地如挪威、中國、澳洲昆士蘭、巴西和美國亞利桑納及新墨西哥州等地都產橄欖石。緬甸產的橄欖石中常見點狀的黑色尖晶石內含物，其它種類的內含物多半為雲霧狀或裂紋天然內含物。

貴橄欖石鑑定與賞購要訣

貴橄欖石以橄欖綠為特色，自然界相仿的寶石本就不多，以黃綠色系的天然寶石來說主要有黃綠色剛玉、電氣石、葡萄石、磷灰石和沙弗來石 (綠色鈣鋁榴石) 等種類。以上述的天然寶石來說，折射率及顏色、外觀上其實和貴橄欖石也有顯著的差異。況且以其價格而言，也不太可能以黃綠色彩色剛玉或是黃綠色電氣石等寶石用來模仿之。

天然寶石中最像橄欖石的寶石是硼鋁鎂石 (Sinhalite)，這是一種斜方晶系的棕黃至綠帶褐色的寶石礦物。其成分為鎂鋁硼酸鹽 [$MgAlBO_4$]。硼鋁鎂石的比重是 3.47 至 3.49，折光率介於 1.668~1.707。英國大英博物館曾經誤認一顆硼鋁鎂石為橄欖石，由此可見這種寶石極易與橄欖石混淆，此寶石產在斯里蘭卡和緬甸。

市面上最一般的橄欖石贗品為黃綠色玻璃和黃綠色蘇聯鑽。因為蘇聯鑽與玻璃有各式各樣的顏色，包含橄欖綠色，且其價格甚低，常被用作寶石仿品。對於消費者而言要區別玻璃、蘇聯鑽和橄欖石並不難，主要可從兩個性質判斷，第一是蘇聯鑽的比重較橄欖石高很多，第二是蘇聯鑽的折射率也比橄欖石高很多，且前者為單折光，後者為雙折光礦物。若沒有儀器可以測量折射率，就肉眼觀察而言，同樣的車工條件下，蘇聯鑽的火彩極強，且底部稜線無重影。蘇聯鑽因其具有較高折射率及高色散而呈現金剛石光澤，火彩極強易於辨認。玻璃也是單折射，且折射率較低，所以正常切割比例下，底部容易開窗漏光，並常有氣泡內含物。若用偏光鏡檢測時，玻璃和蘇聯鑽皆為完全消光，在偏光鏡下就可跟橄欖石輕易區別。

貴橄欖石中的天然內含物通常是一個很簡單的區別依據，如下頁圖中的緬甸汴光所產的橄欖石以放大鏡觀之可見黑色的天然尖晶石群礦物含晶與繞晶裂紋。橄欖石中的天然內含物除了可供鑑定區別外，有別於蘇聯鑽與人造玻璃內含物之單調，橄欖石中也隱藏著自然有如詩畫般的美感。

圖中顯示緬甸的橄欖石中所包裹的天然礦物晶體，具有正八面體的晶體外觀，且不透光，所以可能為天然尖晶石群的礦物晶體如鈦鐵礦或磁鐵礦

圖中可明顯看出橄欖石的底部稜線雙影（箭頭處），由於其雙折射達到 0.036 之高，所以底部刻線雙稜的現象相當明顯，用放大鏡觀察即可鑑定

挑選橄欖石，克拉數很關鍵，寶石級橄欖石多小於 5-7 克拉這個範圍，超過 7 克拉相當少見，且克拉數越大，橄欖石的價格增幅越大，百克拉貴橄欖石，市價可能達 200-300 萬元。顏色上以濃綠為佳，太偏黃或顏色太淡價格都會降低。橄欖石盡量挑選目視無瑕的刻面寶石，蛋面寶石或瑕疵多的宜避免。橄欖石的產量與產地價格目前正逐漸看漲，高品質的貴橄欖石也因為具有別於一般的嬌綠色彩，目前市面上已經供不應求。相信過不久，國內將掀起一陣勢不可檔的「橄欖石流行熱潮」。保養橄欖石需注意橄欖石會微溶於硫酸和鹽酸等強酸，其硬度雖不高，但也有達到莫氏硬度 6.5，相當於比鋼還高的硬度，所以不容易刮損。

第二十節
葡萄石 Prehnite

金黃色葡萄石戒指

葡萄石化學式為 [$Ca_2Al_2(OH)_2Si_3O_{10}$] 的英文名稱「Prehnite」是依其發現者命名，18 世紀學者 Hendrik Von Prehn 於非洲好望角發現此種礦物，故命名之。中文稱葡萄石是因為這種礦物通常以放射狀晶體叢生，集合體呈現葡萄狀外觀。綠色較綠的葡萄石，市場上葡萄石有一非正式商業名稱為「好望角祖母綠」，即是依其發現地而命名。葡萄石的晶簇其實未必是葡萄狀，也有板片狀、放射狀、塊狀或腎狀等，顏色通常從淡綠到中等淡綠之間，也有黃色和白色等，黃色葡萄石較少見。

寶石等級的葡萄石具有玻璃種至冰種翡翠般的透明度，品質好的葡萄石磨成蛋面很容易形成一種「起瑩」的效果，與高檔翡翠的光澤感極為相似。近年來翡翠價格飛漲，可能因此消費者對於綠且冰透的葡萄石產生興趣，甚至也成為時下珠寶設計師所喜愛的寶石材料。據筆者的觀察，葡萄石在近十五年前突然開始受市場重視，幾年下來價格已成長五至十倍。

葡萄石物理化學性質

晶系：斜方晶系，多為聚晶	折射率：1.616~1.649 點測 1.63
硬度：6~6.5	雙折射：0.020~0.035 聚晶不可測
比重：2.80~2.95	螢光：無螢光
光澤：玻璃光澤	解理：一組解理，聚晶不可見
透明度：透明至半透明	特性：葡萄狀或放射狀集合體
顏色：淡綠、淡黃綠色	仿品：蛇紋石

葡萄石產地與產狀

葡萄石在變質岩中為一低溫低壓變質礦物(葡萄石 - 綠纖石相)，寶石級的葡萄石則是熱液蝕變作用形成的次生礦物，主要產於基性噴發岩的氣孔與裂隙中，常與沸石、方解石、矽硼鈣石和針鈉鈣石等礦物共生。葡萄石產地眾多，主要產國包含美國、加拿大、法國、印度、南斯拉夫、澳洲、日本、中國、納米比亞、西班牙和南非等，金黃色的葡萄石主要產自澳洲。

葡萄石雕刻而成的玫瑰花

葡萄石鑑定、賞購與保養

葡萄石鑑定上需注意顏色外觀上與遼寧岫岩產的蛇紋石 - 岫玉極為相似，二者最大的區別在於葡萄石通常有放射狀、纖維狀的結構，有時會出現黑色片狀或針狀內含物，岫岩產的蛇紋石則沒有。此外，葡萄石的折射率和比重等寶石學性質也都比蛇紋石高，極易區別。

挑選葡萄石，淨度很重要，顏色上越濃綠價格越高。好的葡萄石，克拉單價數百元以上，品質差的葡萄石價差可達五倍以上。葡萄石硬度尚可，但因其放射狀結構，容易順著晶體邊界崩裂，所以應避免碰撞和過大的溫差。

黃綠色的葡萄石蛋面鑲製成墜子

第二十一節
黃鐵礦 Pyrite

黃鐵礦，成分為二硫化亞鐵 [FeS_2]，是地表最常見的硫化物礦物，因其具有金屬光澤，且呈現金黃色至黃銅色，在野外常被誤認為黃金而稱之「愚人金」，因為愚人的黃金稍嫌不雅，業界也採用「發財石」這樣的商業名稱形容黃鐵礦。

黃鐵礦屬等軸晶系，單晶體常呈立方正六面體或五角十二面體等晶形，也常呈現塊狀聚晶、放射狀聚晶等。黃鐵礦富含硫與鐵，但是一般不用於提取鐵，因為硫含量過高會使煉鐵成本大增，所以反而是提取硫或製造硫酸的重要原料。晶體完整的黃鐵礦是所有礦物收藏家的基本入門款，黃鐵礦中有一種特殊品種稱為太陽黃鐵礦 (Pyrite Dollar; Pyrite Sun)，通常生成於層狀的頁岩基質中，因為具有放射狀的外觀，就像太陽萬丈光芒般閃亮，故稱之。

母岩上的黃鐵礦晶體，呈六面體晶型，顏色金黃似自然金

黃鐵礦雕刻觀音掛件

黃鐵礦物理化學性質

晶系：等軸晶系	折射率：無
硬度：6~6.5	雙折射：無
比重：4.90~5.20	螢光：無螢光
光澤：金屬光澤	解理：一組不明顯解理
透明度：不透明	特性：超高比重、硫磺味、黑條痕
顏色：金黃色	仿品：黃銅礦

黃鐵礦產地與產狀

原生的黃鐵礦常見於火成岩中，常與其它硫化物共生，一般形成於熱液作用，為岩漿期後熱液作用的產物。黃鐵礦與其它硫化物、氧化物以及石英等礦物共生，世界各地金銅礦床中不難看到大量的黃鐵礦產出。沈積岩中若含有硫，也可能產出黃鐵礦，呈點狀分佈團塊狀分佈，變質岩中也可能產出黃鐵礦。黃鐵礦化學穩定性差，在自然界中與水及空氣交互作用，容易分解為針鐵礦或褐鐵礦。

西班牙的里奧廷托 (Rio Tinto) 是極為重要的黃鐵礦產地，儲量達 10 億噸以上，還伴生大量黃銅礦，使西班牙成為世界上黃鐵礦的最大開採國。其他產地如美國、中國與捷克等都有大量黃鐵礦產出。

黃鐵礦鑑定、賞購與保養

黃鐵礦外觀很像黃金以及黃銅礦，黃銅礦屬正方晶系，晶體常呈現假四面體或假八面體形式；自然金跟黃鐵礦也是等軸晶系，但通常以沙金、塊金或樹枝狀集合體產出。黃鐵礦一般晶形完好，晶面有條紋，可與兩者區分，另外黃鐵礦硬度較黃金與黃銅礦高，條痕顏色與掂重手感也很容易與黃金區分。黃鐵礦色金黃，晶型完美者是收藏者的最愛，常研磨成珠或製成掛把件，因為黃鐵礦容易氧化，保養上要注意常擦拭，且溫濕度不宜太高。

第二十二節
石英家族 Quartz

學術上「石英」代表一種由晶質二氧化矽 [SiO_2] 所構成的礦物品種，同時也是莫氏硬度 7 的標準礦物，雖然石英是地表最常見的礦物，但寶石學上石英類寶石是一個龐大的寶石家族，顏色與透明度外觀百變而嬌媚。

純二氧化矽構成的石英晶體應是純白無色，若含微量致色過渡元素 (鐵、錳、鈦)、有色的內含物或晶格缺陷，可能產生黃色、紫色、粉紅色、紅色、綠色或黑色等色彩。透明的單晶石英，寶石學分類稱之為水晶，古希臘人認為「水晶」是永遠不化的冰。石英有時以塊狀聚晶體產出，依晶體大小稱為「微晶質」或「隱晶質」石英，透明度多介於半透明到半透光，外觀像玉，寶石學上所稱的玉髓、瑪瑙即屬此類。

◆單晶石英類寶石

單晶石英類寶石物理化學性質

晶系：六方晶系	折射率：1.543-1.552
硬度：7	雙折射：0.009
比重：2.65	螢光：無螢光
光澤：玻璃光澤	解理：無解理
透明度：透明	特性：透明、常見色帶、低比重
顏色：無、紫、黃、粉紅、茶色等	仿品：玻璃、蘇聯鑽、合成水晶、螢石、方解石

單晶石英類寶石的種類

1. 白水晶 Rock Crystal

完全無色或極淡色的單晶石英稱為無色水晶或白水晶，因為幾乎不含有致色過渡元素、晶格缺陷乃至於有色內含物，其色清透潔白，有如冰晶。古人甚至認為白水晶為永凍之冰、水之精魄，且由於可做聲納系統之材料，合成水晶發明以前，完美大塊的白水晶極為珍貴，同時具有珠寶以及軍事用途，吉普賽人占卜用的水晶球也多以天然無色水晶製成，為白水晶增添了不少話題性。白水晶產地眾多，廣泛分布於全世界，主要產地如巴西、南非、烏拉圭、俄羅斯與中國等。

白水晶菱形掛墜

紫水晶橢圓形刻面寶石

2. 紫水晶 Amethyst

紫水晶之名，相傳源於酒神巴斯卡的一個惡作劇，致使少女阿密西斯特 (Amethyst) 成為白色的水晶雕塑，酒神傷心之餘把葡萄酒灑到雕塑上而將其染為紫紅，於是就以此少女之名稱呼這種紅紫色的寶石。

紫水晶產地眾多，著名產地如巴西、烏拉圭、玻利維亞、阿根廷、尚比亞和納米比亞等，加拿大、韓國和馬達加斯加等新產地也不乏美麗的紫

薰衣草紫水晶半粉半紫，顏色迷人，很受年輕族群的喜愛

水晶。一般而言，南美洲如巴西、烏拉圭等地出產的紫水晶顆粒大且淨度高，而非洲產區則是顆粒小但顏色嬌豔。

紫水晶在 19 世紀以前也算是一種高價位的寶石，當時歐洲人偏愛這種紫中帶紅如葡萄酒般迷人的美麗寶石，歐洲皇室也鍾愛紫水晶，但是在 19 世紀末期，巴西及其鄰國烏拉圭均發現有大量的紫水晶礦藏，所以才會造成紫晶價格下跌。紫水晶在還原氣氛下加熱至 450-550℃左右，色彩有可能轉變為黃色或是橙黃色，這也是目前常見且普遍為市場所接受的水晶優化處理。由於此類的熱處理溫度較低，通常不會在水晶中留下任何內含物特徵，所以水晶的熱處理業界多認為可以接受。目前市場上有一種特殊品種的紫水晶，其顏色半粉半紫如薰衣草色，一般稱為薰衣草水晶 (Lavender Quartz)，由於寶石學上並未另立分類，所以仍屬於紫水晶的一種。

3. 黃水晶 Citrine

黃水晶的名稱源於法文「Citron」意指檸檬，因為許多黃水晶有著檸檬般的黃色，實際上黃水晶顏色包含黃色、橙黃色至棕黃色，因為其金黃色澤，黃水晶被人們視為一種招財的幸運寶石。黃水晶在寶石業界被視為黃寶石的最佳替代品，寶石級黃水晶主要產地是在巴西。黃水晶的顏色以中等色調以上，色彩飽和者為佳，黃色系天然寶石中，黃水晶是價格 CP 值最高的寶石之一，顏色鮮豔如黃寶，價格卻很平實，常見與黃水晶相仿的寶石有黃色藍寶石、金黃色綠柱石、金綠寶石、黃色黃玉與黃色碧璽等。市面上有一特殊商業品種為「馬德拉黃水晶」(Madeira Citrine)，微帶棕的橙黃色水晶，這是因其色澤如同馬德拉葡萄酒一般令人沈醉而命名。

黃水晶蛋面戒指

4. 紫黃晶 Ametrine

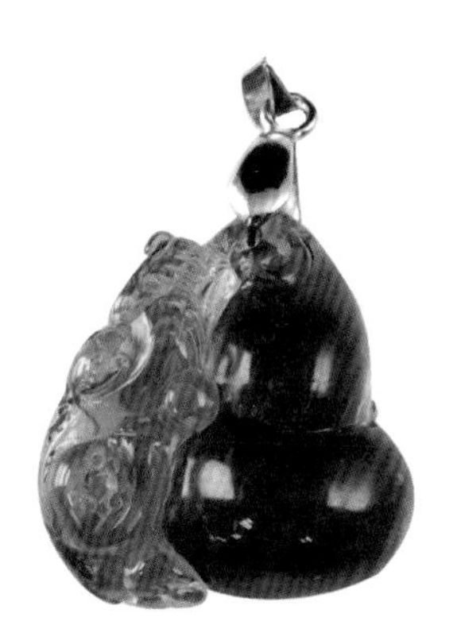

紫黃晶巧雕掛件

紫黃晶，水晶中的一種特殊類別，因為同時至少呈現紫、黃兩種顏色而得名，其原文名分別取紫水晶 (Amethyst) 字首與黃水晶 (Citrine) 字尾組成。寶石級的天然紫黃晶非常珍貴而稀有，但是市面上卻充斥著人工合成甚至是玻璃仿製的紫黃晶。紫水晶被視為代表智慧的幸運寶石，黃水晶則是代表財富，所以市場上對紫黃晶的行銷說法即是代表智慧與財富的幸運寶石。

紫黃晶的成礦環境特殊，產量稀少，紫黃晶的評價標準，首要考量是色彩的濃淡與彩度，再者是兩種顏色分佈是否均衡。高品質的紫黃晶顏色必須濃而艷，紫與黃最好是平均分佈，若有一個顏色太淡，不鮮豔，或是分佈少於 30%，則會降低紫黃晶的評等。

5. 紅水晶

西班牙產的單晶體紅水晶

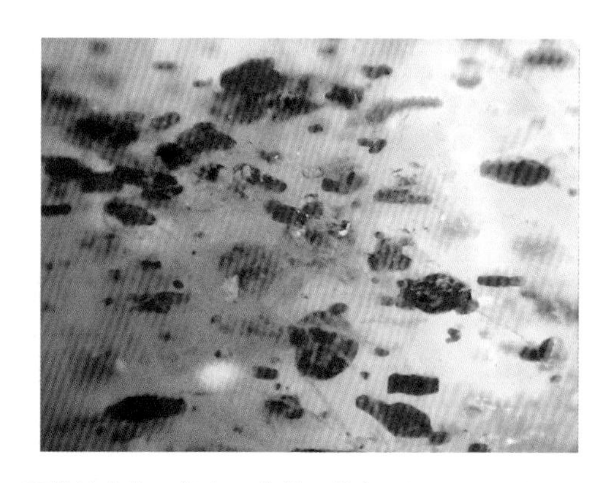

顯微鏡高倍下觀察，草莓晶其實有許多小片狀的鮮紅色赤鐵礦，因此導致其鮮豔亮麗的紅色

市面上紅色的水晶主要有兩種類型，一種是水晶中有大量而綿密的赤鐵礦內含物，產生磚紅色而稱之為紅石英 (Red Quartz) 或紅水晶，這類紅水晶多半不透明，如紅碧玉般的顏色。此外，還有其他常見的紅色水晶，

是由大量不同紅色內含物造成，如板片狀的赤鐵礦、條狀的纖鐵礦可能造成火石英 (Fire Quartz) 或草莓晶 (Strawberry Quartz) 等特殊類別。

6. 煙水晶 Smoky Quartz / 黑水晶 Morian Quartz

煙水晶的顏色是由於天然放射線破壞石英的晶格所引起的，市面上又稱為煙晶或茶晶。煙水晶可能為灰色、褐色和褐黃色等色彩，挑選顏色均勻偏黃且目視無瑕者為佳。市場上有大量的人工優化處理煙水晶，是以放射線照射處理而成。天然煙水晶多為灰色至褐色，如果顏色深近乎黑色，呈現微透明狀，稱為黑水晶或墨石英。

經加熱處理的煙水晶，顏色呈現褐黃色

7. 乳石英 Milky Quartz

乳石英即指乳白色的單晶石英，因為含有大量細小分散的氣態或液態內含物 (氣液泡)，造成混濁的乳白色。乳石英市場上又稱為乳白晶，因其顏色較為特殊，鮮少製成切割面或蛋面，常見雕刻成掛件具有如同玉石般的質感。

8. 綠水晶 Prasiolite

天然綠色水晶是一種相當罕見的水晶類別，綠色水晶主要來自兩種，一種是自色的綠水晶，一種是他色（包裹綠色內含物）的綠水晶。前者主要產於波蘭和加拿大閃電灣，這種綠水晶有可能是紫水晶受地熱而造成天然綠色，但也可能是紫水晶經人工

綠水晶梨形刻面裸石

加熱產生綠色，市面多數綠色水晶是經過熱處理或根本是人工合成的綠色水晶。

9. 薔薇水晶 Rose Quartz

薔薇水晶，市場上又稱為粉晶，單晶石英的一種，因含有微量的鈦元素而形成粉紅色，透明度由透明至半透光，粉紅色澤濃郁且透明者少見。天然粉晶多以塊狀產出，罕見晶型，且若晶體中有定向排列的微細金紅石針狀物，就可能產生星芒效應，即稱為星光粉晶。星光粉晶若正面反射光可見星芒，稱為「表星光」，穿透光可見星芒者稱「透星光」，表星光的粉晶比透星光的粉晶更受歡迎。

無瑕粉嫩的薔薇水晶蛋面戒指

10. 星光水晶 Star Quartz

星光水晶泛指所有帶有星芒的單晶石英，事實上除了粉晶可能出現星芒以外，紫水晶或黃水晶也可能產生星芒現象，但是這兩種相較於星光粉晶則更為罕見，星光水晶通常為三線六芒星。

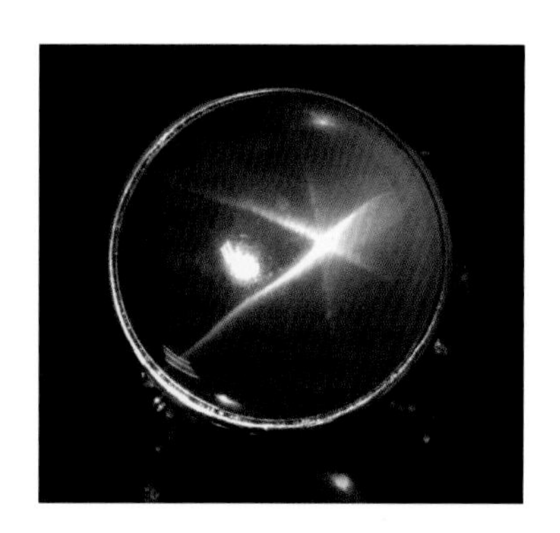

黃色星光水晶蛋面

11. 特殊內含物水晶 Quartz with inclusions: 鈦晶 (Rutilated Quartz)/ 幻影水晶 (Phantom Quartz)

水晶中含有金紅石針狀物則稱為金紅石髮晶，金紅石量大且密集時，市場上又稱之為鈦晶 (Rutilated Quartz)，一般而言金紅石針越密集、越整齊且越粗者價值越高。此外，水晶中若含有大量火山泥、綠泥石或

馬眼形凸面鈦晶戒指，由於金紅石的主成分為二氧化鈦，所以內含金紅石針狀物的水晶稱為鈦晶

綠幽靈水晶中的綠色雲團狀內含物如群山繚繞般壯闊

液包體，形成有如金字塔狀、雲團狀或層片狀內含物時，市場上稱為幻影水晶或幽靈水晶，幻影水晶講究的是內含物的型態、美感和意境。

單晶石英類寶石的產地與產狀

水晶主要產於熱液脈型礦床或高溫氣液礦床中，在偉晶岩礦床中也可能出現。紫水晶和黃水晶常以晶洞的形式產出，晶洞產生於玄武岩熔岩流中，於大型氣孔中由含礦流體沈澱晶出而形成。雖然在變質岩甚至沈積岩中普遍都會出現水晶晶體，但是大規模且具有經濟價值的水晶礦床多與熱液有關。

烏拉圭和巴西產出大量世界上品質最好的紫水晶，主要在火山岩中以大型晶洞形式產出。紫水晶產地眾多，如美國、加拿大、奧地利、俄羅斯、印度、緬甸、韓國以及尚比亞都產出寶石級紫水晶。非洲尚比亞每年出產上千噸紫水晶，為目前世界上最重要紫水晶產地之一。

天然黃水晶最重要的產地為巴西，由於紫水晶透過低溫熱處理即可產生黃水晶之黃色，所以來自世界各地的紫水晶都可能被加熱而優化改變其顏色。無獨有偶，粉紅色的粉晶（薔薇石英）主要也來自於巴西。

單晶石英類寶石的鑑定、賞購與保養

因為水晶是寶石中價位較低者，所以不像鑽石般有各種仿冒或模擬品，但是市場上仍有可能購買到水晶贗品，主要有兩類，一類是天然礦物仿水晶，另一類是合成寶石仿水晶。天然礦物仿水晶如黃方解石和紫色螢石都常用於仿冒水晶，人造材質如玻璃、蘇聯鑽等由於比重、折射率等性質差異大，所以不難分別。水熱法合成水晶算是最不容易鑑定的仿品，通常紫色或黃色的合成水晶常不具有色帶構造，天然則通常有色帶構造 (Color Zoning)。除此之外，內含物的種類也是鑑定天然與人造水晶的診斷關鍵。

◆聚晶石英類寶石 Polycrystaline Quartz

聚晶石英顧名思義有別於單晶體石英，是由許多微小的石英晶體聚合而成，一般即指玉髓、瑪瑙或碧玉一類的寶石。玉髓是最早被人類作為飾品的寶石品種之一，古埃及人很常使用紅玉髓 (Canrnelian) 作為寶石或首飾配件，中國的古玉也有使用瑪瑙玉髓類材質。正因為玉髓是如此頻繁的被人類作為寶石之用，寶石學上最早出現的寶石優化處理就是將玉髓加熱增色。

聚晶石英類寶石物理化學性質

晶系：六方晶系	折射率：點讀 1.54~1.55
硬度：7	雙折射：不可判讀
比重：2.65(可能有 ± 落差)	螢光：多無螢光，偶見螢光
光澤：油脂光澤至玻璃光澤	解理：無解理
透明度：半透明至不透明	特性：低比重、不可入刀
顏色：無、紫、黃、粉紅、綠色等	仿品：玻璃、塑膠、陶瓷

聚晶石英類寶石之分類

礦物學上所定義的聚晶石英又分為微晶質和隱晶質兩類，微晶石英如黃龍玉、矽金石、貴州翠 (含銅藍色石英岩) 與虎眼石英等，通常肉眼可見細微晶粒，低倍率偏光顯微鏡下通常可以見到明顯的結晶顆粒；而隱晶質與微晶質主要的差距在於晶體顆粒的尺度，隱晶質通常在顯微鏡下即使放大至 1600 倍之高倍率，其顯微鏡影像僅可見細小的石英微晶體。

隱晶石英在礦物學上稱為「玉髓」，其主要礦物成分為石英 (Quartz) 與斜矽石 (Moganite)，甚至可能含有部分非晶質二氧化矽。玉髓的外觀通常呈現蠟狀光澤或玻璃光澤，而透明度則呈現半透明 (Semitransparent) 到不透明 (Opaque)。玉髓的顏色變化很多，通常是白或灰色，玉髓中的過渡元素離子種類不同會帶來各種繽紛色彩：如鐵離子會造成黃色、橘紅色和紫色；銅離子造成藍色；鉻離子和鎳離子造成綠色。寶石學上對於玉髓有進一步分類，主要依據其外觀，如透明度、顏色與色彩分佈區別之：

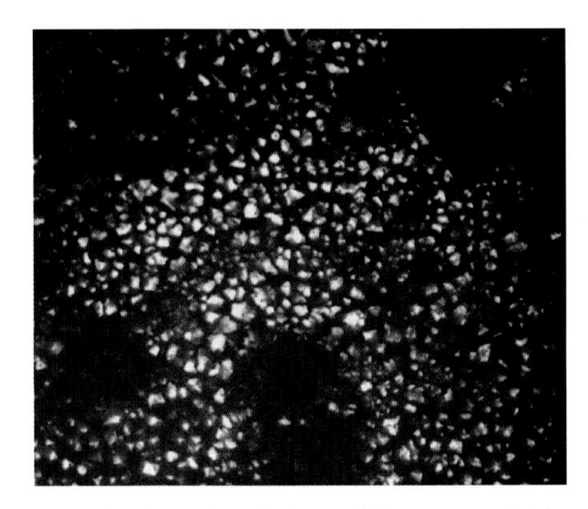

玉髓薄片在偏光顯微鏡下所拍攝，1600 倍的薄片影像顯示，白色部分為石英微晶體，黑色為孔隙、水和更細微的基質

玉髓、瑪瑙與碧玉的外觀分類

	玉髓	瑪瑙	碧玉
透明度	半透明 - 半透光	半透明 - 半透光	不透明
顏色	白、藍、綠、紫、紅、黃、黑	白、綠、黃、紅、黑	紅、黃、綠
色彩分布	均勻	層帶狀、同心圓狀、苔紋狀	均勻、不規則
其他分類	白玉髓、紅玉髓、藍玉髓、紫玉髓、黑玉髓、白玉髓	縞瑪瑙、紅縞瑪瑙、苔紋瑪瑙、虹彩瑪瑙、火瑪瑙	紅碧玉、綠碧玉、黃碧玉

隱晶石英類寶石分類與產地分佈

玉髓、瑪瑙與碧玉其實都是隱晶質石英，瑪瑙與碧玉都算是玉髓的一種，但是「玉髓」一般一詞通常指具有透明感且顏色均勻分佈的隱晶質石英；瑪瑙則通常指具有透明感，但顏色分佈不均勻，具有層帶狀、同心圓狀或甚至苔紋狀外觀的類別；碧玉則是指完全不透明的隱晶石英品種。

矽與氧是地表含量最高的兩種元素，隱晶質二氧化矽所構成的寶石自然是廣泛分佈於世界各地。除了上述分類以外，寶石學上還以顏色或特殊現象分類之：

1. 白玉髓

在所有玉髓中，透明無色或乳白色的玉髓稱之為白玉髓，全世界玉髓產地幾乎都產出白玉髓。台灣東部既產出透明無色的白玉髓，也產出帶有乳白色斑塊的玉髓，俗稱雪花玉。

冰透的白玉髓掛件，外觀上與玻璃種翡翠極為相似

2. 黃玉髓與紅玉髓

黃玉髓與紅玉髓的顏色成因都是因為氧化鐵致色，前者為二價鐵致色，後者為三價鐵。天然的紅玉髓產地較多，其中產出品質較好的有台灣、烏拉圭、巴西、馬達加斯加、印尼、美國與中國等，顏色均勻且豔麗的紅玉髓多為染色處理優化過的產品。

黃玉髓雕刻掛件

3. 紫玉髓

玉髓中的紫色品種是由色心致色，帶有一種深層而有韻味的紫色，顏色最佳的紫玉髓甚至就像是濃郁的紫水晶一般。世界知名的紫玉髓產於印尼、中國或台灣等國，中國是紫玉髓的重要產國，包含遼寧省、內蒙古、河北、江蘇、雲南或黑龍江省等重要產地。近年來由於紫玉髓價格高漲，市場上出現許多鈷鹽、錳鹽染色的染紫玉髓，這類劣質產品甚至可能釋放出染劑重金屬，在配戴後對人體皮膚產生影響。

中國遼寧紫玉髓梨形蛋面

4. 藍玉髓

玉髓中若含有銅離子(細微矽孔雀石內含物)呈現如海水或天空般的綠藍色則稱為藍玉髓，藍玉髓在台灣富有盛名，台灣產藍玉髓又稱為「台灣藍寶」。藍玉髓是目前所有玉髓類寶石中價值最高的品種，世界上還有許多著名產地，如美國的亞利桑那、印尼、秘魯、墨西哥等。藍玉髓的顏色以濃豔的天空藍為上品，偏綠較不討喜，台灣業界將藍玉髓品質分為玻璃質、玉髓質與粉質三類，主要是透明度、結構與硬度的差異，高品質玻璃質地且天空藍的藍玉髓，每克拉單價甚至可能高達 1 ～ 2 萬元新台幣。

藍玉髓掛墜與藍玉髓彌勒雕件

5. 綠玉髓

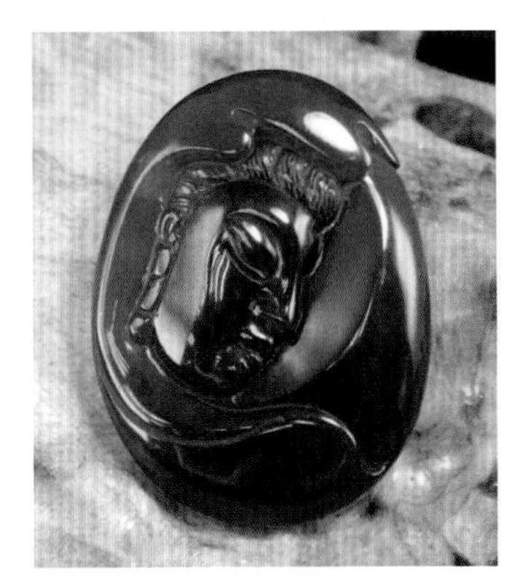
滿綠勻色的鉻綠玉髓佛頭掛件

天然的綠玉髓顏色有不同的致色成因與產地來源，最著名的是含鎳綠玉髓主產於澳洲、坦尚尼亞與羅馬尼亞，市場上又稱之「澳洲玉」，其顏色呈現淡蘋果綠，主要由鎳離子致色。辛巴威產出一種天然含鉻綠玉髓，其顏色呈現濃郁的祖母綠色或帝王綠翡翠色，為市場上的玉髓類寶石新寵。馬達加斯加與印尼等地產出的綠玉髓顏色主要來自銅、鐵與鎳離子，顏色彩度低較不鮮豔。綠玉髓中綠偏藍，且色如翡翠者，市場上稱之為「翡翠藍寶」，這樣的商業名稱起源於台灣，因東部台灣藍寶礦區曾產出極少量寶石級翠綠色玉髓，所以稱為「翡翠藍寶」，現在該名詞已廣泛用於其他產地綠帶微藍的翠綠色玉髓，尤以辛巴威產的鉻綠玉髓為主。

消費者需注意市場上存在大量的染色綠玉髓仿冒品，甚至可能有天然的瑪瑙狀紋理，不易辨識，需設備精良的鑑定所才得以區別。有別於染色玉髓次品，高品質的鉻綠玉髓所研磨的蛋面或雕刻掛件，價格日益高漲，克拉單價甚至可能高達數千元台幣。

鉻綠玉髓蛋面戒指

澳洲鎳綠玉髓串珠

6. 黑玉髓

染色黑玉髓橢圓形蛋面裸石

天然的黑玉髓相當少見，市面上主要的黑玉髓來自於白玉髓染黑色，雖然經過顏色優化，黑玉髓卻也是各大品牌珠寶中相當重要的搭配素材。

7. 碧玉

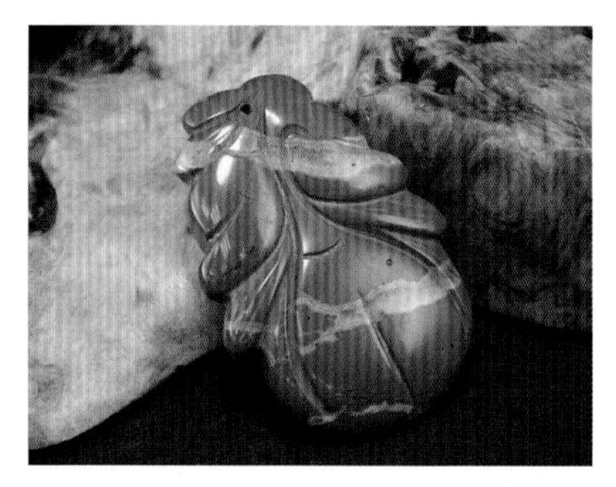
紅碧玉雕刻掛件

不透明的玉髓類寶石稱為碧玉，碧玉相對而言比瑪瑙罕見，台灣、中國、印度與南非等地都有產出。天然的碧玉以紅色為多，因為含有高量氧化鐵，所以呈現磚紅色且完全不透明，台灣產的本土紅碧玉又稱為總統石。

8. 瑪瑙

瑪瑙是指玉髓類材質中帶有條紋狀、同心狀、苔紋狀等色彩分佈的品種類型。其分佈之廣涵蓋歐洲、北美洲以及東南亞，世界上著名產地有印度、巴西、美國、埃及、澳洲和墨西哥等國。瑪瑙是顏色外觀多變的寶石品種，其中有少數較有特色的品種如苔紋瑪瑙 (Moss Agate)、火瑪

多種顏色呈現縞狀分布的瑪瑙手鐲

南紅瑪瑙是中國出產的重要紅色寶石品種，顏色變化從似硃砂一般的紅到柿子紅，雖為瑪瑙玉髓類寶石的分枝，其價值卻不菲

火瑪瑙橢圓形蛋面裸石，由於細微的層狀結構產生光的繞射作用，所以在深褐黃色的瑪瑙上，出現七彩的干涉色彩，稱為火瑪瑙

瑙 (Fire Agate)、虹彩瑪瑙 (Iris Agate) 等，苔紋瑪瑙內部黑色紋理如青苔狀分佈；火瑪瑙則是反射光有火彩如蛋白石般閃耀；虹彩瑪瑙則是透光下出現彩虹般色澤。中國也產出許多不同類型的瑪瑙，廣泛分佈於各省，南京雨花台所出產的雨花石或是四川所產出的南紅瑪瑙都屬此類寶石。

9. 矽化木 / 木變石

矽化木(Petrified Wood)，學名為木變石，若質地為非晶質二氧化矽，則為蛋白石矽化木，若為隱晶質則為瑪瑙矽化木，主產於印尼、緬甸和美國亞利桑那州。矽化木是近年珠寶市場的新寵，業界常稱之為樹化玉或木化玉，近年來非常流行，因為其質地堅硬，色彩斑斕多變化，作為雕刻、擺件、手鐲或掛飾都很適合。

色彩鮮豔的瑪瑙矽化木斷面，木頭生長紋仍隱約可見

10. 矽化珊瑚玉

近年市面上出現一種矽化珊瑚玉(Agatized Coral Fossil)，是由於火山作用帶來富含矽的熱水，熱水導致二氧化矽析出沈澱並置換珊瑚化石中的碳酸鈣而形成。這種矽化珊瑚的本質是瑪瑙，但是紋理卻是珊瑚，如果四射珊瑚、六射珊瑚、八射珊瑚被取代後，切面看似一朵朵小菊花，所以業界賦予其「菊花玉」之美名。美麗的菊花玉有著白、黃、粉紅到深紅的顏色，伴隨朵朵菊花，目前市場上極受歡迎，主產於印尼。

粉紅色的矽化珊瑚玉，美麗的花瓣與粉嫩的色彩是其賣點

微晶石英類寶石分類與產地分布

1. 石英岩類

除了隱晶質的玉髓以外，晶粒明顯肉眼可辯的石英岩類也常作為寶石材料。石英岩常因外來的礦物質而呈現不同顏色，若含有鉻雲母呈現綠色，學名為砂金石英 (Aventurine Quartz)，市場上稱其為「東菱玉」。中國雲南龍陵縣產，由氧化鐵致色的黃色石英岩，市場稱為「黃龍玉」，現今該名詞泛指黃色玉髓或石英岩等聚晶類玉石。另外，有一種產於中國貴州，由銅致色的藍色石英岩，一般稱為「貴州翠」，因其外觀顏色類似天河石(亞馬遜石)，常被誤認為所以又暱稱為「中國亞馬遜石」。

顏色濃綠的砂金石印章

2. 虎眼石 / 鷹眼石

不同顏色虎眼石和鷹眼石所製成的手珠

虎眼石 (Tiger's Eye) 是一種由石英取代石棉所產生的纖維狀聚晶石英，會產生貓眼效應，當富含二氧化矽的熱水接觸到青石棉時，產生置換所致。由於虎眼石的礦物纖維較一般的貓眼石粗且紊亂，所產生的眼線比貓眼石粗而雜亂。虎眼石英通常呈現黃至褐色，由於氧化鐵價數的差異，少數虎眼石呈現褐紅色。若虎眼石英呈現灰藍色至灰綠色，則稱為鷹眼石 (Hawk's Eye)；若虎眼石呈紊亂波紋狀絲光，色澤藍、褐、黃混雜又稱為彼得石 (Pietersite)。虎眼石最重要的產地是南非，此外納米比亞、中國、印度、斯里蘭卡與巴西等地皆有產出高品質虎眼石英。

三、聚晶石英類寶石的鑑定、賞購與保養

依照美國寶石學院 (GIA, Gemological Institute of America) 的鑑定方法，玉髓類寶石的鑑定主要透過折射率、比重、硬度、分光鏡與顯微觀察等寶石學方法確認材質是否為玉髓，再由外觀特徵區別玉髓類寶石的次分類以及是否優化處理。玉髓類寶石的染色優化不容易留下明顯的染料痕跡，反而常呈現顏色均勻分布。染色玉髓直接觀察常呈現均勻色，顯微鏡下透射光觀察則常可見瑪瑙紋，且無致色內含物。以綠玉髓為例，天然的鉻綠玉髓會有許多點狀、絲狀綠色鉻雲母內含物，染色的則無明顯特徵內含物或只有染色瑪瑙紋。瑪瑙紋的產生與染色處理的原料玉髓之產狀有關，天然綠、藍、紫玉髓通常少見紋理。染色玉髓的鑑別還可使用分光鏡所得之直讀光譜比對，以綠玉髓為例，鎳致色的澳洲綠玉髓和鉻致色的辛巴威綠玉髓光譜截然不同，跟染色綠玉髓相比也有細微差異。

玉髓類寶石的種類多樣，色彩變化多端，目前珠寶市場已普遍接受，且西方品牌珠寶特別鍾愛此素材，包含黑玉髓、藍玉髓、綠玉髓等，都是品牌珠寶常客。比較不同類型的有色玉髓產量及稀有性，目前市場上價格最高的玉髓非藍玉髓莫屬，其次是鉻綠玉髓和鎳綠玉髓，再來是紫玉髓，最後才是紅玉髓與黃玉髓，黑玉髓與白玉髓雖價格不高，但多作為珠寶設計搭配用之配石素材。除了前述玉髓以外，南紅瑪瑙也算是近年相當昂貴的玉髓品種，在中國市場炙手可熱，南紅與一般紅玉髓在顏色及內含物上略有差異，常出現硃砂點狀的紅色赤鐵礦內含物。玉髓的硬度高，質性穩定，一般無須特別保養，部分產地的藍玉髓或綠玉髓由於內含物致色，熱穩定性較低，不宜接觸高溫或溫泉以免顏色改變。

顯微鏡下觀察，染色綠玉髓之瑪瑙紋

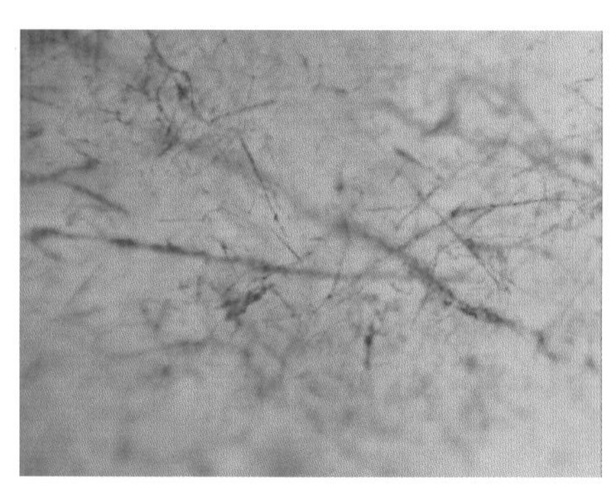

顯微鏡下觀察，鉻綠玉髓的點狀、絲狀鉻雲母內含物分布

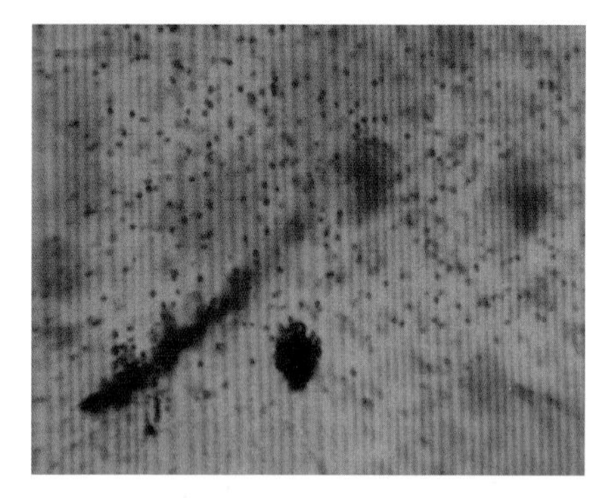

顯微鏡下，天然南紅瑪瑙中常可見點狀的特徵赤鐵礦內含物，有如硃砂點般

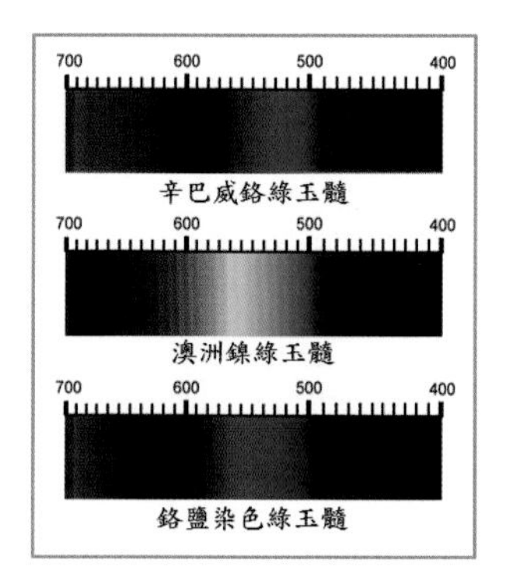

天然澳洲綠玉髓、辛巴威綠玉髓與染色綠玉髓的光譜比較

第二十三節
菱錳礦 Rhodochrosite

菱錳礦是錳碳酸鹽類礦物[$MnCO_3$]，自然界中有一系列碳酸鹽質礦物，其陽離子可能有鈣、鎂、鐵和鋅等元素，彼此可互相取代，菱錳礦中通常也富含鈣鎂鐵鋅等元素。菱錳礦顏色為淡至深的微紫紅和桃紅，透明度變化大，從透明到不透明，鮮少單晶體產出，大部分是腎狀、塊狀或葡萄狀的聚晶集合體。菱錳礦聚晶集合體多同心圓狀紅白條紋相間，顆粒大、透明度高且均勻紅色的菱錳礦極為罕見，可作為蛋面甚至刻面寶石材料；顏色不均勻、紅白相間且透明差者可作為一般飾品或雕刻材料。菱錳礦市場上又稱為「紅紋石」或「印加玫瑰」，也被視為阿根廷的國石。

最高品質的菱錳礦呈現豔麗且均勻的桃紅色，且具有透明感

菱錳礦物理化學性質

晶系：六方 / 三方晶系	折射率：1.597~1.816 點讀 1.6 左右
硬度：3.5~4.5	雙折射：0.219
比重：3.6~3.7	螢光：無螢光
光澤：玻璃光澤	解理：完全菱面體解理
透明度：透明至半透明	特性：中高比重、紫紅色、紅白紋理
顏色：紅色 (塊狀多白紅相間)	仿品：玻璃、相似於薔薇輝石

菱錳礦產地與產狀

菱錳礦是碳酸鹽礦物，在火山熱液、風化殼型礦床和變質礦床均能形成，以風化殼型礦床為主，但也常見於硫化物礦脈，熱液交代及接觸變質礦床中。世界上出產菱錳礦的國家很多：如美國、馬達加斯加、阿根廷、墨西哥、南非與中國等。

菱錳礦又稱為紅紋石，葡萄狀習性使其呈現同心圓狀或平行條紋狀紅白紋理

菱錳礦鑑定、賞購與保養

菱錳礦的粉紅色與紅白相間的同心圓紋理算是辨識度極高的視覺特徵，此外高比重、高折射率和低硬度(可入刀)也是重要特徵。天然材質最像的是薔薇輝石，但是硬度等性質差異及菱錳礦特徵性的紅紋是重要辨識依據，玻璃類仿品則會出現流紋或氣泡，且比重折射率都比菱錳礦低。挑選菱錳礦以顏色均勻桃紅者為佳，透明度高者價更高。保養上要注意不可碰撞刮擦，且不可接觸強酸強鹼，也應避免泡溫泉。

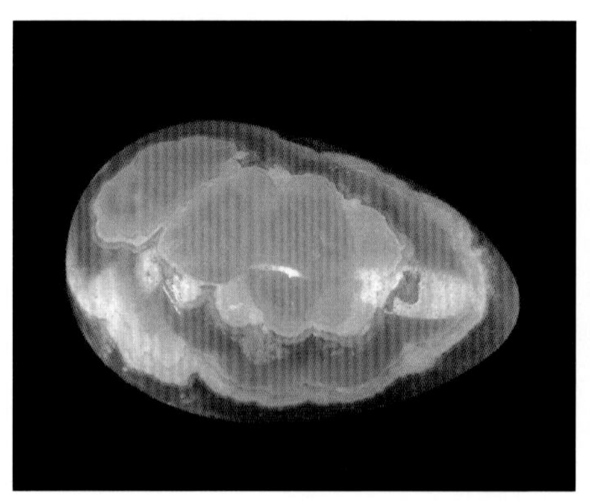

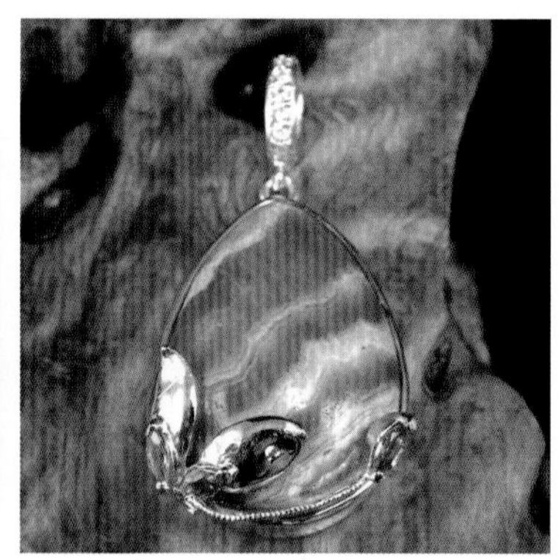

圖左為同心圓狀菱錳礦紋理，圖右為平行紋

第二十四節
薔薇輝石 Rhodonite

薔薇輝石英文名稱「Rhodonite」，源於希臘文意指「玫瑰」，因為薔薇輝石色如玫瑰般紫紅故如此命名。礦物學上，薔薇輝石是一種鏈狀矽酸鹽 (矽酸錳 [$MnSiO_3$]) 屬於似輝石類，單晶呈現板狀結晶，一般多呈現塊狀集合體，極少單晶產出，但均少見。它有一個完美的棱柱形解理，幾乎成直角。薔薇輝石氧化後表面會出現黑色薄層，通常是錳的氧化物 (硬錳礦)。

圖為抛光後的玫瑰石卵石

台灣礦物有三寶，台灣玉、台灣藍玉髓與台灣玫瑰石。台灣產的玫瑰石主成分為薔薇輝石、石英、菱錳礦與硬錳礦，次要礦物還有錳透輝石、方解石、白雲石等礦物組成。台灣玫瑰石最大的特色除了有紅、白、黃和黑等色澤相間，構造作用產生的皺褶與紋理造成台灣玫瑰石的切面有如山水畫般美麗，玫瑰石與台灣玉、藍玉髓也成為大陸遊客來台購買紀念品的首選。

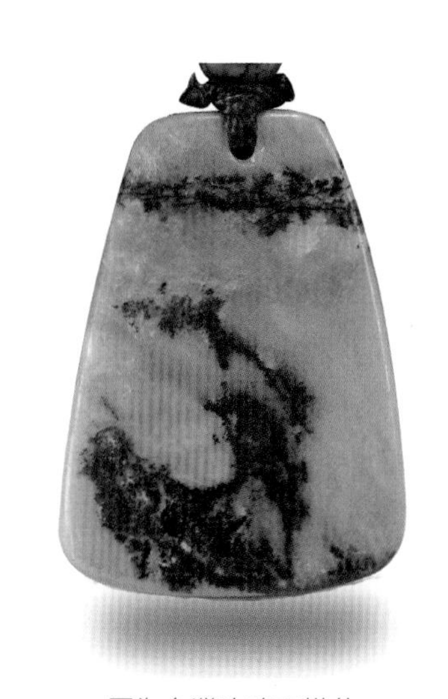

圖為台灣玫瑰石掛件

薔薇輝石物理化學性質

晶系：三斜晶系	折射率：1.733~1.747 點讀 1.73
硬度：5.5~6.5	雙折射：0.010-0.014
比重：3.4~3.7	螢光：無螢光
光澤：玻璃光澤、珍珠光澤	解理：完全柱面解理 (92 度交角)
透明度：透明至半透光	特性：桃紅色澤、解理
顏色：紅至褐紅色	仿品：少見仿品，相似於菱錳礦

薔薇輝石產地與產狀

含錳的沈積岩受到區域變質作用影響，或菱錳礦層受侵入岩漿影響產生接觸交代作用都會形成薔薇輝石。薔薇輝石有時在鐵錳礦床中與軟錳礦、輝錳礦、方解石和石英等共生，多數夾於石英片岩中，間雜黃及灰白的錳輝石、石英與錳鐵白雲石或菱錳礦等礦物。

產自俄羅斯的頂級桃紅色薔薇輝石梨型蛋面寶石

薔薇輝石廣泛分布於世界各地，如美國、巴西、澳洲、德國、俄羅斯、羅馬尼亞、瑞典、墨西哥、中國、台灣、日本、南非和坦尚尼亞等國家。

薔薇輝石鑑定、賞購與保養

薔薇輝石少見仿品，天然寶石中與之相似的僅菱錳礦，其紋理色澤與硬度差異算是很明顯的辨識特徵。挑選薔薇輝石有兩個取向，一是挑選顏色均勻桃紅，少紋少斑者，這類型的薔薇輝石在中國市場又稱為「桃花玉」、「京粉玉」。如果薔薇輝石本身紋理色斑明顯、顏色較複雜者，則可挑選其紋理如山水畫般的薔薇輝石，台灣產玫瑰石就是這類寶石之中的佼佼者，台灣玫瑰石商近年開發出一種玫瑰石板畫，很受市場歡迎。寶石蛋面等級的薔薇輝石則以均勻濃郁桃紅色為主要訴求，高等級的俄產薔薇輝石即為此類。薔薇輝石硬度與穩定性俱佳，無須特別保養。

第二十五節
方柱石 Scapolite

方柱石英文名「Scapolite」一字源於希臘文，原意是桿狀的石頭，其名稱與外型有關，因為方柱石結晶呈現正方晶系雙錐稜柱體。礦物學上方柱石其實是一種異質同構礦物，由鈉方柱石和鈣方柱石所組成。方柱石多為鈣鈉混和，化學式為 $Na_4[AlSi_3O_8]_3$（Cl，OH） － $Ca_4[Al_2SiO_8]_3$（CO_3，SO_4），自然界並沒有純鈣或純鈉所構成的方柱石。方柱石呈現明顯多色性，常見顏色有無色、粉紅、橙色、黃色、綠色、藍色、紫色和紫紅色等。方柱石若具平行管狀內含物時，磨成蛋面有貓眼效應，近年市場上出現一種棕紅色的方柱石貓眼，喜歡貓眼現象石的消費者可以考慮。

圖為橢圓形紫方柱石刻面裸石

圖為黃方柱石三角型刻面寶石

方柱石物理化學性質

晶系：晶系	折射率：1.550~1.564（±0.015）
硬度：6~7	雙折射：0.004~0.037
比重：2.60~2.74	螢光：長波強黃，短波弱黃。
光澤：玻璃光澤	解理：兩組完全解理
透明度：透明至半透明	特性：通常中至強多色性、解理
顏色：無、粉、橙、黃、綠、藍、紫、紫紅色	仿品：與堇青石及紫水晶相仿

方柱石產地與產狀

方柱石多生成於富鈣的區域變質岩 (結晶片岩) 中，也是岩漿晚期的氣成作用產物，亦常見於火成岩與石灰岩、白雲岩的接觸交代礦床中，常與石榴石、透輝石和磷灰石等共生。世界著名的產地有馬達加斯加和義大利、緬甸與巴基斯坦等國，目前巴基斯坦產出較高品質的紫色方柱石。

方柱石鑑定、賞購與保養

紫色方柱石、堇青石和紫水晶等三種寶石相仿，不只外觀相似，連性質都很接近。紫方柱石折射率通常介於 1.536-1.551，雙折射則為 0.005。紫方柱石與紫水晶可用雙折射、螢光性和比重區別；堇青石則需透過多色性、軸性或螢光的比較才能準確區別。黃色方柱石與天然黃水晶或黃綠柱石的性質也很接近，甚至比重上與水晶相似，螢光可能是最簡單的判別依據。方柱石常有管狀內含物，這也是水晶和堇青石所沒有的特徵，綠柱石則有可能出現管狀內含物。

方柱石的挑選上以目視無瑕為主，紫 - 紅色系較受歡迎。方柱石貓眼是眾多貓眼現象石中，罕見有紅色的品種，挑選上以紅色越鮮豔，且符合貓眼石品評「正、亮、直、細、活」五字口訣者為佳。方柱石硬度夠，唯韌度稍低，所以僅需避免碰撞即可。

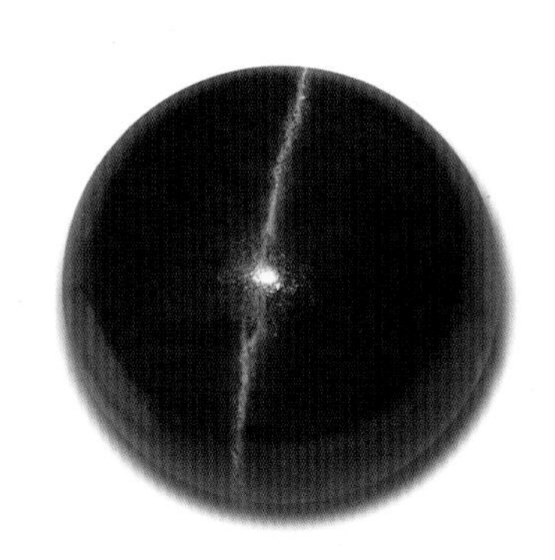

紅色方柱石貓眼圓形蛋面裸石，銳利的眼線和深韻的棕紅色使其成為獨一無二的貓眼石選擇

第二十六節
蛇紋石 Serpentine

蛇紋石的英文名「Serpentine」源於拉丁文，原意是「像蛇的石頭」，礦物學上「蛇紋石」代表一個矽酸鹽礦物群之名稱，其化學式為 $[(Mg,Fe)_3Si_2O_5(OH)_4]$。蛇紋石是由橄欖石或輝石經變質作用而產生，也是構成蛇紋岩的主要礦物。理論上約有二十多種不同性質的蛇紋石，當中僅有三種相對重要且較為人所熟知的的類別：葉蛇紋石（Antigorite）、纖蛇紋石（Chrysotile）及蜥蛇紋石（Lizardite）。蛇紋石家族之礦物大多呈暗橄欖綠色，呈蛇鱗狀外觀，油脂狀光澤，常呈現塊狀或纖維狀產出。

蛇紋石岫玉雕刻掛件

蛇紋石類自古以來即是重要的玉石品種，雖然現代寶石學將「玉」定義為硬玉和軟玉兩類，但蛇紋石可是名列中國的四大知名古玉 (軟玉 - 和闐玉、蛇紋石 - 岫岩玉、綠松石與獨山玉)。據考證「葡萄美酒夜光杯」句中的夜光杯就是用祁連山所產的蛇紋石玉製成，該產地蛇紋石又稱為「祁連岫玉」或「酒泉岫玉」。不同產地所產出的蛇紋石地方玉石常有不同的商業名稱，陝西藍田產的蛇紋石化大理岩玉

印度所出產的綠蛇紋石蛋面有如老坑冰種翡翠般的色澤外觀

被稱為「藍田玉」；遼寧岫岩所產的稱為「岫玉」；廣東所產稱「信宜玉」；紐西蘭產的蛇紋石多稱為「鮑文玉」；美國賓州產的蛇紋石稱為「威廉玉」等；台灣產的微透墨綠色蛇紋石則被業者稱為「台灣墨玉」。目前市面上有一種新產地印度所出產的寶石級蛇紋石顏色濃綠且透明，外觀與翡翠相似，濃綠的色澤與冰種翡翠的外觀使其有機會成為寶石界新寵。

蛇紋石物理化學性質

晶系：單斜晶系	折射率：1.55~1.56
硬度：5~5.5	雙折射：0.001
比重：2.6~2.8	螢光：無螢光
光澤：玻璃至油脂	解理：無解理
透明度：通常不透明至半透明	特性：通常帶有磁性、硬度低可入刀 .001
顏色：淺至深綠、黃綠、黃色	仿品：少見仿品

蛇紋石產地與產狀

蛇紋石是相當常見的變質礦物，只要是富含鎂的基性或超基性岩石(含有橄欖石、角閃石或輝石等)，經變質作用，很容易轉變成蛇紋岩，在蛇紋岩中，蛇紋石常與磁鐵礦、鉻鐵礦或菱鎂礦等共生。寶石級的蛇紋石礦床成因有部分來自富含鎂的碳酸岩質沈積岩，因為岩漿岩體侵入，同時大量含有二氧化矽的火山熱液滲入，產生接觸交代作用而形成，最著名的岫岩產蛇紋石玉即是此成因。

印度產綠蛇紋石的枕墊形蛋面

蛇紋石類玉石在世界各地都有產出，著名產地如美國賓州、紐西蘭、印度、中國和台灣等。由於中國玉文化的發展甚早，各地產出的地方玉經考證有很多屬於蛇紋石類，如廣東 - 信宜玉、青海 - 祁連玉（又酒泉玉）、遼寧 - 岫岩玉等。台灣產蛇紋石早期多作為建材、雕刻材料或鎂肥原料，近年發現外觀微透的台灣墨玉較一般的蛇紋石有更高的經濟價值，適合製成雕刻或飾品。

蛇紋石鑑定、賞購與保養

蛇紋石本身價格較硬玉與軟玉低，所以較少見仿蛇紋石的情形，反之蛇紋石本身多作為軟玉與硬玉的仿品。其與軟玉、硬玉最大區別在於，蛇紋石比重明顯偏低，且硬度低，鋼刀可入刀，通常還帶有弱磁性 (硬玉和軟玉多不帶磁性)。

蛇紋石多以聚晶產出，硬度僅 5.5 且質地較脆，作為雕刻件其低硬度與低韌度大大限制了雕刻的精細度與物件強度，相對的蛇紋石類玉石很適合作為蛋面或厚實的掛把件。遼寧岫玉透明度高，顏色偏淡，屬黃綠色系；祁連玉與台灣墨玉顏色為深綠色，且富含磁鐵礦和鉻鐵礦等雜質，以斑塊、斑點分布於蛇紋石內；紐西蘭產的鮑文玉顏色深綠偏黃，但是多紋多裂；印度產的蛇紋石，市場上稱之為「印度岫玉」或稱「硬綠蛇紋石」，其透明度高，顏色濃綠，外觀與老坑翡翠有七分神似。挑選上，不同產地蛇紋石各有其特色，原則還是以透明度高、雜質少、顏色濃綠者為佳。蛇紋石硬度較鋼製品稍低，保養上僅需注意避免物件與鋼製品刮擦或碰撞即可。

遼寧岫岩所產的蛇紋石 - 岫玉雕件

第二十七節
閃鋅礦 Sphalerite

閃鋅礦是含有鋅和鐵的硫化物礦物[ZnS]，晶形常為四面體錐狀。理論上純的閃鋅礦應近於無色，但隨著鐵含量增加，顏色會呈現淡黃至褐黃，甚至深棕至黑色。工業上，閃鋅礦是提煉鋅的最重要礦物原料，閃鋅礦因為硬度不高反而少用於寶石，因為閃鋅礦具有鑽石般的高折射率以及色散，如果切磨得當將成為具有鑽石般閃爍光芒的稀有寶石品種。一般而言閃鋅礦的含鐵量越高，顏色越深且透明度降低，光澤可能從金剛光澤變為樹脂光澤或亞金屬光澤。

三角型車工的閃鋅礦刻面寶石

褐黃色閃鋅礦圓形明亮式刻面寶石，有如香檳彩鑽般火光閃爍，光彩奪目

閃鋅礦物理化學性質

晶系：等軸晶系	折射率：2.37~2.42
硬度：3.5~4	雙折射：無
比重：3.90~4.20	螢光：常呈現螢光與磷光
光澤：金剛、脂狀、亞金屬光澤	解理：完全菱形十二面體
透明度：透明到半透明	特性：高色散火彩、高比重、金剛光澤
顏色：無色、黃色、褐色	仿品：蘇聯鑽、相似於榍石

閃鋅礦產地與產狀

閃鋅礦主要產於接觸矽卡岩型礦床和熱液礦床中，是常見的熱液產物，常與方鉛礦共生，在地表易風化成菱鋅礦。世界知名的鉛鋅礦包括澳洲的布洛肯希爾(Broken Hill)、美國密西西比河谷與中國雲南、廣東及青海等。

水晶簇上的閃鋅礦原石

閃鋅礦鑑定、賞購與保養

閃鋅礦顏色及光澤變化大，不易肉眼觀察，但其菱形十二面體解理以及光澤外觀，仍可大致判別。閃鋅礦晶體與石榴石外觀相仿，但折光率、光澤與火彩卻完全不同。閃鋅礦硬度低且解理發達，不易保養，很少製成刻面裸石，即使是裸石也鮮少鑲製成珠寶。挑選閃鋅礦以黃色至褐紅色為首選，淨度不可太低，且透明度高者，火彩表現才會好，甚至光彩更勝於彩鑽。閃鋅礦耐久性差，宜收藏不宜配戴，鑲嵌時要注意包覆性，以免寶石碰撞刮擦受傷。

第二十八節
榍石 Sphene/Titanite

三角型混合式榍石刻面裸石

榍石的英文名「Sphene」起源希臘文的「楔」，這是因為它的板狀楔形晶體而命名，且因為榍石為鈣鈦矽酸鹽 [$CaTiSiO_5$]，成分中含有鈦元素 (Titanium)，所以也另稱為「Titanite」(市場上匿稱為鈦石、泰坦石)。榍石為單斜晶系，晶形多以單晶體出現，顏色有黃、褐、綠、黑和紅等色。

圓形混合式榍石刻面裸石

榍石算是稀有寶石之一，因為具有高折射率與高色散，刻面榍石亮度高且火彩強，常顯現金剛光澤，外觀上與鑽石、鋯石等寶石相似，一般被稱作「平民的彩鑽」。榍石的七彩火光更勝鑽石，亮度閃光也不亞於鑽石，唯獨硬度僅有 5 這點差強人意，對藏家而言，一顆美麗且克拉數夠大的榍石，也是彩鑽以外最絢爛的藏品。榍石硬度不高，不易加工，某種程度上也是造成優質刻面榍石稀缺罕見的原因。

榍石物理化學性質

晶系：單斜晶系	折射率：1.89~2.02
硬度：5	雙折射：0.130
比重：3.45~3.55	螢光：無螢光
光澤：金剛光澤、油脂光澤	解理：柱面解理發達
透明度：透明至半透明	特性：雙折射與色散強、金剛光澤
顏色：黃色、綠色、橙色、無色、少見紅色	仿品：蘇聯鑽、相似於閃鋅礦

榍石產地與產狀

原生榍石主要產於變質礦床中的片麻岩和片岩類，或是內生礦床的偉晶岩花崗岩中，寶石級的晶體常來自沖積砂礦。榍石是自然界中鈦含量極高的礦物，可作為煉鈦的主要原料。主要產地有俄羅斯、加拿大、巴西、墨西哥、馬達加斯加、奧地利和瑞士。

榍石鑑定、賞購與保養

榍石與鋯石、天然鑽石、合成方晶鋯石、合成金紅石或合成碳矽石等寶石相似，最簡單的區別方法在於雙折射和色散火彩。鑽石與方晶鋯石因為是單折射，顯微鏡下沒有雙重稜線影像；鋯石雙重影尚算明顯，但色散火彩及雙重影像皆不如榍石；合成金紅石雙重影及火彩都比榍石更強；合成碳矽石的雙重影不如榍石明顯，但火彩較榍石強。

	榍石	鑽石	鋯石	合成方晶鋯石	合成金紅石	合成碳矽石
成分	$CaTiSiO_5$	C	$ZrSiO_4$	ZrO_2	TiO_2	SiC
折射率	1.89-2.02	2.42	1.92-2.01	2.15	2.60-2.90	2.65-2.69
雙折射	0.130	無	0.050	無	0.29	0.04
色散	0.051	0.044	0.039	0.065	0.28-0.30	0.104
比重	3.45-3.55	3.52	4.69	5.40	4.22	3.22
硬度	5	10	7.5	8.5	4.5	9.5

榍石的特色就在於像彩鑽般的七彩斑斕閃爍，通常要挑選淨度高、車工與拋光光澤好的寶石，才可凸顯此一特色。顏色上紅色較為少見，常見為黃色與綠色，色彩以鮮豔飽和者為首選。如果榍石顏色太暗，淨度不佳且磨光光澤不好，很容易由金剛石光澤變為油脂光澤，失去了閃爍的亮光與七色火彩，榍石就不再美麗。榍石可透過熱處理改色為橙至紅色，一般而言榍石仍多無優化處理。高品質的榍石只要超過 2 克拉就算少見，5-10 克拉已經很稀有。榍石硬度較低，若需配戴應避免製成戒指，並採包覆性較好的鑲嵌方式，以減低寶石磨損機率。

第二十九節
鋰輝石 Spodumene

濃郁的紫鋰輝石橢圓形刻面寶石

鋰輝石的原文 Spodumene 一詞來自希臘文，意指「燒成灰燼」，因為首次發現的鋰輝石外觀顏色像灰燼而得名。鋰輝石為鋰矽酸鹽 [$LiAlSi_2O_6$]，是自然界中少數富含「鋰」元素的礦物，透明到半透明的鋰輝石晶體為一常見的寶石品種，其常見顏色有粉紅色到淡紫色、淡綠至翠綠色、無色與黃色。鋰輝石的寶石類別分為三大類：粉紅或紫色的稱為紫鋰輝石 (Kunzite，又音譯為孔賽石)；綠色的稱為翠綠鋰輝石 (Hiddenite，音譯為希登石)；黃色的稱為金黃鋰輝石 (Triphane，音譯為彩菲石)。寶石級鋰輝石通常為粉紅至紫色，綠色較為少見，且多數的綠色鋰輝石是淡色調的綠色或黃綠，天然濃綠色的翠綠鋰輝石極為稀少。正因為鋰輝石的顏色通常較淡，且多色性強，以致鋰輝石的刻面寶石正面通常不易顯色，顏色亮麗、高品質的鋰輝石非常難得。近年來拜國際珠寶品牌蒂芬尼 (Tiffany) 推廣所賜，紫鋰輝石以其迷人的粉紫色流行於市場，極受消費者青睞。

鋰輝石物理化學性質

晶系：單斜晶系	折射率：1.660~1.675
硬度：6.5~7	雙折射：0.015
比重：3.15~3.20	螢光：長波下橙至黃色螢光
光澤：玻璃光澤	解理：完全柱面解理
透明度：透明至半透明	特性：受酸可腐蝕，易熔融
顏色：白、黃、綠、粉紅至紫色	仿品：合成剛玉、蘇聯鑽、玻璃。

鋰輝石產地與產狀

鋰輝石生成的地質條件特殊，只產於富鋰之偉晶花崗岩中。雖然產出條件特殊，但是偉晶岩礦床常可產生巨大的寶石級晶體，世界上曾經出產最大的鋰輝石為美國黑山 (Black Hills) 所出產的晶體，全長 14 公尺重約 90 噸。

翠綠鋰輝石梨形刻面寶石

寶石級鋰輝石的主要產地在馬達加斯加、巴西、緬甸和阿富汗。紫鋰輝石，首次發現是在美國康乃迪克州，後來在加州聖地牙哥郡哈利爾特 (Heriart) 山的礦區中發現寶石級紫鋰輝石。黃色鋰輝石主要產於巴西，加拿大、俄羅斯、墨西哥和瑞典也都有產出。

鋰輝石鑑定、賞購與保養

觀察通常會發現寶石的正面就可見兩種顏色，這點與其他仿品很容易區別。鋰輝石較少見天然仿品，主要的仿品是合成剛玉、合成方晶鋯石 (蘇聯鑽) 與人造玻璃。合成剛玉放大鏡下常可見生長弧線與氣泡；蘇聯鑽因高比重而掂重手感極易區分；玻璃則是常見氣泡或流紋。即使放大鏡下沒有特徵，前述仿品在折射率、比重、多色性等寶石學特徵上還是很容易區別。

金黃色鋰輝石刻面寶石

以 4C 準則挑選鋰輝石需注意淨度，建議以鏡下無瑕為佳，退而求其次也需目視無瑕，因為鋰輝石具有完全解理，內含物越多，寶石不僅不美觀且強度易受影響。鋰輝石的顏色不穩定，加熱或照射紫外線有可能褪色，通常天然顏色較人工優化改色的鋰輝石穩定，通常不論紫、綠或黃，顏色最好挑選中等淡色調以上天然致色的鋰輝石。鋰輝石小於十克拉者頗為常見，所以小克拉數收藏性較低。鋰輝石的車工需注意寶石的深度不可太淺，過淺則火光差且顏色淡，另外，寶石正面需能顯色，因其強多色性，鋰輝石若切磨方向不正確可能導致正面看幾乎無色。

鋰輝石的保養要注意兩點，一是顏色穩定性，二是完全解理的影響。因為鋰輝石顏色不穩定，要避免長時間日照曝曬或人為的加熱，以免褪色，這也說明了為何人們稱鋰輝石為「夜晚的寶石」。完全解理的鋰輝石極易破碎，即使無瑕的寶石都要小心碰撞，目視微瑕或重瑕的寶石則硬度更低。

第三十節
杉石 / 鋰鈉大隅石 / 舒俱來石 Sugilite

杉石薄片製成的墜飾

杉石（Sugilite）是由日本岩石學家杉健一所發現，故以杉健一的姓氏發音(Sugi)命名為杉石，至1974年杉石才確認為全新的礦物種，其化學式為[$KNa_2(Fe,Mn,Al)_2Li_3Si1_2O_{30}$]，GIA美國寶石學院將杉石音譯為蘇紀石，市場上一般多音譯為舒俱來石或蘇紀石，台灣教育部編定之標準名詞為鋰鈉大隅石。杉石具有相當美艷的紫色，既有淡雅如薰衣草色，也有濃豔紫羅蘭色，算是紫色寶石中相當受歡迎的品種。杉石首次發現於日本瀨戶內海的岩城島，但是最重要的寶石級杉石產地是南非開普省（Cape Province）的威塞爾斯礦場（Wessels Mine）。

杉石物理化學性質

晶系：六方晶系	折射率：1.607~1.610
硬度：6~6.5	雙折射：0.003
比重：2.74	螢光：無螢光
光澤：玻璃 - 油脂光澤	解理：聚晶不顯示解理
透明度：半透明至半透光	特性：常與石英共生
顏色：紫、白色	仿品：染色石英岩、與紫矽鹼鈣石相仿

杉石產地與產狀

市面上的杉石多為含錳杉石與其他礦物的聚晶集合體。寶石級杉石多產於南非威賽爾斯礦場附近的錳礦層中，該礦產出約僅 10 噸左右的杉石原礦。除了最重要的南非威賽爾斯礦以外，在加拿大魁北克省的聖希萊爾山（Mont Saint-Hilaire）及澳洲新南威爾斯等地也都產出杉石。杉石豔麗的紫色是由於杉石中含有約 1-3%不等的氧化錳，實際上該地產出的杉石有兩類，一類主要由含錳杉石與少量雜質礦物所構成，另一類則是含錳杉石混合大量的石英玉髓類礦物。

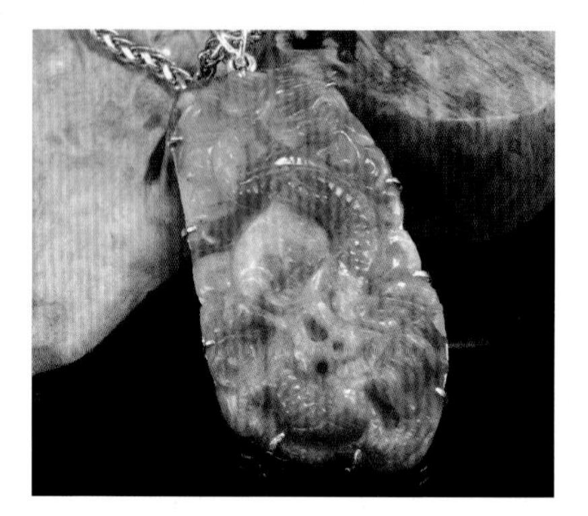

杉石雕刻掛件

杉石鑑定、賞購與保養

眾多寶石中僅杉石具有如此濃郁而鮮豔的紫色，並不容易與其他寶石品種混淆。紫矽鹼鈣石，商業上稱為紫龍晶，算是與杉石有類似色澤的寶石，但是因其具有放射纖維狀的變晶結構，所以很容易與杉石區分。鑑定杉石時，通常會量測到石英的折射率，因為杉石常與玉髓共生。購買杉石消費者需觀察注意是孔隙中否有染料沈澱的跡象。挑選杉石以顏色均勻濃紫，微透光者為上品，完全不透明且帶有黑色或白色雜質者，價值將大打折扣。筆者曾看過高品質濃豔紫色的杉石手鐲，開價數十萬元之譜。由於杉石硬度達 6-6.5，所以配戴上並不需特別保養，但需避免溫泉浸泡或碰觸酸鹼。

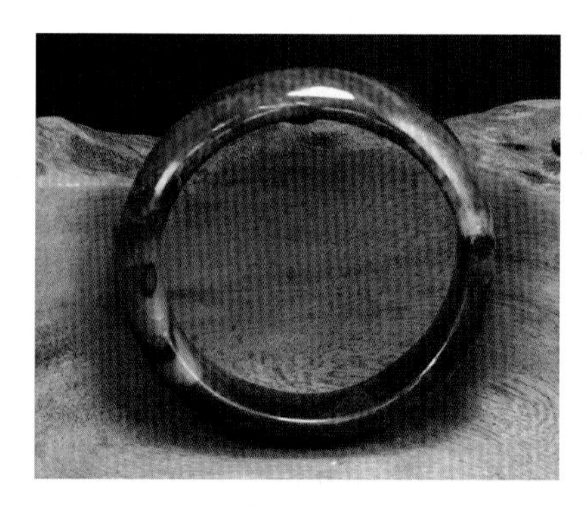

杉石手鐲

第三十一節
黃玉 Topaz

黃玉 (Topaz) 在坊間也音譯為托帕石，黃玉是十一月的生日寶石，在十七世紀時，葡萄牙國王的王冠上有一個 1640 克拉的鑽石，後人鑑定確定其為黃玉而非鑽石。黃玉為含氟的鋁矽酸鹽 [$Al_2SiO_4(F_1OH)_2$]，有多種色彩包括無色、黃色、藍色、綠色和粉紅色等。其中藍色的黃玉，通常呈現更為濃郁的天空藍或海水藍 (藍綠色)，外觀上非常像海藍寶石，價格又比海水藍寶更為親民，所以在珠寶市場上頗受歡迎。

三角型刻面天空藍色黃玉

未處理的黃玉以無色和黃色最為常見，藍色、綠色和粉紅色則極為罕見。隨著各種優化處理方法的問世，市面上多數的黃玉都有經過顏色優化而成為藍色或其他顏色的寶石。最基本的處理就是加熱處理，加熱可以改變黃玉的顏色，由無色或黃色變為藍色。以目前市場上的黃玉而言，加熱處理已漸漸被輻照處理所取代，輻照處理改色的寶石一般無法從光譜儀器或顯微鏡下得到任何可供判斷的「證據」，且由於市場上的黃玉普遍經此處理，所以也廣泛為業界所接受。有另一種覆膜處理

表面覆膜處理的粉紅色黃玉

顏色有如威士忌一般的酒黃色黃玉

(Coating) 是將紅色染料濺鍍於黃玉的亭部刻面上，將無色黃玉改成粉紅色黃玉，這種濺鍍並非永久性處理，顏色可能褪色，業者應誠實告知，消費者則不得不防。

黃玉硬度為 8，已經算是寶石中硬度高者，所以也較能抵抗石英沙塵。不過硬度雖高，黃玉本身是相當「脆」的，若外力撞擊則很容易破碎。

黃玉物理化學性質

晶系：斜方晶系	折射率：1.62~1.63
硬度：8	雙折射：0.010
比重：3.54	螢光：微弱螢光
光澤：玻璃光澤	解理：完全解理
透明度：透明	特性：平均淨度高，少包體、中比重
顏色：無、黃、藍、綠和粉紅色等	仿品：合成尖晶石、合成剛玉、常拿來仿鑽石原石

黃玉的產地與產狀

原生的寶石級黃玉主要產於偉晶岩礦床、高溫氣液礦床與矽卡岩型礦床中，因為具有相對高硬度 (莫氏硬度 8)，也常以寶石礫形式產出於沖積砂礦中。世界上有九成黃玉產於巴西的偉晶岩礦床，算是寶石級黃玉的重要產地，且偉晶岩產出的黃玉晶體相對巨大，最高紀錄曾有上百公斤重的透明黃玉單晶產出。此外，黃玉也產於許多國家，如斯里蘭卡、俄羅斯、美國、英國、緬甸與中國等。

黃玉的鑑定、賞購與保養

黃玉也算是相對平價的寶石品種，所以仿冒品除蘇聯鑽或合成鈷尖晶石以外就相對少見，所以市面上較少見假黃玉贗品。現在的寶石黃玉多為藍色，通常是輻照處理改色或熱處理改色黃玉。作為刻面的寶石級黃玉一般淨度較高，內含物 (包體) 較少，寶石澄清而透明。

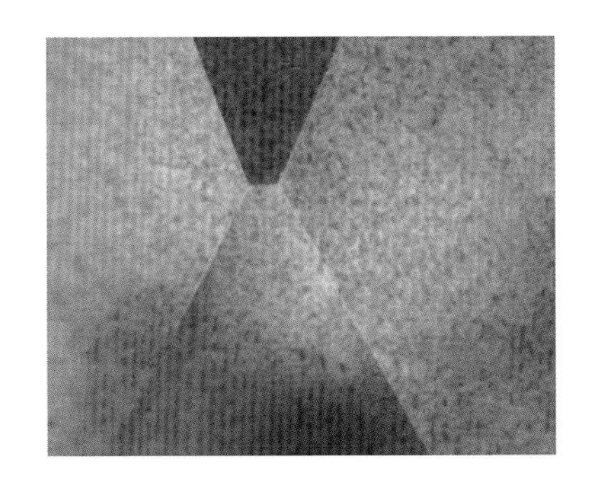

覆膜處理粉紅色黃玉亭部表面在顯微鏡下可見許多點狀紅色染料沉澱

黃玉的挑選很單純，由於顏色多半都是處理改色，所以挑喜歡的色系或色調即可，天空藍是淡綠藍色、海水藍則是比天空藍更顯綠、瑞士藍是較濃豔的綠藍色、倫敦藍是深且帶灰的綠藍色，因為此色有如霧霾籠罩之倫敦上空，所以稱為倫敦藍。以顏色挑選之，藍色黃玉最受歡迎的是瑞士藍;黃色黃玉以黃帶橙者最為稀有，稱為「帝王黃玉」(Imperial Topaz)，退而求其次可挑選如雪利酒般褐黃的酒黃色黃玉；天然粉紅色黃玉相當罕見，若有明顯粉紅色者可謂珍品。黃玉的克拉數大小對價值影響不大，即使上百克拉的全美黃玉都不難見到，因此購買黃玉寧挑選顏色好、淨度全美與火光佳，反而不需太在意克拉數。

濃而豔麗的瑞士藍階式刻面黃玉

濃而偏灰的倫敦藍色黃玉

因為解理發達，黃玉刻面的淨度要求較多數寶石更高，任何的內部缺陷或表面瑕疵都會造成寶石更容易毀損破裂。在 GIA 美國寶石學院的分類當中，黃玉屬第一類淨度寶石，通常肉眼看不到內含物雜質。黃玉較脆，所以在放置的時候應避免多顆黃玉放在一起，因為相互碰撞會使黃玉表面或稜線破碎。另外在鑲嵌時可能必須考慮包覆性，避免讓寶石凸出於鑲台之外，以防碰撞損毀。

第三十二節

綠松石 Turquoise

綠松石這個名詞對大家來說可能比較陌生，但是它的英文譯名「土耳具石」就很常見。相傳古代波斯以出產綠松石聞名，且多經土耳其運往歐洲，所以綠松石才命名為土耳其石 (Turquoise)。市場上也有人稱土耳其玉，此寶石算是最早被人類開發的寶石之一。綠松石是銅鋁磷酸鹽 [$CuAl_6(PO_4)_4(OH)_8 \cdot 5H_2O$]，在顏色上主要以深藍色至淺藍色甚至藍綠色為主，含銅量和含鐵量的多寡就是影響綠松石成為偏藍色或是偏綠色的主因。

綠松石鑲嵌於和闐白玉上所製成之飾品

鐵線松石拋光原石

綠松石在很多國家是歷史文化典故深厚的寶石，像印地安人就以綠松石來象徵藍色的海洋和天空，其他地區像是波斯、埃及也都有綠松石的文物飾品出土。另外，綠松石也是中國古代四大名玉之一 (和闐玉、岫玉、獨山玉、綠松石)，台灣的寶石研究前輩，台大地質系譚立平教授認為中國古代的和氏璧很可能是綠松石。綠松石的品質最高者呈現如瓷器般質感，細膩而平滑，顏色天藍，稱為瓷松石；若松石上滿佈蜘蛛網狀泥質黑線，市場上又稱為鐵線松石。美國睡美人礦所出產的松石因其質地細緻如美女肌膚一般，以睡美人松石揚名世界。

綠松石物理化學性質

晶系：三斜晶系	折射率：1.61-1.65
硬度：5~6	雙折射：0.040
比重：2.4~2.8	螢光：長波淡綠色到藍色
光澤：蠟質光澤到半玻璃質光澤	解理：無解理
透明度：不透明	特性：表面常有泥質黑線
顏色：天空藍、藍綠色	仿品：吉爾森綠松石、染色軟硼鈣石、染色菱鎂礦

綠松石的產地與產狀

綠松石產生於風化殼型外生礦床，是含磷與銅硫化物受風化作用與淋餘作用而產生。綠松石的圍岩通常為含有磷的酸性火成岩或沉積岩。世界著名的綠松石產地為伊朗，產出最優質的瓷松石和鐵線松石，被稱為波斯綠松石。除此之外，美國、中國、埃及、墨西哥、阿富汗、印度等國均產出綠松石。中國是綠松石的重要產出國之一，湖北、安徽、陝西、河南等省分均出產綠松石。

綠松石鑑定、賞購與保養

綠松石賞購挑選時要注意，顏色呈現天空藍，且質地緻密者為佳，雜質和泥質黑線越多，價值越低。仿贗品鑑別需注意，除了有吉爾森合成綠松石之外，市面上最常見的仿品是染色的羥基硼鈣石（又

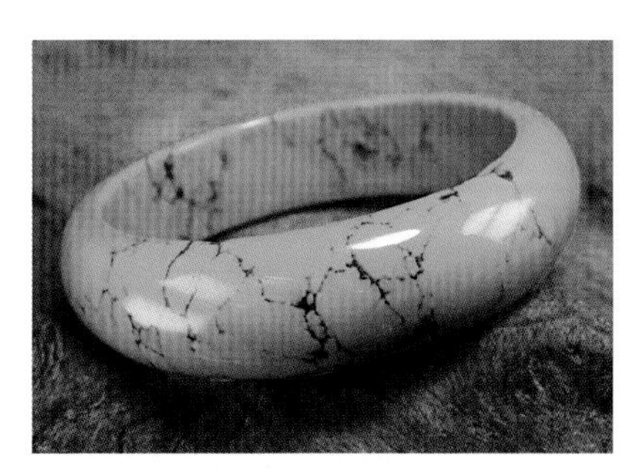

染色菱鎂礦仿綠松石手鐲，外觀與鐵線松石極為相似

稱為軟硼鈣石、美國松石）或染色菱鎂礦（白松石）。羥基硼鈣石與菱鎂礦都具有深灰色線條紋理，與綠松石的黑色線條有異曲同工之妙，且疏鬆多孔易於染色，部分仿品連鑑定師都難以辨別。

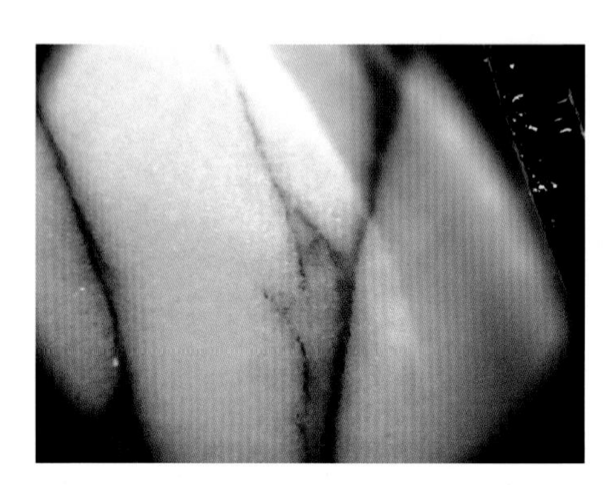

顯微鏡下觀察合成綠松石的糜狀結構

合成的吉爾森綠松石的比重為 2.70，折射率為 1.60，顯微鏡下有如煮爛的麥片糊般的「糜狀結構」可為辨識特徵；羥基硼鈣石或染色菱鎂礦在查爾斯濾色鏡下通常呈現粉紅色，綠松石則否。綠松石有一種特殊的優化處理稱為札卻瑞處理 (Zachery Treatment)，在綠松石表層上膠，有固色及增豔的效果，經過處理的綠松石其表面裂紋顏色較深，且顏色多呈現知更鳥蛋的顏色。

綠松石含水、多孔，在配戴時須注意避免與污水或帶有色素之液體長期接觸，另外綠松石也應避免陽光曝曬或溫泉浸泡。其硬度不高，所以也應避免磨損，在配戴時也小心汗液長時間浸濡。

第三十三節
鋯石 Zircon

稱為鋯石的礦物提供了一整套色彩的寶石，其成分為矽酸鋯 [$ZrSiO_4$]，色彩範圍由無色經黃、紅、橙、褐、微黃綠、鮮明葉綠、暗綠至一種天空藍色。鋯石又稱做風信子石，是國際上相當受歡迎的一種寶石。由於鋯石是天然寶石中少數幾種具有金剛至亞金剛光澤的寶石 (折射率超過 1.8)，所以刻面鋯石的火光及亮度表現極佳，僅略遜於鑽石，色彩又相當豐富。市場上鋯石常跟鼎鼎大名的蘇聯鑽合成寶石相混淆，蘇聯鑽成分為立方晶系氧化鋯石，又稱為方晶鋯石，但是常被以「鋯石」之名銷售，誤導消費者，實有詐欺之嫌。

稀少的紫紅色鋯石枕墊形刻面寶石

藍色和無色的鋯石在自然界中產出，但是產量較少。早在一百多年以前便有人把無色鋯石當作鑽石之替代品，鋯石經熱處理有機會變成藍色或無色，鋯石雖可改色但有時因產地而異，並不意味所有產地的鋯石均可改色，不同產地原石的改色效果也不相同。

鋯石依其性質可區分為三種不同的類型：高型鋯石、低型鋯石及中型鋯石等，因為鋯石中常富含放射性元素，放射線導致鋯石產生輻射變晶，折射率比重等性質變異大，比重、折射率與色散等性質較高者為高型鋯石，低型鋯石則反之。鋯石的商業價值除用作寶石外更是耐火材料(氧化鋯)、陶瓷材料及金屬鋯的來源。

鋯石物理化學性質

晶系：正方晶系	折射率：高型 1.92~1.98，低型 1.78~1.82
硬度：一般 7~7.5，低型 6	雙折射：高型 0.059，低型 0.005
比重：高型 4.6~4.8 低型 3.9~4.1	螢光：高型 - 紅色螢光
光澤：金剛光澤	解理：無解理
透明度：透明	特性：紙蝕現象、強雙重影、高比重
顏色：無、黃、紅、橙、褐、微黃綠、鮮明葉綠、暗綠、天空藍色	仿品：蘇聯鑽、相似於榍石或閃鋅礦

鋯石分類

1. 高型鋯石

從寶石的商業價值來看，高型鋯石是鋯石中最重要的類型。這種鋯石主要產自柬埔寨和泰國，從沖積礦床中產出的鋯石晶體多淺黃、褐色及紅褐色，經加熱處理後出現無色、藍色和金黃色。

天然黃褐色緬甸產鋯石刻面寶石

熱處理改色的藍色鋯石刻面寶石

熱處理大體上是將晶體放入封閉的耐火坩鍋，再把坩鍋放入爐子裡加熱，爐子上方有通風口和高溫計。第一步熱處理要使爐子內部成為一減壓的還原環境，第二步則是使爐內產生氧化環境。第一步可使大部分的鋯石變成藍色，而第二步則可造成無色、黃色、橘黃色等等。有時可反覆進行直到顏色滿意為止。經過熱處理的鋯石在稜角與表面易產生碎裂和小坑。

2. 低型鋯石

綠色鋯石橢圓形刻面寶石

寶石級的低型鋯石只出產於斯里蘭卡，晶體呈卵石狀沒有任何晶面，常見有綠色及灰黃色，時常伴有雲狀之包裹體。由於錫蘭的鋯石僅並非主要有價值之寶石，多作為其他珍貴寶石礦產開採時的副產物。

3. 中間型鋯石

目前中間型鋯石據知唯獨斯里蘭卡有產，它的物理性質，光學性質均介於高型和低型間故謂之。比重較近於高型者其折射率及雙折射率亦較高。中間型若加熱至 1450℃左右會越趨近於高型鋯石，部分鋯石會有高型鋯石的特徵及光性。

關於三類鋯石之成因，有一說法乃是認為高型鋯石即是完全結晶的矽酸鋯，而低型則是從原本之高型內部晶格構造受到破壞使部分轉變為非晶質矽酸鋯。此種破壞可能是由於 α 粒子 (氦核) 的摧毀，而該粒子可能來自鋯石內部的放射性元素像鈾或釷，絕非短時間可完成，若時間不夠長則成為不高不低的中間型鋯石。

鋯石因為具有輻射變晶，所以在比重和很多性質上都有變異，尤其是高型鋯石和低型鋯石。

鋯石的產地和產狀

鋯石是各種火成岩中的常見礦物，寶石級的鋯石主要來自於偉晶岩礦床。鋯石硬度高且化學穩定性高，沖積砂礦床中可大量富集鋯石晶體。世界上重要的寶石級鋯石，產於斯里蘭卡、俄羅斯、澳洲、挪威、越南、柬埔寨、緬甸、泰國、坦尚尼亞等地。斯里蘭卡與緬甸是寶石級鋯石的重要產地。

鋯石的鑑定、賞購與保養

鋯石最常見的贗品就是以「人造鋯石」為名招搖撞騙的立方晶系氧化鋯石，俗稱「蘇聯鑽」。天然鋯石屬矽酸鋯，為強雙折射寶石，人造的蘇聯鑽為氧化鋯，且屬單折光寶石。雖然兩者的折射率都頗高，亮度、火彩相近，但放大鏡下觀察，鋯石具有稜線雙重影像，而蘇聯鑽則無，利用這點即可辨別真偽。另外，蘇聯鑽的比重遠比天然鋯石為高，掂重手感極沈重，不難辨認。

鋯石的色彩眾多，天然顏色以紅色和藍色鋯石較為珍貴，無色次之，黃色與綠色鋯石較為常見。鋯石的車工有其講究之處，桌面應該垂直於光軸，因其強雙折射會導致雙影，若大克拉數的鋯石雙影會使底部刻面影像不對稱，視覺上造成車工缺陷的錯覺。鋯石在收藏上應避免多顆鋯石放在一起，因為鋯石常見紙蝕現象，鋯石彼此間的刮擦會使刻面邊緣容易毀損，除此之外無須特別保養。

第三十四節
天然印石 Seal Stones: 壽山石、青田石、雞血石與其他地方印石

有別於西方寶石學以單晶寶石為主體，我國相當重視作為印材之用的聚晶寶石，上至王侯將相的璽印，下至市井小民的私章，多選用自古以來有名的印材石品種。在眾多印石中，最經典而重要的種類如壽山石、雞血石、青田石，除了此三類以外，也不乏其他品種的地方印石，甚至最新發現還未列於書籍之上的特殊石種。

市場上，印石的品種分類多依據印石的產地和產狀為之，不同類的印石縱無法全然以礦物成分做為分類依據，但可確定的是現代的印石分類方法，主要是以礦物組成成分正確為前提，再進一步根據該石種的產狀以及色、透、形、皮、紋和筋等要素區分之。色指顏色、透指透明度、形指原石形狀、皮指原石外皮、紋指印石紋理、筋則是指裂隙鐵染的現象。由於傳統儀器或肉眼辨識時常對這些印石品種造成誤判，而各種高階儀器也都有其適用性與優缺點。

壽山石種類與鑑定

「壽山石」是指出產於中國福建省福州市郊北部的壽山鄉，享負盛名的印材石種。過去，壽山石品種主要根據產地的產狀、地名或礦洞名為之，例如：洞採山坑石直接開採於礦洞中的原生礦脈；水坑石則指該石產於坑頭山中具有地下湧水的礦坑；田坑石則指產壽山溪旁水田裡零散的壽山石。以現代科學檢驗的觀點而言，採用產狀、產地或外觀作為品種命名歸納依據較不嚴謹且可能因人為觀點不同產生錯誤判斷。

中國寶石學系統對於壽山石的描述，壽山石根據其礦床成因與產狀分類，現今的研究再輔以礦物組成分類，可更準確界定壽山石的次品種(商業分類)。

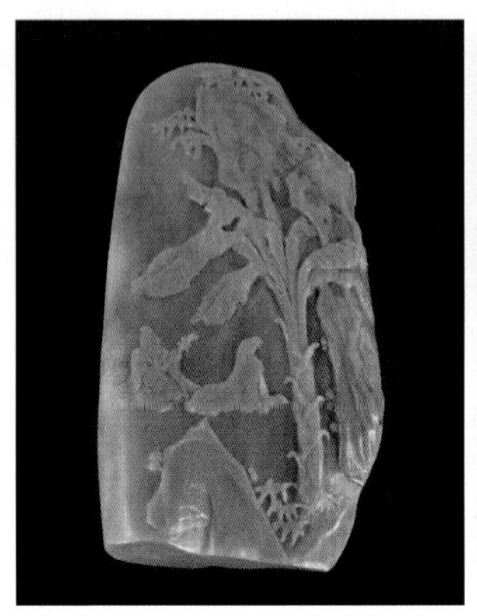

葉蠟石質的壽山石雕刻擺件

分類	礦床成因	礦物組成產狀類型	常見類別
田坑石	次生礦類型	地開石類(田坑石)	田黃石、白田石、紅田石、黑田石
水坑石	原生礦類型	地開石類(洞採水坑石)	坑頭石
	次生礦類型	地開石類(掘性水坑石)	掘性坑頭石
山坑石	原生礦類型	地開石類(洞採山坑石)	高山石、都成坑石、善伯洞石等
		葉蠟石類(洞採山坑石)	芙蓉石、老嶺石、馬頭崗石等
		伊利石類(洞採山坑石)	連江黃石、山仔瀨石
	次生礦類型	地開石類(掘性山坑石)	掘性高山石、掘性都成坑石、掘性善伯洞石等
		葉蠟石類(掘性山坑石)	掘性老嶺石、掘性馬頭崗石等
		伊利石類(掘性山坑石)	掘性連江黃石、掘性山仔瀨石等

壽山石類中最負盛名的是田黃石，而田黃石的各種仿贗品也充斥於市面。除了性質成分相近的仿品，更甚而有許多性質成分皆異僅外觀相似的仿贗品。由於傳統的寶石鑑定方法如折射率測試、比重、硬度、偏光器測

試與紫外線螢光測試等不易清楚區別這些仿贗品以致於常發生誤判品種。

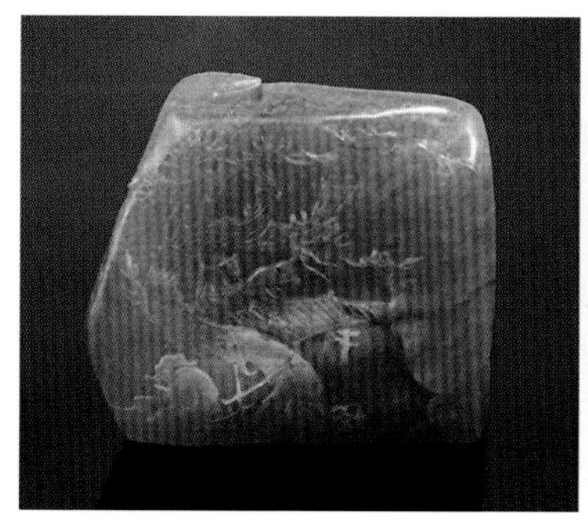

成分為地開石的壽山田黃石（左），與同為地開石的壽山杜陵石（右）

田黃常見仿品材質很多，以性質成分相近的材質而言，如青田石、昌化石等，若是外觀硬度相似但成分差異大的品種至少有青海石 (石膏)、遼石 (斜綠泥石)、黃蠟石 (石英)、台灣金田黃 (錳方解石)、滑石與絹雲母等，非天然的材質則有塑膠仿品等。由於上述材質的硬度除石英外都介於 2-3 左右，因此以是否入刀檢驗之僅可區別石英類仿品。

由於田黃與仿品雖在成分上不同，但卻具有相近的物理性質，因此以傳統寶石學方法則不易鑑別。鑑定所在實務上需要倚靠拉曼光譜或 X 光螢光光譜儀等儀器才能準確區分不同成分的各種印石。

品種 / 成分	透明度	外觀光澤	折射率 點測法	密度	莫氏 硬度
田黃 (地開石)	半透明 - 不透明	玻璃 - 蠟狀	1.56-1.57	2.57-2.68	2.5-3
青田石 (葉蠟石)	透光 - 不透明	蠟狀	1.56-1.57	2.65-2.9	2-3
青海石 (石膏)	透明 - 半透明	玻璃狀 - 脂狀	1.57-1.61	2.8-3	2-3
遼石 (斜綠泥石)	半透明 - 半透光	玻璃狀 - 土狀	1.57	2.6-3.4	2-3
台灣金田黃 (錳方解石)	半透明 - 透光	玻璃狀 - 蠟狀	1.48-1.66 (平均 1.57)	2.71	3

黃蠟石（石英）	透光 - 半透光	蠟狀	1.54-1.55	2.60-2.65	7
絹雲母	透光 - 不透明	玻璃狀 - 脂狀	1.55-1.61	2.2-3.4	2-3
滑石	半透明 - 透光	蠟狀 - 脂狀	1.54-1.59	2.3-2.8	1-2

傳統儀器鑑別方法中，折射率由於多使用點讀法測量，只能求得點讀折射率，缺點是誤差大而不精確，且無法讀出雙折射率加以佐證，再者印石的表面拋光狀況會對量測準確性產生影響，更重要的是上述印石仿品幾乎折射率讀值都落在 1.56-1.57，更是難以區別。比重相對於折射率在印石品種鑑別上似乎更為有效，但印石不像寶石，不但比重受成分變異影響大，印石太大可能無法用靜水稱量法測試比重。硬度測試通常可輕易分辨硬度較高的石英玉髓類仿品，其他種類則由於相對硬度很接近而無法辨識，且硬度測試屬破壞性測試，鑑定過程是否可做硬度測試需視情況而定。鑑定田黃或壽山石的未來趨勢必然是透高階儀器方法對於成分先做準確的辨識，再進一步判斷壽山石的產狀、產地以及色、透、形、皮、紋和筋等要素。

雞血石種類與鑑定

雞血石與田黃壽山石並列為中國國石，雞血石定義上是指一種印石，其成分以地開石和高嶺石為基底（稱為「地」），而帶有如「雞血」般的鮮豔紅色辰砂（稱為「血」），其他的次要礦物組成為珍珠陶土、硬水鋁石、明礬石、黃鐵礦和石英等。雞血石的「地」和「血」對於其價格與品級有相當影響。

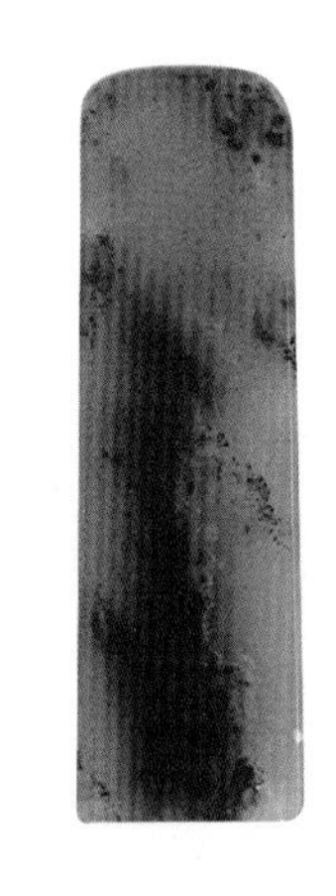
以地開石為主要成分的巴林雞血石

以地而言，若地開石和高嶺石成分含量高，質地細膩成半透明狀，則價值較高，且辰砂的比例高又分佈越均勻時，價值更高。若雞血石中含有較多的黃鐵礦或石英砂，則因其相對硬度較高而影響此石材之拋光與雕刻美觀性，以致價值大打折扣。若以產地區分，主要的雞血石品種有地差血厚的昌化雞血石，以及地好血薄巴林雞血石，不論哪類雞血石，其主要成分相去不遠，而市面上主要的雞血石仿贗品則包含石英岩、玉髓與岫岩玉(蛇紋石)，另外也有塑膠仿製品。雞血石的真偽辨識不外乎在於確認其「地」與「血」的成分以及品質，除肉眼辨識其品質以外，基本的前提是無損且快速確認地與血的礦物組成，以市面上常見的雞血石仿贗品而言，大半成分上與天然雞血石完全不同。

青田石種類與鑑定

青田石產於浙江省青田縣故得名為青田石，與壽山石、雞血石並列中國歷史上著名的印材與玉雕名石。青田石的主要礦物成分有葉蠟石、地開石、高嶺石、伊利石與絹雲母等，一般依據礦物成分區分為兩大類：葉蠟石型與非葉蠟石型青田石。葉蠟石為主成分的青田石，透明度差，蠟狀光澤很明顯，常見品種例如封門青；以地開石為主要成分的青田石一般具有較高的透明度且質地細膩，常見品種如冰花凍；伊利石為主的青田石結構緻密且溫潤，常見如龍蛋石。青田石的礦物成分較壽山石為複雜，但仍以葉蠟石型為主。

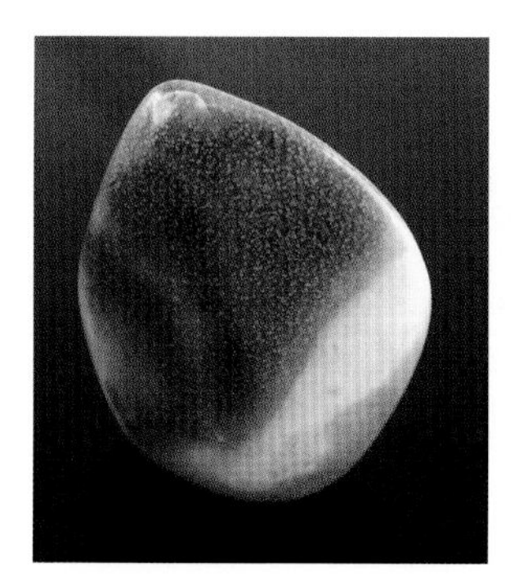

紫羅蘭青田石，屬葉蠟石型印石

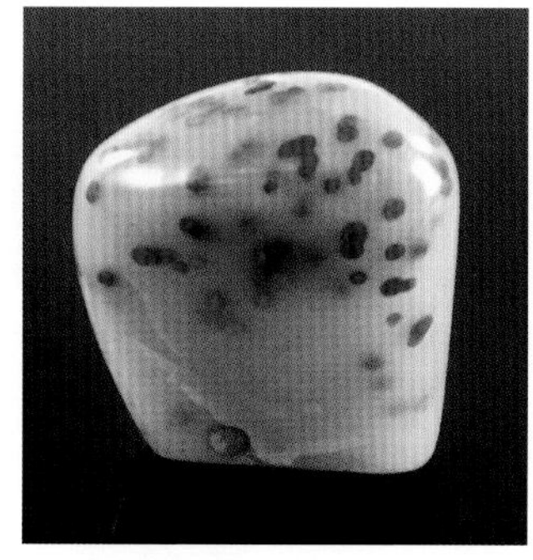

藍星青田石，以葉蠟石為基底，上面滿佈如藍色星點般的藍線石點狀內含物

山砲綠青田石，多為絹雲母類型印石

其他地方印石品種

市場上還有許多新穎而少見的地方印石品種：青海石為莫氏硬度僅 2 的天然石膏，顏色上為白、黃、褐色為主；遼石為斜綠泥石，有白、綠、黑等，常見染黃色的斜綠泥石用以仿田黃石；市場上所說的「台灣金田黃」是指一種印尼出產的含錳方解石，近年來以此商業名稱大量作為印石使用；老撾石（或稱寮國石、越南石）是越南產的高品質葉蠟石，外觀與中國的壽山石 - 芙蓉石極為相似；江西產的上饒石也與壽山石相似，成分上以葉蠟石為主。

此外，近年來有一種翠綠色的含鉻絹雲母出現於市場，據說為金礦的共生礦，來自不同產地，分別有廣綠、西安綠、川綠、雅安綠、帝王綠或翡翠綠等不同名稱，是非常有潛力的新興印石品種。

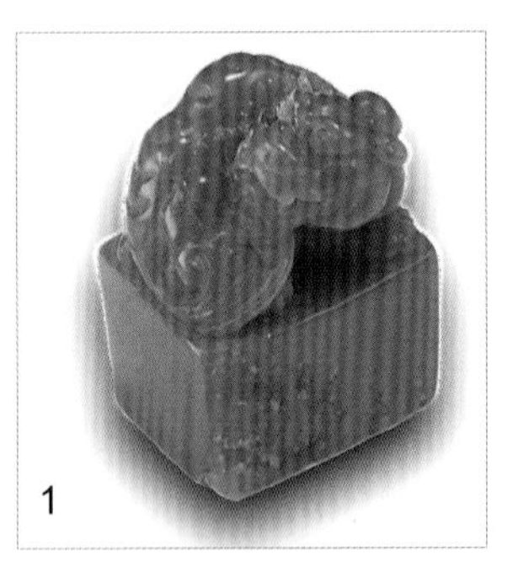

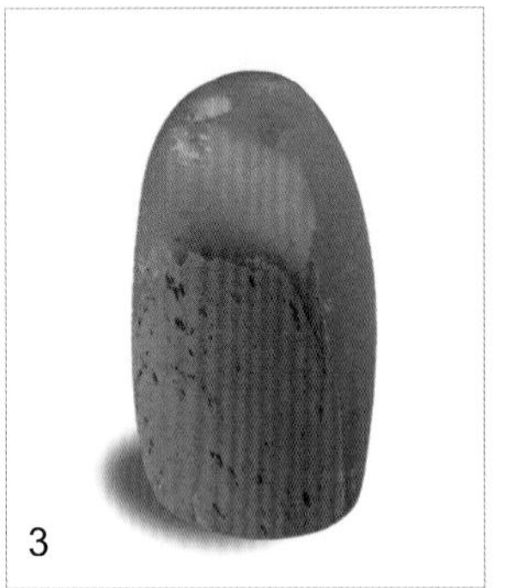

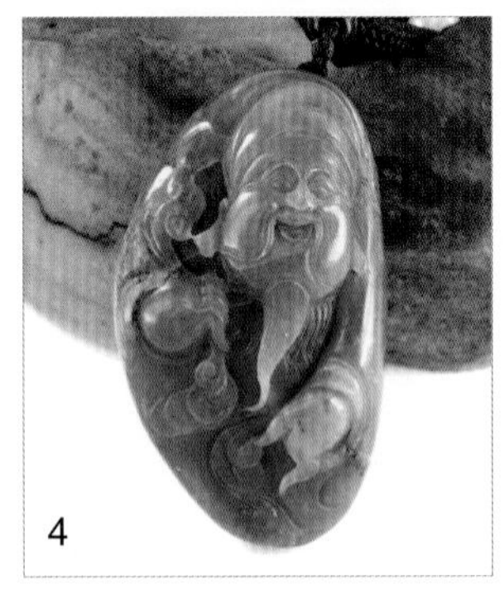

1. 染色斜綠泥石仿田黃印章

2. 越南產的老撾石，與傳統上的壽山芙蓉石成分相同且外觀相似，市場上常以壽山芙蓉石之名義出售

3. 鉻絹雲母類型的綠色印石，夾雜黃色泥狀層片內含物，一般又稱夾板綠

4. 鉻絹雲母雕刻把件，業界將這類翠綠滿色的鉻絹雲母稱之為帝王綠或翡翠綠

第三十五節
人造寶石 Artificial Gemstones

「人造寶石」是應用礦物科技所發展出來的新領域，專家透過材料科學，運用各種方法製造出可做為天然寶石替代品的材料。人造寶石價格低廉、品質易於控管、產量可人為控制等優點，但是相對於天然寶石而言，人造寶石缺乏稀少性和增值性。人造寶石常假冒天然寶石出售，所以消費者即使不投資人造寶石也應該對其種類、性質與如何辨識深入瞭解，才不會吃虧受騙，當作高價天然寶石購入。

人造寶石種類

人造寶石可區分為合成寶石（Synthetic Gems 或 Created Gems）及仿造寶石（Imitation Gems）兩類。通常合成寶石指的是人工合成的單晶體寶石，這些晶體跟天然的寶石具有相同的晶體結構與成分，差別僅在於合成寶石晶體並非天然產出而是由人工製造的，例如合成水晶、合成剛玉與合成祖母綠等。

仿造寶石則是指材質的結構與成分都不同於天然寶石，僅是在外觀上與天然寶石相似的仿製品或稱類似石，例如蘇聯鑽（CZ, 方晶鋯石）、釔鋁榴石 (YAG)、釓鎵榴石 (GGG)、鍶鈦石或玻璃等材質。仿造寶石與天然寶石成分並不相同，但經切磨後外觀與天然寶石極為相似，所以又稱為「類似石」(Simulants)。

單晶體合成寶石拜科技所賜，可以生產出接近完美無瑕的晶體，因此不論寶石飾品、工業或軍事用途都常使用此類材質，最典型的例子，就是合成水晶可用於聲納及石英鐘錶、合成紅寶石可製造雷射、合成鑽石是最

火熔法（維爾納法）合成紅寶石階式刻面裸石，此類材質相當常見於市場

三角型明亮式車工的合成方晶鋯石（蘇聯鑽）刻面裸石是價格低廉且最常見的仿鑽類似石

水熱法合成祖母綠橢圓形明亮式刻面，中間可見一明顯板片狀構造是合成祖母綠養晶所需的晶種片

拉晶法合成綠色釔鋁榴石，常用於仿冒天然鈣鋁榴石（沙弗石）或祖母綠

水熱法合成紫黃水晶階式切磨刻面裸石

CVD 法合成粉紅鑽石是目前高科技結晶的產物，與天然鑽石性質相同，難以鑑定

人造鍶鈦石（鈦酸鍶）火光與亮度極強，是一種仿鑽類似石

佳的研磨材料等。由於這些合成寶石的結晶構造及成分都與天然寶石完全相同，因此大部分的寶石學儀器及鑑定方法都不易區分。

除單晶體合成寶石以外，還有陶瓷 (聚晶)、玻璃與塑料等不同類型的人造寶石。美國奇異公司過去曾以高壓低溫條件製造出合成翡翠，但由於當時翡翠的市場價值與辨識難度均不高，所以並未對市場造成威脅。陶瓷類的仿品如合成綠松石、合成青金石與合成蛋白石等，通常在性質或顯微構造特徵上可以區分。玻璃從古代就以「琉璃」之名成為最受歡迎的飾品或工藝品，玻璃可仿製單晶寶石或是聚晶類寶玉石，但是因為性質與天然寶石差異大，鑑定上並不難。塑膠類多用於仿造有機寶石，如琥珀、玳瑁、象牙、珍珠或是珊瑚等，鑑定也相對容易。

不論是鑑定天然還是人造寶石，方法上都是透過各種礦物的物理、化學和光學特徵來區別與分類，除了破壞性方法不可使用外，各種非破壞性的觀察、測試或儀器都可用於寶石研究。寶石學方法除了有助於辨別寶石的種類外，還可進一步區別是否是人造寶石或其他仿品。

脫玻化玻璃 (Devitrified Glass)，是一種結晶化的玻璃，常用於仿造天然火山玻璃或天然藍玉髓，市場常稱之藍曜石或蘇聯藍寶

合成蛋白石，具有類似於天然蛋白石的遊彩，但通常彩斑邊界明顯、偶有柱狀 (寶石側向) 或蜥蜴皮 (寶石正面) 結構

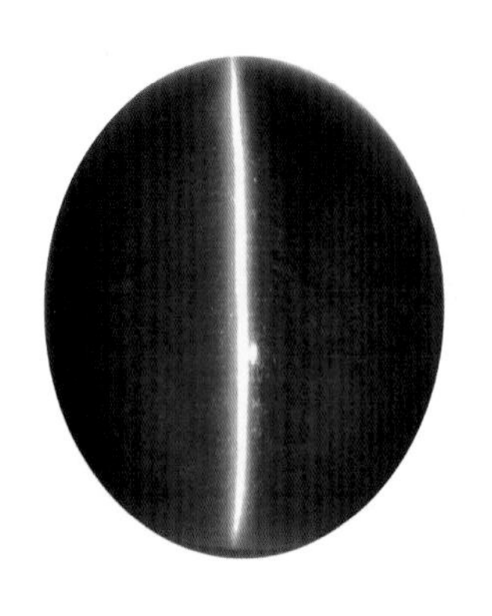

人造纖維玻璃貓眼（Fibrous Glass），以有色纖維玻璃為原料，壓熔成塊後產生貓眼效應，是各類天然貓眼石的絕佳仿品

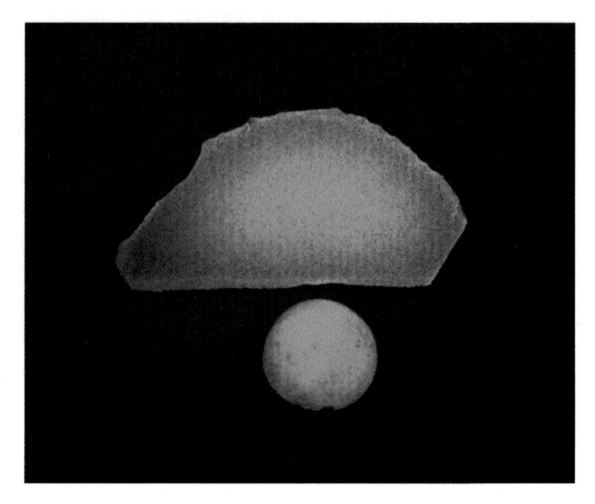

鋁酸鍶螢光陶瓷在紫外線照射後發出綠色螢光，常用於仿造天然螢光、磷光礦物，多以「夜明珠」之名廣泛銷售於市場，同類型的材質還有矽酸鍶螢光陶瓷

常用的合成方法與寶石種類

合成單晶寶石的方法眾多，基本原理是以粉末原料生成結晶，大致可區分為熔融法和溶解法兩大類：熔融法必須把原料完全融化成液態，再冷卻使其結晶；溶解法則需要溶劑將原料溶解，再析出使其結晶。不同製程的寶石，其內含物組成通常有所差異，是鑑定的重要根據。下表將各類型合成寶石依其合成方法更詳細劃分：

合成寶石的種類與方法對照表

合成技術	製作方法	合成寶石種類
火熔法	使用氫氧吹管產生的高溫火焰把原料粉末熔融，使其結晶生長。	剛玉、尖晶石、金綠寶石
拉晶法	把原料置於坩堝中加熱至形成熔體，再把晶種降至熔體中，緩慢升起以生長寶石晶體。	剛玉、尖晶石、釔鋁榴石、釓鎵榴石、金綠寶石、金紅石、鍶鈦石
冷坩堝法	利用高週波使原料粉末產生高溫，並使用銅管冷卻外圍粉料，產生可耐高溫達攝氏 3,000 度的「冷坩堝」。	蘇聯鑽（立方晶系二氧化鋯石）

助溶劑法	以固態硼、鉛與鋇氧化物及氟化物為助熔劑，高溫下成為溶劑促使粉料結晶形成寶石晶體。	剛玉、尖晶石、綠柱石、金綠寶石
水熱法	以高壓釜加熱水溶液，利用溶解度對溫度的變化使高溫區的原料溶解，在低溫區的晶種上長出寶石晶體。	剛玉、綠柱石、金綠寶石、石英
高溫高壓法	以壓帶或六面體頂錐機等高溫高壓設備加熱加壓，致使原料形成人造寶石單晶或聚晶。	鑽石、翡翠
化學氣相沈積法 CVD 法	以低分子碳氫化合物如甲烷、乙炔等氣體為原料，在一定溫壓條件下使氣體解離而沉積形成晶體。	鑽石、碳矽石

合成寶石晶體，由左由右依序為火熔法合成粉紅剛玉、火熔法合成紅寶、冷坩堝法合成方晶鋯石與水熱法合成無色水晶

合成寶石的性質與鑑定特徵

寶石學上，合成寶石與天然寶石的鑑定區別必須透過折射儀、顯微鏡、比重天平和分光鏡等儀器。折射儀可量測折射率，顯微鏡可以觀察寶石晶體內部的內含物、光學特性或細微構造，分光鏡可以測試吸收光譜，比重天平可以測寶石的比重 (密度) 等。一般消費者若沒有上述儀器，至少可以準備一個好用的放大鏡，透過觀察寶石的內含物也可能鑑定區別天然與合成寶石。

合成寶石性質與鑑定特徵表

合成寶石品種	寶石學性質	簡易鑑定特徵
合成鑽石 （高溫高壓 /CVD）	折射率 :2.417 雙折射 : 無 比重 :3.52	高壓法：帶磁性 CVD 法：觀察晶種、偏光影像
合成翡翠	折射率 :1.66(點讀) 雙折射 : 不可測 比重 :3.33	可見光吸收光譜沒有鐵吸收線
合成剛玉 (火熔法 / 拉晶法)	折射率 :1.762-1.770 雙折射 :0.008 比重 :4.00	弧形生長線、氣泡
合成祖母綠 (水熱法)	折射率 :1.571-1.577 雙折射 :0.004-0.008 比重 :2.63-2.73	折射率與比重比天然祖母綠低，內含物常見山形記號、晶種
合成祖母綠 (助融劑法)	折射率 :1.562-1.566 雙折射 :0.003-0.005 比重 :2.66-2.69	折射率、比重比天然低，內含物常見紗狀助融劑和鉑金屬片
合成尖晶石 (火焰法)	折射率 :1.725 雙折射 : 無 比重 :3.61	弧形生長線、氣泡，天然尖晶石折射率為 1.718
合成釔鋁榴石 (拉晶法)	折射率 :1.833 雙折射 : 無 比重 :4.50-4.60	氣泡、高比重、高折射率
合成釓鎵榴石 (拉晶法)	折射率 :1.970 雙折射 : 無 比重 :7.05	氣泡、超高比重、高折射率
合成金綠寶石 (火熔法 / 拉晶法)	折射率 :1.746-1.755 雙折射 :0.009 比重 :3.73	針狀內含物、弧形生長線、氣泡
合成方晶鋯石	折射率 :2.150 雙折射 : 無 比重 :5.60-6.00	氣泡 (少見)、高比重
合成碳矽石	折射率 :2.648-2.691 雙折射 :0.043 比重 :3.22	針狀內含物、比重較鑽石低，強雙折射以致底部刻面重影
合成金紅石	折射率 :2.616-2.903 雙折射 :0.287 比重 :4.26	高比重、高折射率、強雙折射與強色散、低硬度

合成石英 (水晶)	折射率 :1.543-1.552 雙折射 :0.009 比重 :2.65	通常無色帶、有釘頭狀內含物
合成鍶鈦石	折射率 :2.409 雙折射 : 無 比重 :5.13	小氣泡、高比重。

「仿製寶石」由於性質與天然寶石差異顯著，從寶石的物理、化學和光學性質多可明確區別，例如透過折射儀量測折射率或比重測量等方法，都可清楚辨識出人工仿造品。其中玻璃與塑膠因為成分的變化頗大，因此包括比重、折射率等性質變異也大，雖然如此仍可從寶石學性質或內含物差異明確區別。

天然寶石產生於各種不同地質條件的礦床中，生長過程中會包裹各種天然內含物，如礦物晶體、液體、兩相物和三相物等；合成寶石只會包裹氣泡、助熔劑和鉑金屬片等人造內含物；玻璃或塑膠則僅氣泡或流紋內含物。

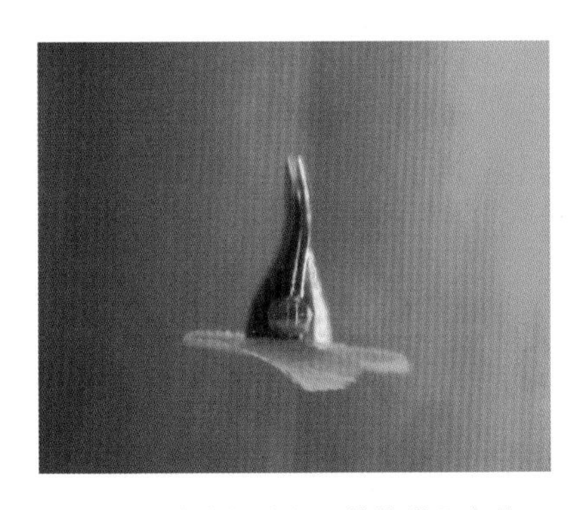

合成水晶中常見的釘頭狀特徵內含物，外觀形如大頭釘故名之

玻璃貓眼的側向觀察可以清楚看見如蜂巢狀的結構，天然貓眼石無此特徵

【附錄】寶石頁次目錄及鑑定性質表

寶石照片	寶石名稱	英文名稱	折射率	比重	頁碼
	鐵質隕石	Aerosiderite	無	7-8	P.348
	瑪瑙	Agate	1.54~1.55	2.65	P.372
	南紅瑪瑙	Agate	1.54~1.55	2.65	P.373
	矽化珊瑚玉	Agatized Coral	1.54~1.55	2.65	P.374
	鈉長石水沫玉	Albite	1.54~1.55	2.65	P.146
	亞歷山大石	Alexandrite	1.74~1.75	3.71	P.240
	鐵鋁榴石	Almandine Garnet	1.76~1.83	4.00	P.324
	天河石	Amazonite	1.51~1.52	2.56~2.62	P.316
	琥珀	Amber	1.54	1.05~1.12	P.242
	紫水晶	Amethyst	1.54~1.55	2.65	P.361
	紫黃晶	Ametrine	1.54~1.55	2.65	P.363
	彩斑菊石	Ammolite	1.53~1.68	2.93~2.95	P.296
	紅柱石	Andalusite	1.63~1.64	3.16~3.20	P.286
	鈣鐵榴石	Andradite Garnet	1.85~1.89	3.85	P.327
	磷灰石	Apatite	1.64	3.15~3.20	P292.
	海水藍寶	Aquamarine Beryl	1.57~1.59	2.63~2.80	P.229
	霰石 - 文石	Aragonite	1.53~1.68	2.93~2.95	P.295
	砂金石英 - 東陵石	Aventurin Quartz	1.54~1.55	2.65	P.374

【附錄】寶石頁次目錄及鑑定性質表

寶石照片	寶石名稱	英文名稱	折射率	比重	頁碼
	紅色綠柱石	Bixbite Beryl	1.57~1.59	2.63~2.80	P.230
	黑蛋白石	Black Opal	1.37-1.47	2.10	P.256
	雞血石	Bloodstone	1.56	3.33	P.408
	水鎂石	Brucite	1.56~1.58	2.44	P.150
	方解石	Calcite	1.48~1.66	2.71	P.298
	方解石 - 金田黃	Calcite	1.48~1.66	2.71	P.298
	方解石 - 漢白玉	Calcite	1.48~1.66	2.71	P.298
	方解石 - 蠶絲玉	Calcite	1.48~1.66	2.71	P.298
	方解石 - 神農架雞血石	Calcite	1.48~1.66	2.71	P.298
	黑玉髓	Chalcedony	1.54~1.55	2.65	P.372
	鉻綠玉髓	Chalcedony	1.54~1.55	2.65	P.371
	澳洲玉	Chalcedony	1.54~1.55	2.65	P.371
	藍玉髓	Chalcedony	1.54~1.55	2.65	P.370
	紫矽鹼鈣石 - 紫龍晶	Charoite	1.55	2.54~2.68	P.302
	空晶石	Chiastolit	1.63~1.64	3.16~3.20	P.287
	鉻電氣石	Chrome Tourmaline	1.62~1.64	3.00~3.20	P.276
	金綠玉	Chrysoberyl	1.74~1.75	3.71	P.238
	金綠玉貓眼	Chrysoberyl Cat's Eye	1.74~1.75	3.71	P.239

【附錄】寶石頁次目錄及鑑定性質表

【附錄】寶石頁次目錄及鑑定性質表

寶石照片	寶石名稱	英文名稱	折射率	比重	頁碼
	火蛋白	Fire Opal	1.37~1.47	2.10	P.257
	螢石	Fluorite	1.43	3.18	P.318
	人造釓鎵榴石	GGG	1.97	7.05	P.411
	玻璃	Glass	1.50-1.90	2.2-6.6	P.151
	無色綠柱石	Goshenite	1.57-1.59	2.63-2.80	P.288
	鈣鋁榴石 - 沙弗來石	Grossular Garnet	1.69~1.73	3.49	P.325
	玳瑁	Hawksbill	1.55	1.29	P.335
	金黃綠柱石	Heliodor Beryl	1.57~1.59	2.63~2.80	P.229
	水鈣鋁榴石	Hydrogrossular	1.72	3.47	P.148
	符山石	Idocrase	1.71	3.30-3.50	P.330
	靛青電氣石	Indicolite Tourmaline	1.62~1.64	3.00~3.20	P.276
	堇青石	Iolite	1.54~1.55	2.60	P.332
	象牙	Ivory	1.54	1.7~2.0	P.336
	翡翠	Jadeite Jade	1.66~1.67	3.33~3.34	P.167
	紅碧玉	Jasper	1.54~1.55	2.65	P.372
	藍晶石	Kyanite	1.71 ~1.73	3.53~3.65	P.288
	拉長石	Labradorite	1.55~1.56	2.7	P.314
	青金石	Lapis Lazuli	1.50	2.38~2.45	P.338

【附錄】寶石頁次目錄及鑑定性質表

寶石照片	寶石名稱	英文名稱	折射率	比重	頁碼
	藍針鈉鈣石	Larimar	1.60~1.63	2.84~2.90	P.341
	孔雀石	Malachite	1.65~1.90	3.54~4.10	P.343
	深藍綠柱石	Maxixe Beryl	1.57~1.59	2.63~2.80	P.231
	美樂珠	Melo Pearls	1.53~1.68	2.68~2.75	P.365
	月光石	Moon stone	1.52~1.53	2.57	P.311
	摩根石	Morganite Beryl	1.57~1.59	2.63~2.80	P.230
	軟玉貓眼	Nephrite Cat's Eye	1.61~1.62	2.96~3.04	P.166
	軟玉	Nephrite Jade	1.61~1.62	2.96~3.04	P.153
	黑曜岩	Obsidian	1.48-1.50	2.35	P.346
	蛋白石	Opal	1.37~1.47	2.1	P.255
	帕拉依巴電氣石	Paraiba Tourmaline	1.62~1.64	3.0~3.2	P.277
	珍珠	Pearl	1.53~1.68	2.68~2.75	P.260
	橄欖石	Peridot	1.65~1.69	3.27~3.48	P.351
	綠水晶	Prasiolite	1.54~1.55	2.65	P.364
	葡萄石	Prehnite	1.61~1.64	2.80~2.95	P.355
	黃鐵礦	Pyrite	無	4.95~5.10	P.358
	鎂鋁榴石	Pyrope Garnet	1.72~1.76	3.80	P.323
	葉蠟石 - 壽山石	Pyrophyllite	1.56~1.57	2.65~2.90	P.405

【附錄】寶石頁次目錄及鑑定性質表

寶石照片	寶石名稱	英文名稱	折射率	比重	頁碼
	葉蠟石 - 老撾石	Pyrophyllite	1.55~1.60	2.65~2.90	P.405
	石英岩 - 黃龍玉	Quartzite	1.54~1.55	2.65	P.374
	菱錳礦	Rhodochrosite	1.59~1.81	3.6~3.7	P.377
	薔薇輝石	Rhodonite	1.73~1.74	3.4~3.7	P.379
	薔薇水晶	Rose Quartz	1.54~1.55	2.65	P.365
	紅水晶	Red Quartz	1.54~1.55	2.65	P.363
	水晶	Rock Crystal	1.54~1.55	2.65	P.361
	紅電氣石	Rubelite Tourmaline	1.62~1.64	3.0~3.2	P.275
	紅寶	Ruby	1.76~1.77	4.00	P.213
	鈦晶	Rutilated Quartz	1.54~1.55	2.65	P.365
	藍寶石	Sapphire	1.76~1.77	4.00	P.221
	獨山玉	Saussurite	1.56~1.70	3.29	P.146
	方柱石	Scapolite	1.55~1.56	2.60~2.74	P.381
	方柱石貓眼	Scapolite Cat's Eye	1.55~1.56	2.60~2.74	P.381
	黑電氣石	Schrolite Tourmaline	1.62~1.64	3.0~3.2	P.277
	鉻絹雲母	Sericite	1.55~1.61	2.20~3.40	P.410
	蛇紋石	Serpentine	1.55~1.56	2.6~2.8	P.383
	貝殼	Shell	1.53~1.68	2.86	P.335

【附錄】寶石頁次目錄及鑑定性質表

寶石照片	寶石名稱	英文名稱	折射率	比重	頁碼
	矽線石貓眼	Sillimanite Cat's Eye	1.65~1.68	3.23 ~ 3.27	P.290
	矽線石	Sillimanite	1.65~1.68	3.23 ~ 3.27	P.290
	煙水晶	Smoky Quartz	1.54~1.55	2.65	P.364
	雪花黑曜岩	Snow FlakeObsidian	1.48~1.50	2.35	P.346
	紅尖晶石	Spinel-Balas Ruby	1.71~1.73	3.58~3.98	P.271
	錳鋁榴石	Spessartite Garnet	1.81	4.16	P.324
	閃鋅礦	Sphalerite	2.37~2.42	3.90~4.20	P.386
	榍石	Sphene	1.89~2.02	3.45~3.55	P.388
	尖晶石	Spinel	1.71~1.73	3.58~3.98	P.271
	鋅尖晶石	Spinel-Gahnite	1.71~1.73	3.58~3.98	P.272
	鐵尖晶石	Spinel-Hercynite	1.71~1.73	3.58~3.98	P.272
	鉻尖晶石	Spinel-Picotite	1.71~1.73	3.58~3.98	P.272
	橙尖晶石	Spinel-Rubicelle	1.71~1.73	3.58~3.98	P.272
	翠綠鋰輝石	Spodumene-Hiddenite	1.66~1.67	3.15~3.20	P.390
	鋰輝石	Spodumene-Kunzite	1.66~1.67	3.15~3.20	P.390
	星光透輝石	Star Diopside	1.66~1.72	3.2~3.3	P.308
	星光水晶	Star Quartz	1.54~1.55	2.65	P.365

【附錄】寶石頁次目錄及鑑定性質表

寶石照片	寶石名稱	英文名稱	折射率	比重	頁碼
	舒俱來石	Sugilte	1.61~1.60	2.74	P.393
	日長石	Sun stone	1.54	2.62~2.65	P.312
	合成金紅石	Synthetized Rutile	2.60~2.90	4.22	P.411
	滑石 - 萊州石	Talc	1.57-1.59	2.70-2.80	P.149
	丹泉石	Tanzanite	1.69~1.70	3.35	P.280
	玻隕石	Tektite	1.49	2.34-2.39	P.347
	虎眼石英	Tiger's Eye	1.54~1.55	2.65	P.375
	黃玉	Topaz	1.62~1.63	3.54	P.395
	電氣石貓眼	Tourmaline Cat's Eye	1.62~1.64	3.0~3.2	P.278
	硨磲	Tridacna	1.53-1.68	2.86	P.335
	綠松石	Turquoise	1.61~1.65	2.4-2.8	P.398
	西瓜電氣石	Watermelon Tourmaline	1.62~1.64	3.0-3.2	P.277
	白蛋白石	White Opal	1.37-1.47	2.10	P.256
	人造釔鋁榴石	YAG	1.83	4.50-4.60	P.411
	鋯石	Zircon	1.78-1.98	3.9-4.8	P.401
	紅寶黝簾石	Zoisite	1.69~1.70	3.35	P.280

【附錄】珠寶用貴金屬簡介

珠寶所使用的貴重金屬主要包含鉑、金、銀及其相關之合金，主要原因在於這些貴重金屬的稀少性以及其相關的物理特性：

	鉑	金	銀
稀少性	地殼中僅 10 億分之 45，但是資源分散開採成本高	地殼成分中僅含有 10 億分之 3.5 的金	地殼中僅 10 億分之 73
特殊性質	化學穩定性高、高熔點、高工業價值	最高的延展性、可鍛性、化學穩定性高、低熔點	銀除了具有不錯的延展性、可鍛性以外，也是所有金屬中拋光光澤最亮眼的金屬

珠寶用途上，這些貴金屬通常採用其合金，因為合金可以達到下列目的：

1. 改變這些貴金屬的特性
2. 改善貴金屬的外觀
3. 降低製作成本

貴金屬合金

包括鉑、金、銀在內的貴金屬多半以合金形式出現於珠寶飾品中，主要是與生產成本以及金屬用途、特性有關。舉例來說，純金與純銀由於硬度太低，反而不適合直接用於珠寶首飾。不同成分比例的合金，有不同的標示方法與特性可參考下表：

合金種類	表示方法	貴金屬成分含量	特性
鉑 + 其他金屬	Pt 950	95% 鉑	提高硬度與韌度
鉑 + 其他金屬	Pt 750	75% 鉑	降低成本
銀 + 其他金屬	925 銀 / 史達林銀	92.5% 銀	提高硬度與韌度
金	24K 金 /9999 純金	99.99% 金	最高延展性、柔軟可鍛、低熔點
金 + 其他金屬	18K 金	75% 金	提高硬度與韌度且降低成本
金 + 其他金屬	14K 金	58.3% 金	提高硬度與韌度且降低成本
金 + 其他金屬	10K 金	41.7% 金	提高硬度與韌度且降低成本

K 指的是 Karat 是表示貴金屬純度的單位。24K 為純度 99.99%，18K 指的是 24 份金屬中含有 18 份的純度。

【附錄】生日寶石表
Table of Birthday Stones

寶石誕生石與同色系替代寶石

月份	誕生石	同色系替代寶石
一月	石榴石	紅電氣石、紅鋯石、紅尖晶石、菱錳礦
二月	紫水晶	堇青石、丹泉石、尖晶石、杉石、紫矽鹼鈣石
三月	海水藍寶	藍色黃玉、藍鋯石、藍色針鈉鈣石
四月	鑽石	白水晶、無色藍寶、無色黃玉、無色鋯石
五月	祖母綠	沙弗石、翠榴石、綠玉髓、綠電氣石、透輝石
六月	珍珠	月長石
七月	紅寶石	紅尖晶石、紅鋯石、紅電氣石、菱錳礦
八月	橄欖石	符山石、綠色藍寶石、綠碧璽
九月	藍寶石	堇青石、丹泉石、青金石
十月	蛋白石	彩斑菊石、拉長石
十一月	黃玉	黃水晶、金黃綠柱石、黃色藍寶石、黃翡翠
十二月	綠松石	藍玉髓、矽孔雀石

本表修改自愛爾蘭金匠協會所頒佈之十二誕生石

照片及實物樣品提供拍攝誌謝

提供者	圖版提供目錄
Judy Chao	【封面用圖】彩寶花戒、海藍寶戒指、紫剛星石戒指
千由鑽石公司	【第三章】第二節 - 寶石的地區性消費偏好 P125 【第四章】第五節 - 鑽石 P198 P201 P206 P207
明展儀器	【第二章】寶石的來源、性質與鑑定賞析 P101 P102 P105
林君憲先生	【第二章】寶石的來源、性質與鑑定賞析 P117 【第三章】第六節 - 國內珠寶流行趨勢與市場變化 P132
香港周大福珠寶	【第一章】寶石的基礎概念與認知 P21 【第四章】第五節 - 鑽石 P194 ／第六節 - 剛玉家族 P213 P221 ／第七節 - 綠柱石 P227 P232
綺麗珊瑚珠寶公司	【第三章】第二節 - 寶石的地區性消費偏好 P126 【第四章】第二節 - 軟玉概說：軟玉的性質、鑑定與商業分類 P161 ／第十節 - 珊瑚 P249 P251 【第五章】第二十二節 - 石英家族 P370
羅芙奧藝術集團	【封面用圖】彩鑽套組、彩鑽戒指、翡翠胸針 【封底用圖】翡翠串珠 【第二章】第四節 - 寶石的光學性質 P76 【第四章】第四節 - 翡翠鑑賞 P190 P192 ／第六節 - 剛玉家族 P212 ／第十二節 - 珍珠 P264 P265 ／第十四節 - 電氣石 P277
提供者	**實物提供目錄**
台北周先生有色寶石	【第四章】第六節 - 剛玉家族 P210 ／第十五節 - 黝簾石 P281 P282 P283
周大發珠寶	【第五章】第四節 - 方解石 P299
周采璇小姐	【第五章】第十一節 - 石榴石家族 P324
金郁豐珠寶公司	【第五章】第二十二節 - 石英家族 P371
金鈺鋑珠寶公司	【第五章】第二十二節 - 石英家族 P365 ／第三十一節 - 黃玉 P397
玲瓏坊珠寶	【第一章】寶石的基礎概念與認知 P20 P35 【第二章】寶石的來源、性質與鑑定賞析 P68 【第四章】第一節 - 玉之分類：玉的定義與各類地方玉石 P151 ／第二節 - 軟玉概說 - 軟玉的性質、鑑定與商業分類 P157 P158 P159 ／第三節 - 硬玉概說：翡翠的性質、仿品介紹、優化處理判別 P167 P173 ／第四節 - 翡翠鑑賞 - 學說流派、等級判別與商業品種分類 P185 P187 P189 P192 ／第六節 - 剛玉家族 P217 ／第九節 - 琥珀 P242 P243 P244 ／第十節 - 珊瑚 P250 P252 ／第十一節 - 蛋白石 P256 P257 ／第十二節 - 珍珠 P262 P267 P268 ／第十四節 - 電氣石 P274 ／第十五節 - 黝簾石 P280 P282 【第五章】第九節 - 長石家族 P316 ／第十四節 - 玳瑁與象牙 P336 P337 ／第十五節 - 青金岩 P340 ／第二十節 - 葡萄石 P355 P357 ／第二十二節 - 石英家族 P362 P365 P366 P369 P370 P372 ／第三十節 - 衫石 P394 ／第三十一節 - 黃玉 P397 ／第三十二節 - 綠松石 P398 ／第三十四節 - 天然印石 P406
溫守仁先生	【第四章】第六節 - 剛玉家族 P222
翔壯水晶	【第一章】寶石的基礎概念與認知 P39 【第二章】寶石的來源、性質與鑑定賞 P78 【第五章】第三節 - 霰石 P297 ／第五節 - 紫矽鹼鈣石 P302 P303 ／第九節 - 長石家族 P314 P317 ／第十五節 - 青金岩 P338 ／第十七節 - 孔雀石 P344 ／第十八節 - 天然玻璃質寶石 P346 P348 ／第二十節 - 葡萄石 P356 ／第二十三節 - 菱錳礦 P377 P378 ／第三十節 - 衫石 P393 P394
湯增寶先生	【第五章】第三十四節 - 天然印石 P410
謝仲偉先生	【第四章】第七節 - 綠柱石 P230 【第五章】第十二節 - 符山石 P361 ／第三十四節 - 天然印石 P409

MEMO

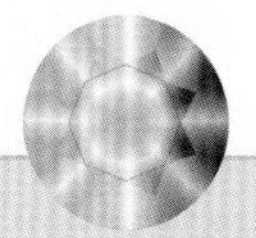

珠寶投資系列 03

實用寶石學

作　　者：林書弘
編　　輯：張加君
圖片繪製、後製及校稿：江靜柔、郭亭君
版面設計：涵設
出 版 者：博客思出版事業網
發　　行：博客思出版事業網
地　　址：台北市中正區重慶南路一段121號8樓之14
電　　話：(02)2331-1675或(02)2331-1691
傳　　真：(02)2382-6225
E-MAIL：books5w@yahoo.com.tw或books5w@gmail.com
網路書店：http://bookstv.com.tw/、http://store.pchome.com.tw/yesbooks/
華文網路書店、三民書局
博客來網路書店 http://www.books.com.tw
總 經 銷：成信文化事業股份有限公司
電　　話：02-2219-2080　　傳　　真：02-2219-2180
劃撥戶名：蘭臺出版社 帳號：18995335
香港代理：香港聯合零售有限公司
地　　址：香港新界大蒲汀麗路36號中華商務印刷大樓
C&C Building，36，Ting，Lai，Road，Tai，Po，New，Territories
電　　話：(852)2150-2100　　傳　　真：(852)2356-0735
總 經 銷：廈門外圖集團有限公司
地　　址：廈門市湖裡區悦華路8號4樓
電　　話：86-592-2230177　　傳　　真：86-592-5365089

出版日期：2016年4月 初版
定　　價：新臺幣680元整
ISBN：978-986-5789-86-2(精裝)

國家圖書館出版品預行編目資料

實用寶石學 / 林書弘著. -- 初版. -- 臺北市 :
博客思, 2016.04
面 ; 公分
ISBN 978-986-5789-86-2(平裝)
1. 寶石

357.8 104027939

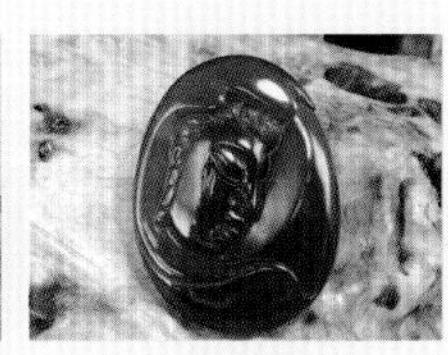